● 고소득을 보장하는 양돈 사육 기술서 ●

양돈 사육과 경영

김 주 영
이 원 형 저

五星出版社

랜드레이스(LANDRACE)

햄프셔(HAMPSHIRE)

요크셔 (YORKSHIRE)

듀록(DUROC)

양돈 축사 전경

양돈 분만실

분만실은 깨끗한 환경과
시설이 잘 갖추어져야
한다.

분만 중인 모돈을 주의깊게 지켜보고 있는
사육사.

돼지의 관리 기록표를 비치하여 매일 상태를
체크한다.

임신 중인 모돈을 방목 사육하고 있는 광경

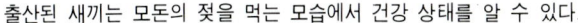

출산된 새끼는 모돈의 젖을 먹는 모습에서 건강 상태를 알 수 있다.

젖을 뗀 후에는 자돈은
돈방에 따로 넣어 사육
한다.

돈방은 돼지의 분뇨가
바닥에 쌓이지 않고 밑
으로 떨어지도록 바닥
에 철망으로 설치하면
좋다.

돈방 내의 청결 상태를
세심히 들러보고 있는
사육사.

현대식 임신 스톨

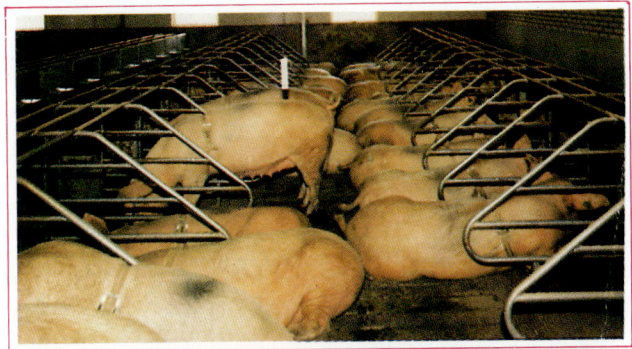

출하직전의 비육돈

110kg정도의 성돈을
선별하여 출하시키고
있다.

현대적인 돈방 시설로 건강하게 사육되고 있는 돼지

주기적인 예방 접종이 필요하며 병의 징후가 발견되면 격리 수용하여 치료한다.

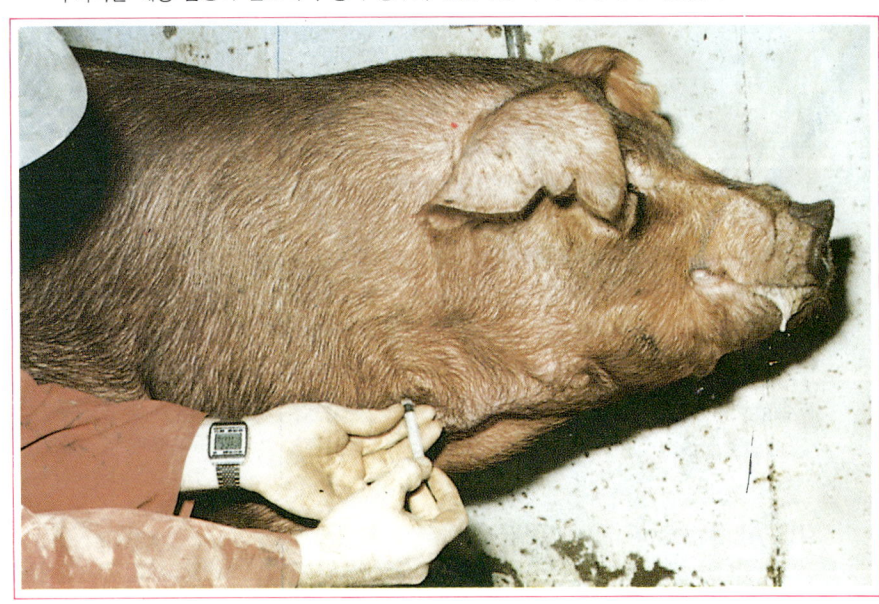

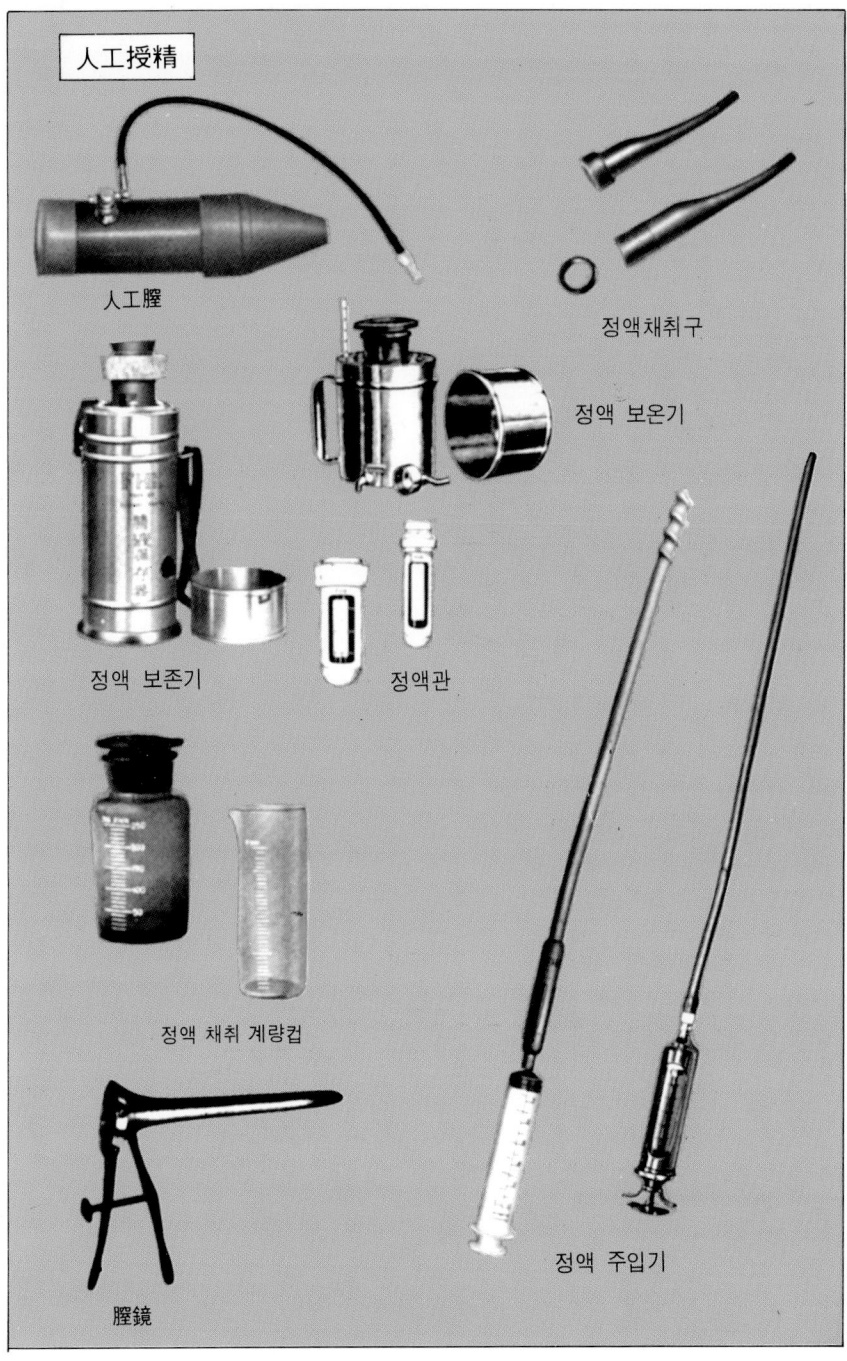

人工授精

人工膣

정액채취구

정액 보온기

정액 보존기

정액관

정액 채취 계량컵

膣鏡

정액 주입기

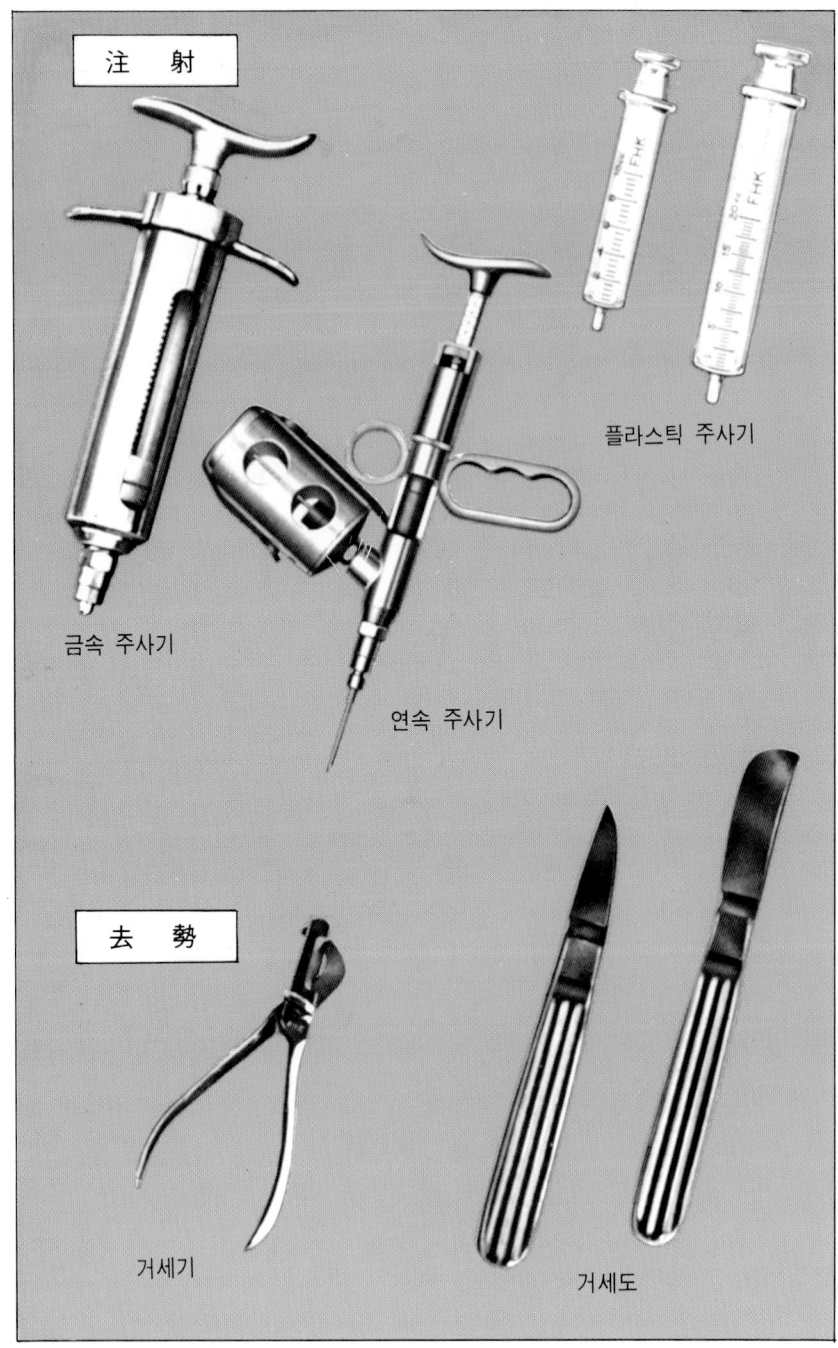

注　射

플라스틱 주사기

금속 주사기

연속 주사기

去　勢

거세기

거세도

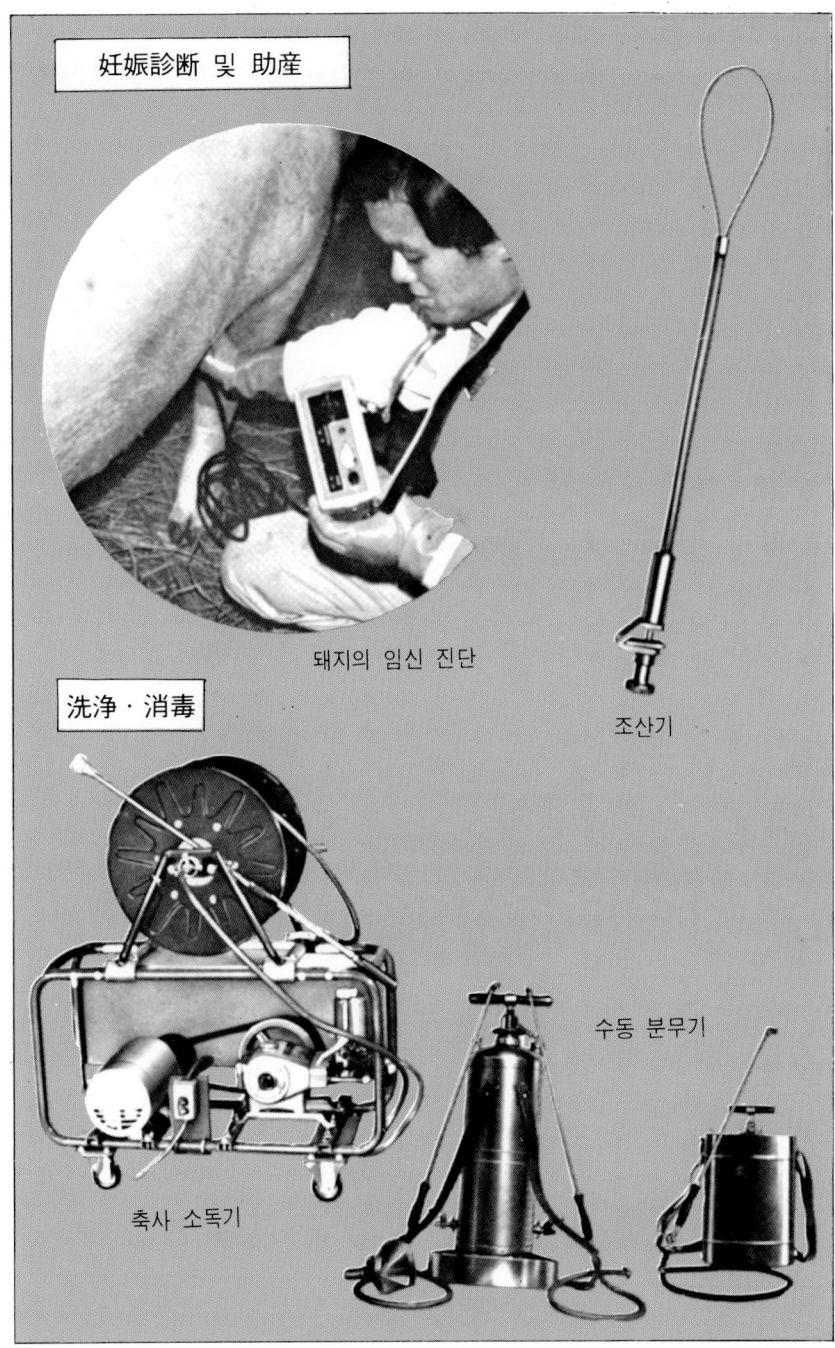

妊娠診断 및 助産

돼지의 임신 진단

조산기

洗浄・消毒

축사 소독기

수동 분무기

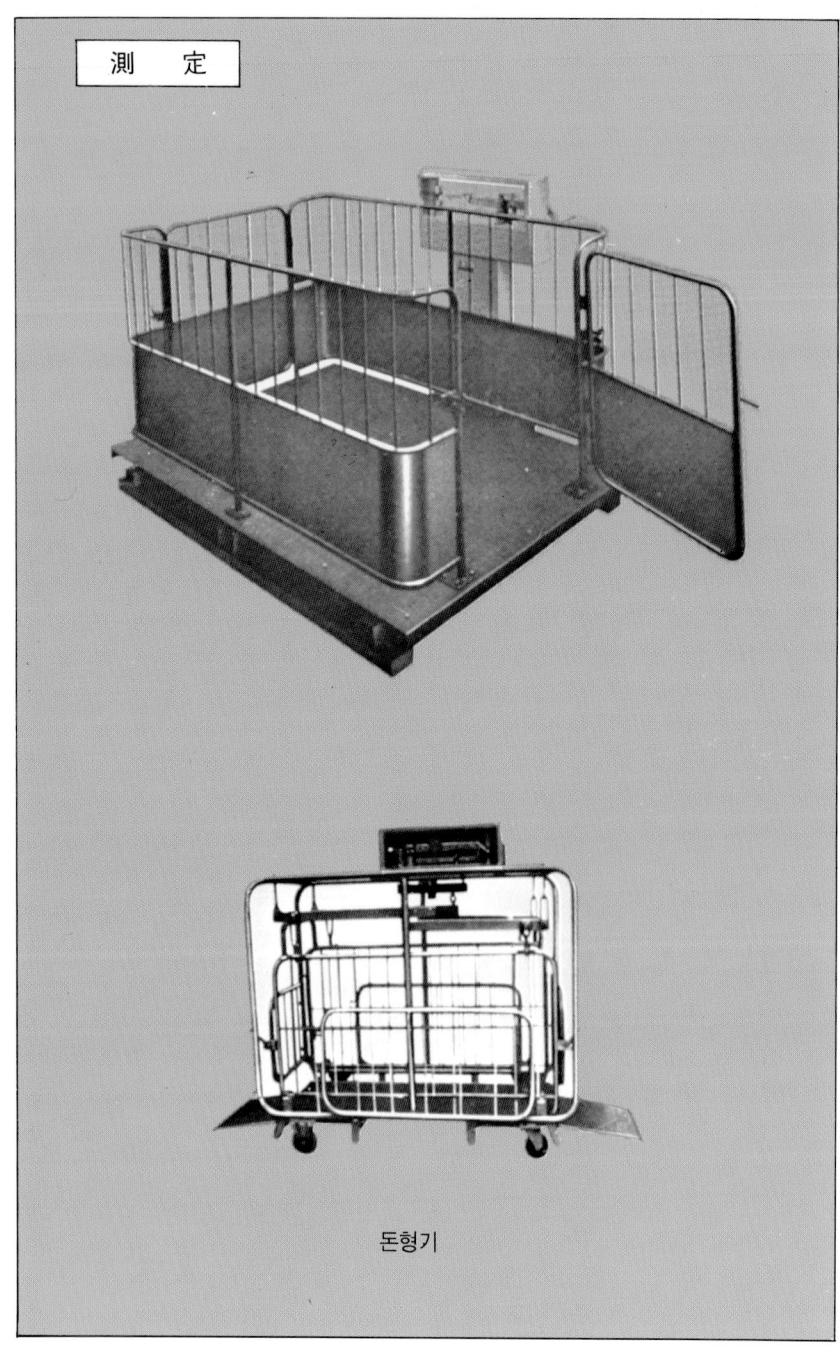

測　定

돈형기

바이러스성 질병 (Viral Diseases)

1. 돼지 콜레라 (Hog Cholera)

급성패혈증 소견 :
콧등과 귀 등에 붉은
반점이 보인다.

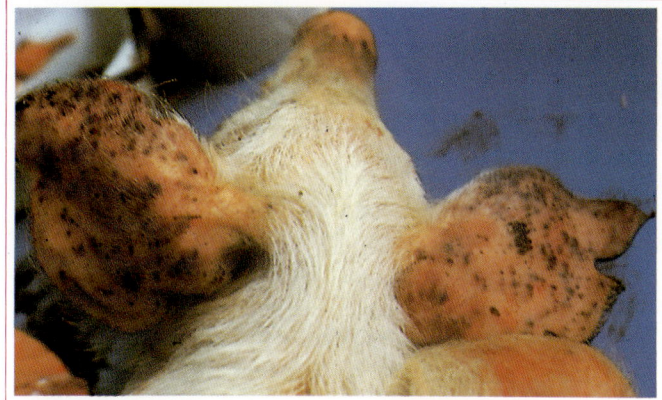

감염된 돼지는 후구가
마비되며, 비틀거리고
견좌 자세를 취한다.

방광의 부종 및
충출혈

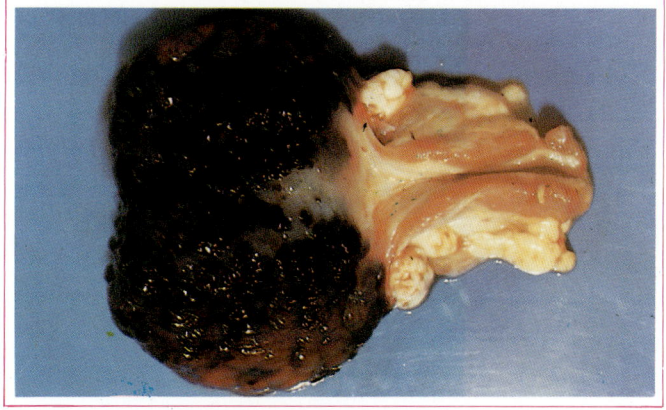

2. 아프리카 돈콜레라 (African Swine Fever)

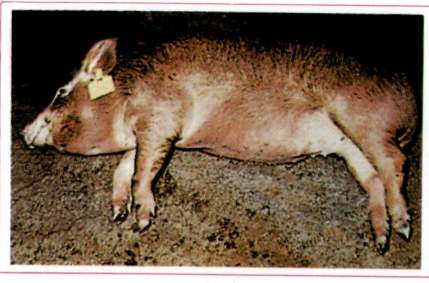

ASF로 폐사한 예 : 체표에 치아노제가 나타나며 코, 입, 항문 등에서 출혈하는 경우도 있다.

급성시의 폐는 수종성이나, 아급성과 만성에는 괴사성의 간질성 폐렴이 간혹 관찰된다.

임파절은 출혈성 종대를 나타낸다.

신장에 점상 또는 반상 출혈이 관찰된다.

비장은 수배로 종대하고, 혈액이 충만하며, 적흑색을 나타낸다. (아래는 정상)

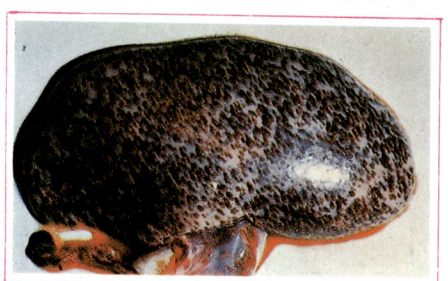

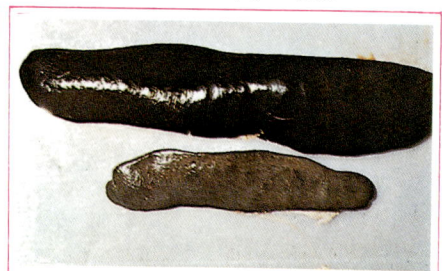

3. 일본뇌염 (Japanese Encephalitis)

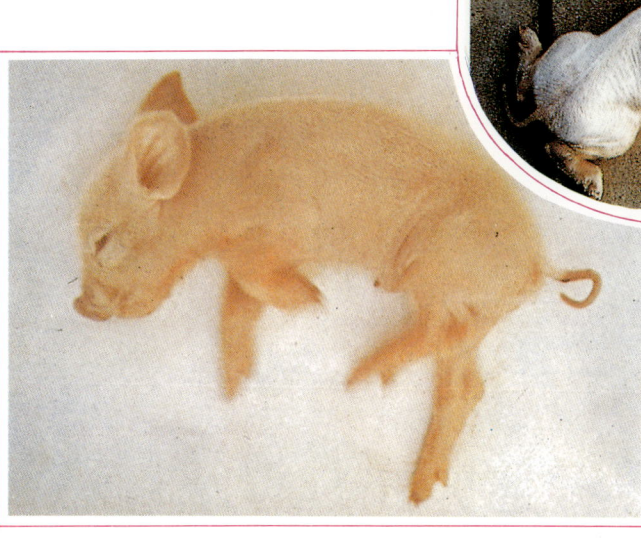

생후 뇌염 증상을 나타내고 폐사한 예 : 임신 말기의 감염으로 추정.

태내 감염 자돈 : 생후 2일에 신경증상(떨림, 경련, 선회, 마비)을 나타내며 폐사한 예.

일본뇌염 감염에 의한 사산 :
3두 는 미이라 태아, 5두는 흑자   2두는 뇌수종을 일으킨 백자.

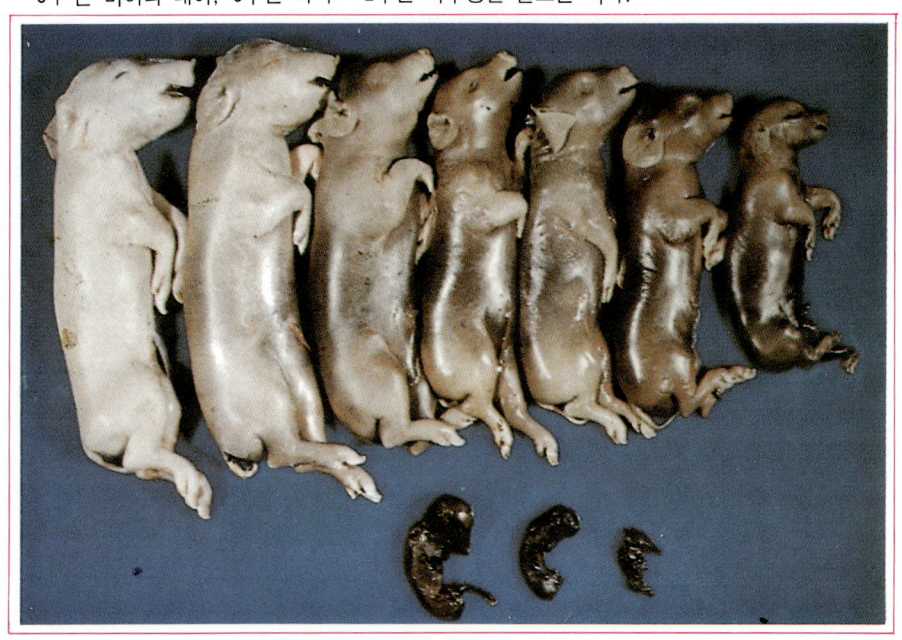

4. 오제스키병(Aujeszky's Disease)

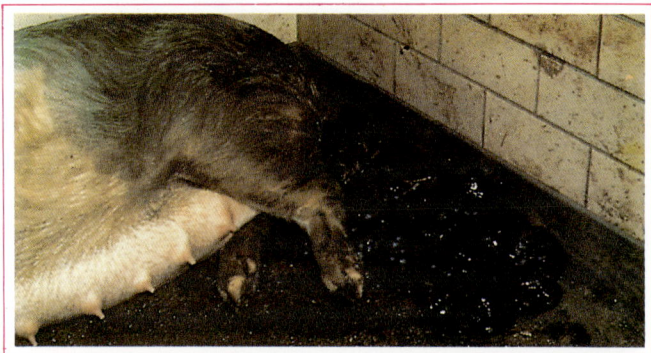

분만 예정 17일 후의
사산 태아 :
한배 새끼 모두가
미이라화됨.

분만 예정일 보다 늦게
분만된 신생 자돈 :
강직성 경련을 나타
내고 있다.

오제스키병으로 폐사한
자돈 :
10일령 이하의 자돈은
심한 경련을 일으키고
3일 이내에 폐사한다.

분만 예정 2일 전의 자궁내 태아 : 미이라
변성 태아가 보인다.

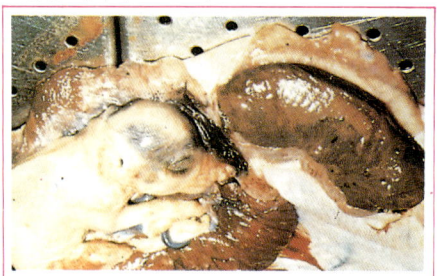

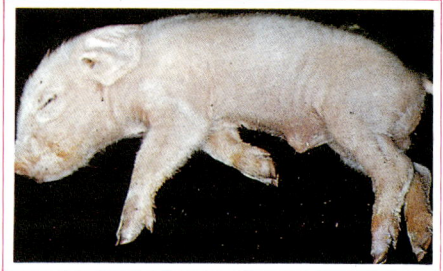

5. 돼지 전염성 위장염 (Transmissible Gastroenteritis)

감염된 자돈은 체중이
감소하며, 탈수 상태에
빠져 폐사한다.

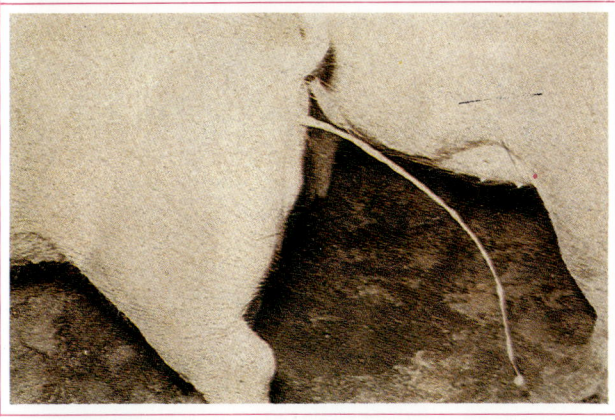

전염성 위장염에 감염된
돼지 : 수양성 설사가 특
징이다.

설사가 처음에 유백색을 띠다가 나중에는 황녹색의 수분이 많은 분변으로 되고 양도 많아진다.

6. 돈두(Swine Pox)

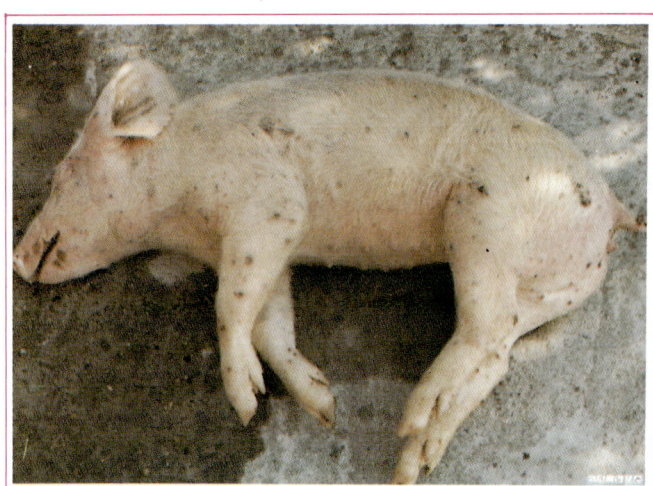

돈두에 의하여 폐사한
돼지.
전신에서 발두, 농포,
가피형성 등이 관찰
된다.

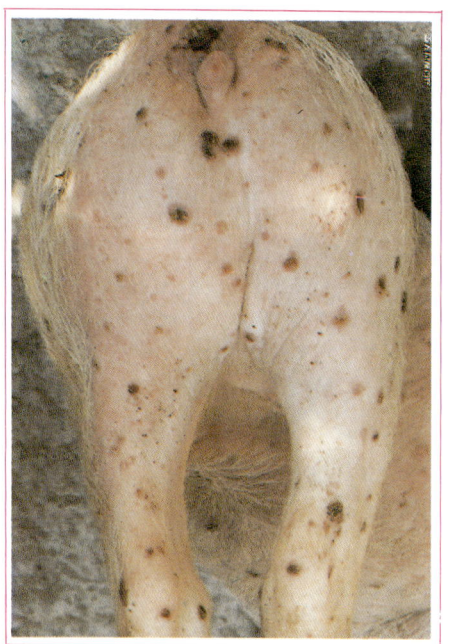

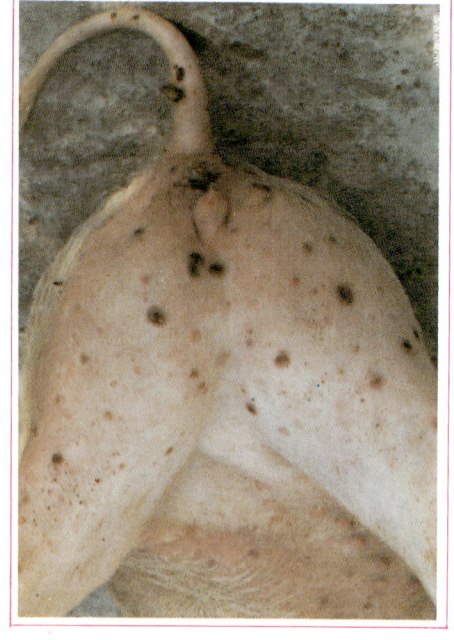

7. 선천성 진전 , 댄스병 (Congenital Tremor, Dancing Disease)

분만 직후의 전신경련 예.

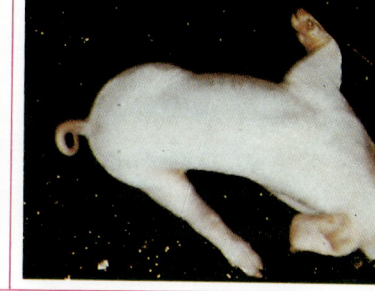

다리의 마비 예 (생후 14일)

사산 예

옆으로 누워 전신 경련하는 예와 뒷다리를
떨고 있는 예

꼬리의 괴사 예. (생후 25일)

세균성 질병 (Bacterial Diseases)

1. 대장균증 (Colibacillosis)

대장균에 감염된 자돈 : 원기가 없이 웅크리고 떨고 있다.

뇌척수 혈관증 : 사경과 안검부종

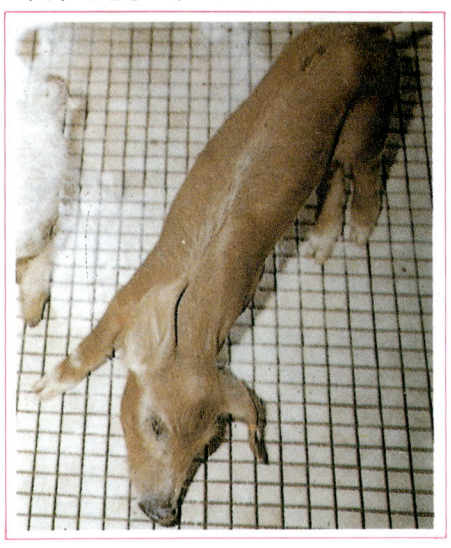

포유 자돈의 황백색 설사

2. 돈 단독(Swine Erysipelas)

급성패혈증으로
폐사한 예

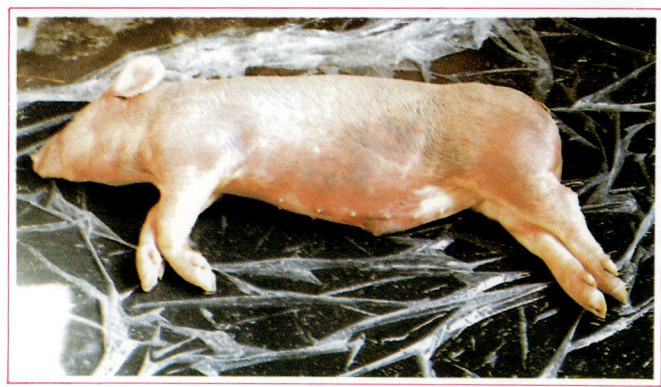

신장의 점상출혈

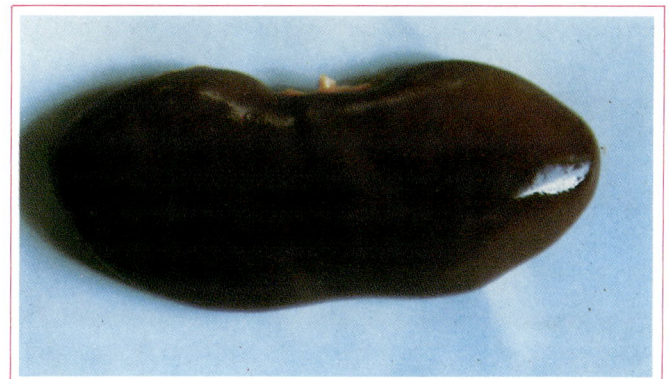

비장의 점상출혈과
종대

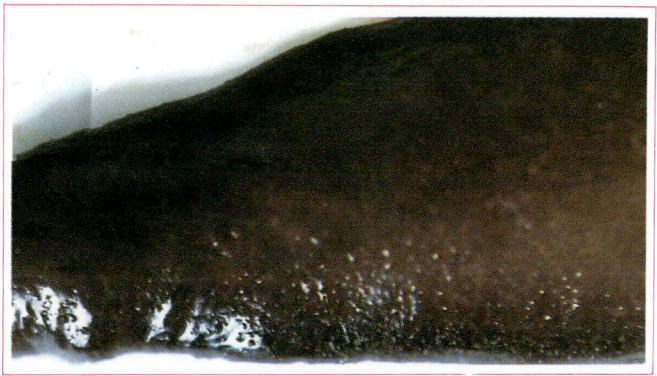

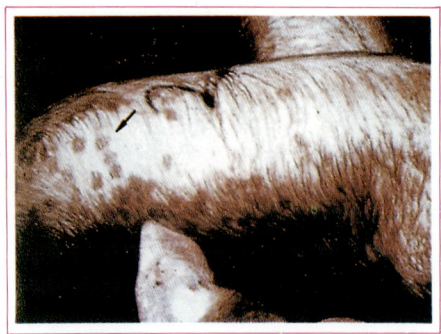

심마진형 돈단독의 돼지 : 체표에 발진(화살표,
다이아몬드형이 많음)이 관찰된다.

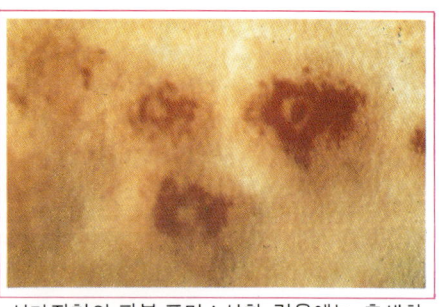

심마진형의 피부 표면 : 심한 경우에는 흑색화
하고 가피를 형성한다.

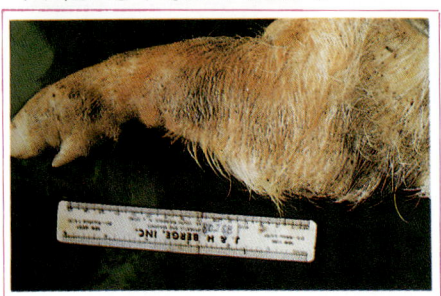

만성 돈단독 예에서의 출혈 반점과 다리 관절의
부종

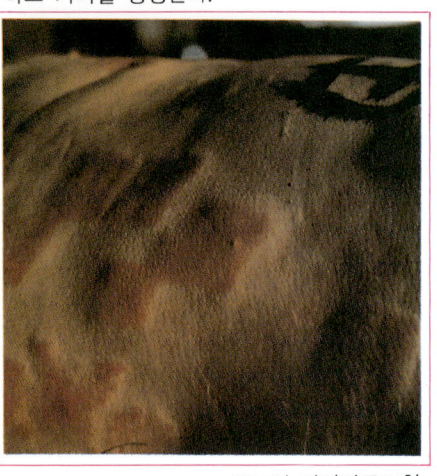

체표의 다이아몬드형
발진

만성형의 관절염

3 . 돼지 적리(Swine Dysentery)

돼지 적리 발생군 :
식욕 감퇴, 원기 소실,
체중 감소가 일반적인
증상이다.

강한 β용혈을 동반한 발육상. (T. *hyodysenteriae*)

T. *hyodysenteriae*의 형태

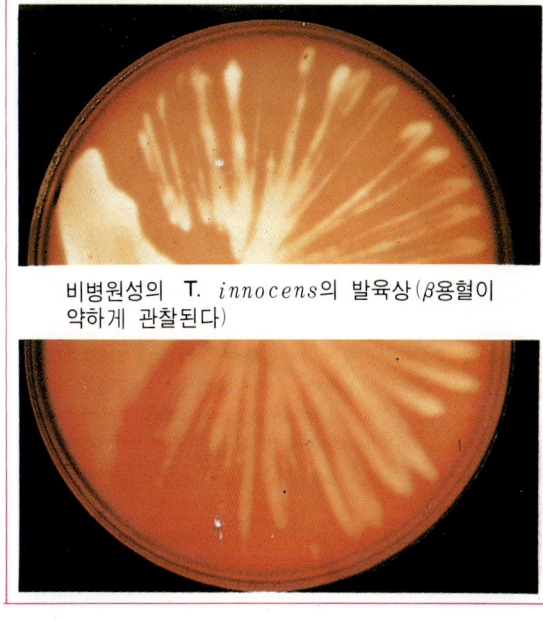

비병원성의 T. *innocens*의 발육상(β용혈이
약하게 관찰된다)

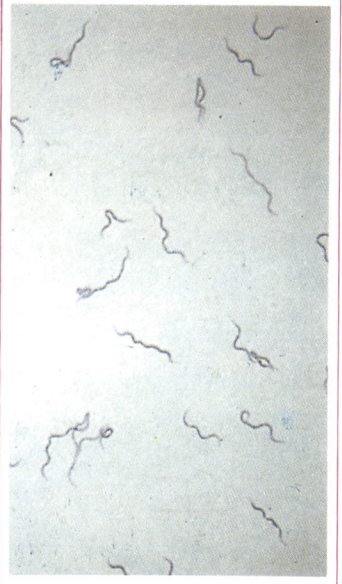

4. 연쇄상구균증 (streptococcal Infection)

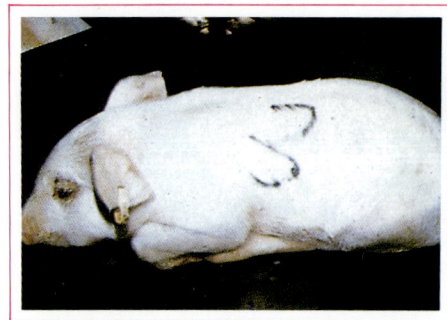

경련을 하며 기립 불능이 된 예

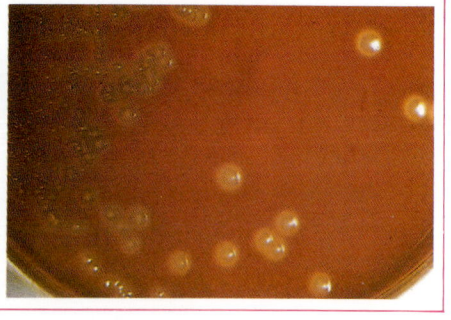

뇌에서 순수 분리된 초대집락. (말혈청, 48시간 배양)

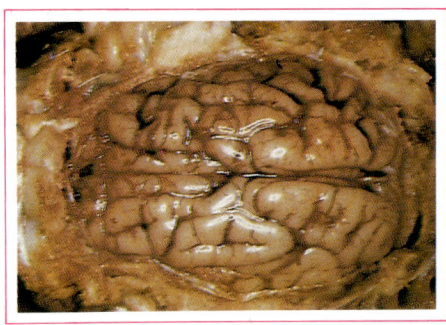

뇌수막의 혈관이 충만되어 있다.

발병 모돈군

폐렴 병소가 있으며, 폐에서 많은 균이 분리된 예

5. 파스튜렐라 폐렴(Pneumonic Pasteurellosis)

원인균인 *Pasteurella multocida*의 형태

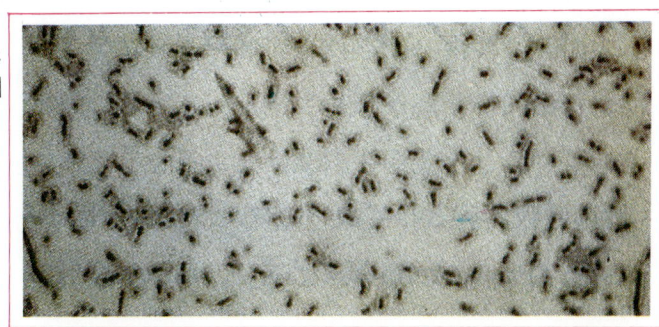

원기를 잃고 옆으로 눕거나 견좌자세를 취한다.

폐에 누런 섬유소성막이 생겨 늑막과 유착해 있다. (흉막폐렴과의 구별이 중요하다.)

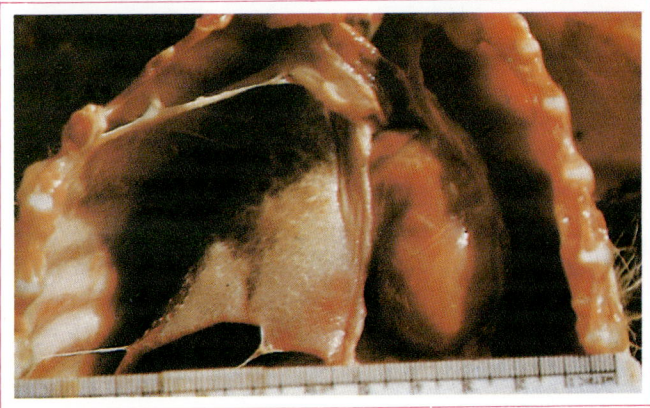

6. 마이코플라즈병 (Mycoplasmal Disease)

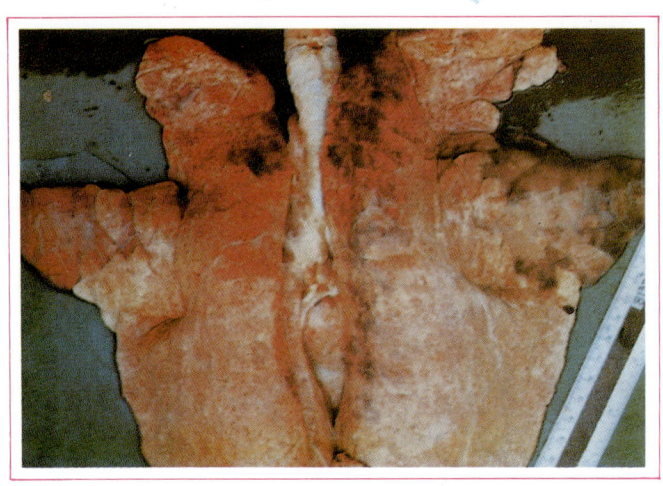

중정도의 폐렴 병변 : 적자색의 경화소가 전엽의 상단에 넓게
퍼져 있다.

마이코 플라즈마균(M.hyopneumonae) 의 집락

폐의 병변 : 전, 중, 후협의 선단 (화살표)에
명료한 병변이 보인다.

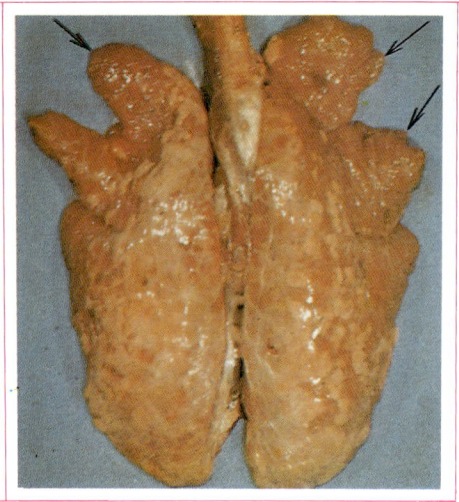

7. 돼지 위축성 비염(Atrophic Rhinitis)

위축성 비염 원인균인 *Bordetella bronchiseptica*의 집락

위축성 비염에 의한 비출혈

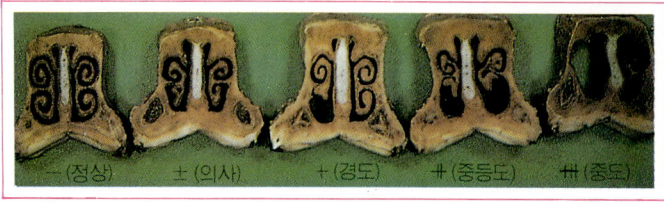

비갑개 위축의 판정 기준
(좌측은 정상)

위축성 비염에 의한 상악의 단축과 부정교합

감염 후 약 2개월이 지나면 콧등에 주름이 생긴다.

8. 돼지의 악티노바실러스증, 돼지의 흉막폐렴 (Actionobacillosis)

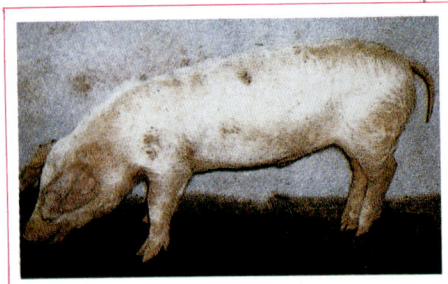 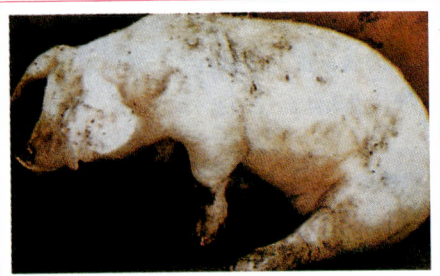

급성형의 임상 소견 : 머리를 숙이고, 등을 구부리고, 견좌 자세를 취하며
개구호흡, 흔들림 등이 관찰된다.

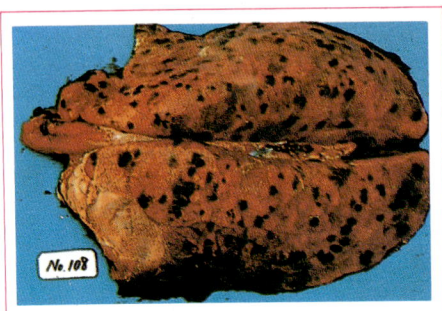

심급성형 폐병변 :
반상출혈과 수종 및 폐 표면의 심한 섬유소가
관찰 된다.

만성형의 폐결절

급성형의 폐병면
섬유소에 의한 폐의 유착과 심낭염

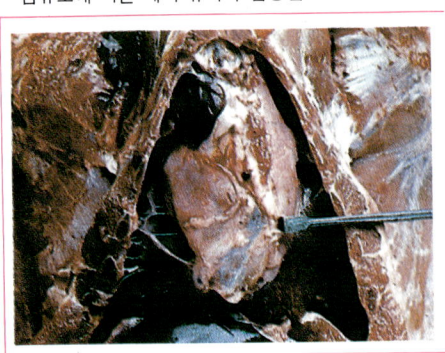 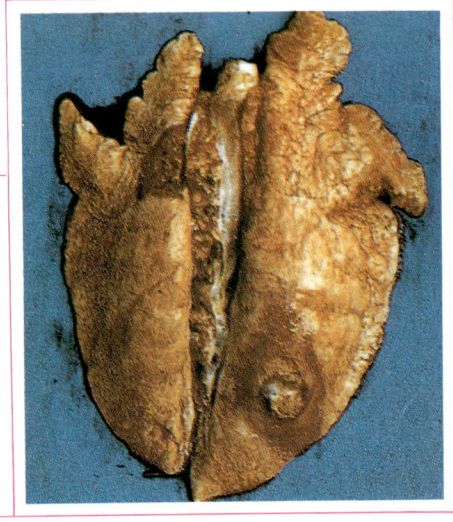

9. 증식성 장염(Proliferative Enteropathy)

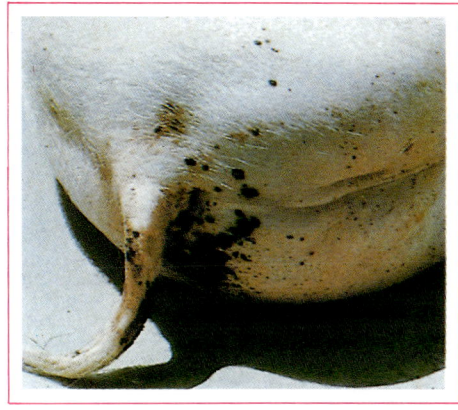

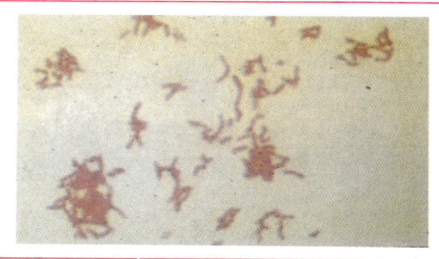

병변부에서 분리된 *Campylobacter mucosalis.*

140~200일령, 체중 80kg 이상의 비육돈에 많이 발생하며, 흑갈색 타르상의 악취변을 배설하고, 빈혈을 나타낸다.

회장의 암흑적색 출현 병변

소장강 내에 혈괴 또는 흑적색을 띠는 끈 모양의 응집물이 충만된다.

선종과 같이 과형성된 상피 세포질 내의 *Campylobacter*균

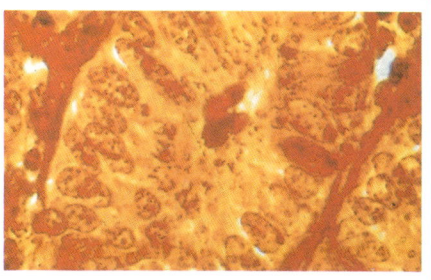

원충성 질병 (Protozoiasis)

1. 톡소플라즈마증 (Toxoplasmosis)

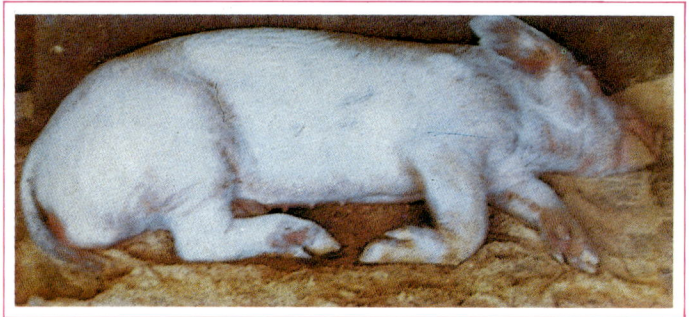

귀, 사지, 복부에 자적색반의 출현

톡소플라즈마에 의한 유사산 :
임신 108일의 사산 태아

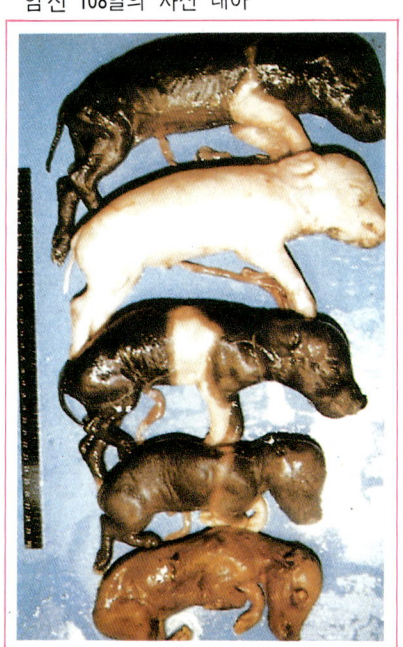

폐병변 : 수종성 폐렴(퇴축부전)을 나타내며
임파절의 종대, 출혈 등이 관찰된다.

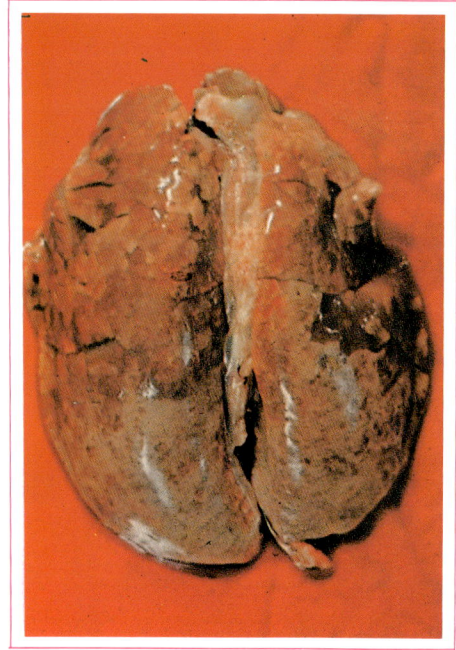

기생충성 질병 (Parasitic Diseases)

1. 회충증 (Ascariasis)

소장 내에 회충이 충만하고 있다.

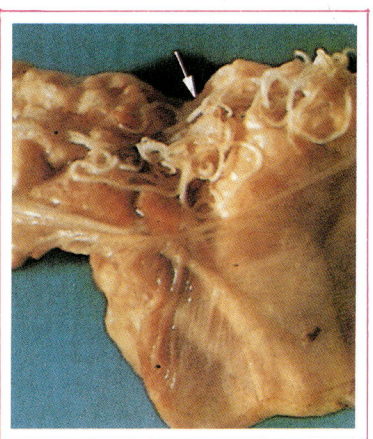

간의 담관내에 기생하고 있는 돼지 회충

2. 폐충증 (Metastrongylidosis)

폐의 말초기관지에 기생한 돼지 폐충

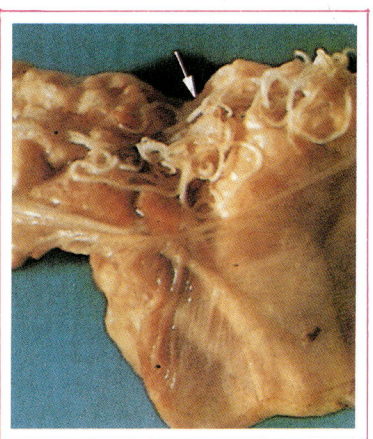

폐기종을 절개하면 실밥모양의 폐충을 관찰할 수 있다.

3. 편충증 (Trichuriasis)

돼지 맹장 점막에 기생하고 있는 돼지 편충.

영양성 질병 (Nutritional Deficiencies)

1. 바이오친결핍증 (Biotin Deficiency)

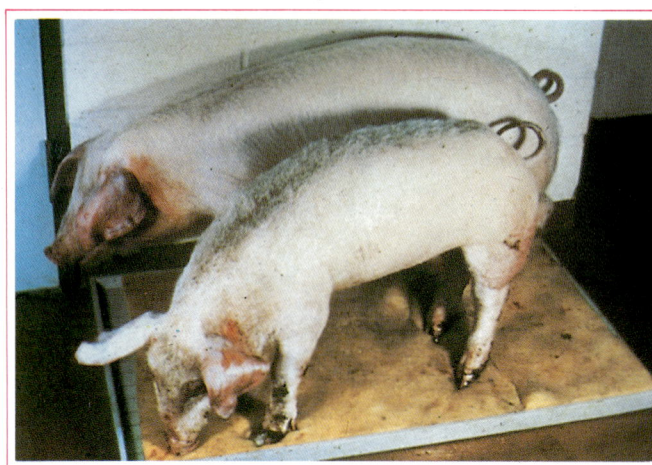

바이오친 결핍증의 병변 : 안면, 귀, 둔부, 다리에 흑갈색 가피 형성

자돈의 바이오친 결핍증 병변 : 발바닥의 심한 균열.

바이오친 결핍증에 의한 외측 발톱의 심한 균열 소견.

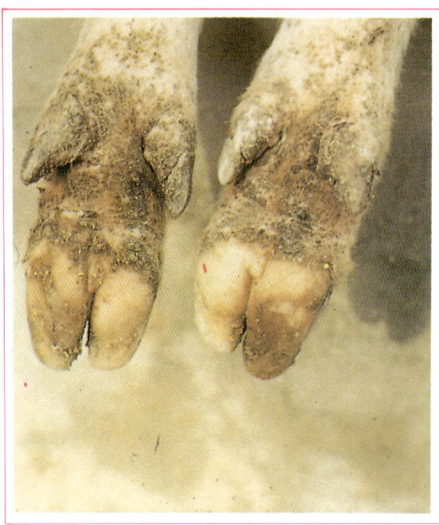

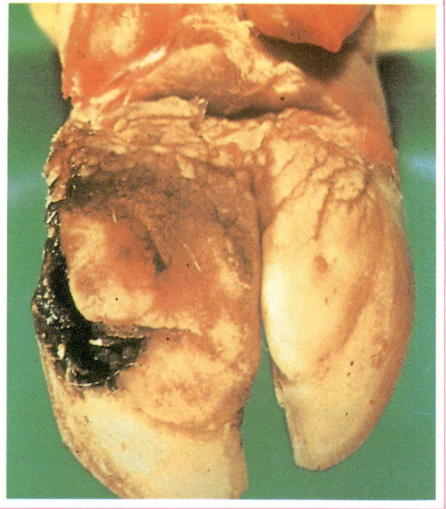

머 리 말

　한국 양돈업은 대외적으로 축산물 수입자유화 압력이라는 시련에 직면하고 있으며 내적으로는 '80년대에 급속히 진행된 전업 내지 기업화 추세가 '90년대에도 지속될 뿐 아니라 상업적 축산으로 진입할 것이라는 예측이 되고 있습니다. 이러한 내외적 여건속에서 한국 양돈업 및 개별 농장이 계속 성장, 발전하기 위해서는 생산성 향상을 통해 대외 경쟁력 및 농장 수익성을 확보하는 길 뿐이라는 것은 명약관화한 일입니다.

　이러한 시기에 대규모 양돈장에서 양돈 실무를 담당하면서 그동안 배운 양돈 지식을 체계적으로 정리하고 이론과 실무를 연결함으로써 생산성 향상에 기여하였으면 하는 소망이 있어 부족한 원고이지만 부끄러움을 무릅쓰고 출판하게 되었습니다. 아무쪼록 생산성 향상을 위한 기초적인 지식으로 유용하게 사용되었으면 합니다.

　그리고, 그동안 원고 작성과 출판을 위해 많은 도움을 주신 선후배 여러분과 출판을 기꺼이 맡아주신 오성출판사 김중영 사장님께 감사를 드리며 계속적인 지도 편달을 부탁드립니다.

1990년 3월

김 주 영

차 례

제 3 장 돼지의 품종 및 심사

제 4 장 돼지의 개량

제2편 ｜ 돼지의 사육과 번식

제 1 장 돼지의 영양

제 2 장 사 료

제 3 장　육성 비육돈 관리

제 4 장　돼지의 번식

제 5장 분만 및 포육관리

제 6 장　자돈의 관리

제 7 장　번식용 암퇘지 관리

제 8 장 수퇘지 관리

제3편 사육 시설 및 질병 관리

제 1 장 환경 조건과 돼지

제 6 장 돼지의 질병

돼지의 품종과 특성

제1장 서 론

양돈 경영을 성공적으로 수행하기 위해서는 먼저 양돈업의 특성과 현황을 잘 이해하고 앞으로의 전망을 정확히 예측하여 그에 알맞는 경영 형태를 갖추어야 할 것이다. 따라서 본장에서는 양돈업의 현황을 살펴봄으로써 양돈 경영 형태의 기본적인 방향 설정에 도움이 되도록 하고자 한다.

1. 양돈업의 특성

일반적인 양돈업의 특성은 다음과 같은 것이 있으며, 이러한 특성은 시대와 사회, 경제적인 여건 및 농장의 여건과 경영 형태 등에 따라 장단점이 있으므로 이러한 특성이 효율적으로 이용될 수 있도록 하여야 할 것이다.

가. 고급 식품인 고기를 효율적으로 생산할 수 있다.

돼지는 잡식 동물로 식물성, 동물성 먹이를 모두 잘 이용하며, 인간이 식품으로 이용하기 곤란하거나 저급인 식품도 충분히 이용 가능하여 식품의 가치를 높일 수 있다. 또한 돼지는 영양소의 체내 축적율이 높고 도체율도 높아 효율적으로 저급 식품 및 사료를 이용하여 고급 식품인 고기를 생산할 수 있다.

나. 증식 속도가 빠르다.

가축 중 가금류 다음으로 번식 능력이 높아 모돈(母豚) 1두로 연간 20두 이상의 자돈(子豚)을 생산할 수 있으며, 생후 12개월 정도면 새끼를 분만한다. 돼지의 증식 속도가 빠른 것은 고기를 효율적으로 생산하고 규모 확산에 유리한 장점이 있는 반면 두수 증가에 따른 공급 과잉으로 가격이 폭락하는 소위 pigcycle의 주기를 3년 정도마다 가져오는 주요한 요인이 되기도 한다.

다. 자본 회수가 비교적 빠르다.

돼지는 번식 능력이 높고 성장도 빨라 자본 회수가 비교적 빠르다. 즉, 육돈의 경우 생후 6개월이면 출하가 되고, 번식돈의 경우에도 생후 1년이면 분만하여 자본이 회수되기 시작한다.

라. 환경 적응 능력이 비교적 높다.

돼지는 체질이 강건하고 기후 풍토에 대한 적응성도 양호하여 국내 각지 어느 지역이든 사육이 가능하다. 그러나 최고의 생산성을 달성하기 위해서는 요구하는 환경조건이 비교적 까다로운 편이다.

마. 분뇨 배설량이 많다.

돼지의 분뇨는 지력 증진을 위해 유용하게 사용될 수 있으나 그대로 배출하게 되면 환경 오염 정도가 높아 적절한 처리 시설이 필요하다. 특히 최근 들어 환경 오염에 대한 인식이 높아지고 각종 사회적·법적 규제도 강화되어 토양에 환원하여 지력 증진에 사용하는 경우에는 돼지의 분뇨가 매우 귀중한 자원이 될 수 있으나 처리 후 배출하여야 할 경우에는 막대한 시설 투자와 운영 경비가 소요되어 생산비 증가의 중대한 요인이 되고 있다.

바. 질병 발생률 및 폐사율이 높다.

돼지의 생후 출하시까지 폐사율은 약 10% 전후로 매우 높으며 질병이나 기생충 감염률도 높아 생산성이 저하되는 경우가 흔하다. 한편 돼지는 개체 치료가 용이하지 않아 예방을 철저히 함과 동시에 치료 중심인 소와 예방 중심인 가금류의 중간적 입장으로 치료와 예방을 병행하여야 한다.

사. 고정비 투자가 많다.

전에는 극히 간단한 간이 돈사(豚舍)에서 소규모로 사육하는 부업양돈 형태가 주류를 이루어 비교적 설비투자가 적게 소요되었다. 그러나 최근 들어 경영규모가 대형화되면서 생산성을 향상시키기 위해서 돈사 시설에 투자하는 비용이 점차 증가하는 추세며, 특히 노임 상승과 구인난이 겹쳐 돈사 시설의 기계

화 및 성력화가 급속도로 요구되면서 총투자 비용의 50% 정도까지 고정비로
시설에 투자되고 있는 실정이다.

다른 가축 즉 육우, 젖소, 가금류에 비해 가장 많은 시설 투자 비용이 소요
되는 것이 양돈이다. 이러한 막대한 자금의 고정비 투자는 양돈을 시작할 때
큰 부담이 되며, 중단하고자 할 때도 시설의 용도 변경에 따른 효율이 적어 큰
부담이 되고 있다.

아. 시세 변동이 심하다.

돼지 시세의 변동은 수급 불균형에 따라 장기적인 호황과 불황의 주기를 그
리는 시세 변동 뿐 아니라 연중에도 변동이 심하여 5, 6월경 가장 높은 가격이
형성되며, 하절기와 초겨울에 낮은 가격이 형성된다.

또한 수급 상태에 따라서 단기간의 시세 변동도 크기 때문에 면밀한 분석과
예측으로 좋은 가격이 형성될 때 판매될 수 있도록 계획 생산하여야 한다.

2. 한국 양돈업의 현황

가. 사육 구조의 변화

우리나라의 양돈은 약 2000년 전부터 재래종이 사육되어 온 오랜 역사가 있으
나 1960년대까지는 농가 부산물과 잔반을 이용한 유축농업 형태에서 벗어나지
못하였으며 1970년대에 들어서 사육 두수가 급증하는 한편 경영 규모도 대형화
되기 시작하여 배합사료를 이용한 전업 내지 기업양돈이 급격히 증가하였다.
그러나 이때까지도 농가 부업 양돈 형태가 주종을 이루고 있었으며, 1972,
1974, 1976, 1979년의 4차례에 걸친 심한 양돈 불황을 거쳐 1980년대에 들어
비로소 배합사료를 이용한 상업적 축산으로 발전, 정착하는 과정에 있다.

한편 1988년 12월 기준 사육 규모별 두수와 호수는 〈표1-2〉에서 보듯이 300
두 이상 전업 내지 기업양돈 농가 호수가 전체의 1%에 불과하나 사육 두수
40%이상 차지하고 있으며 농가 부업적 양돈 형태의 호수는 전체의 99%를 차
지하고 있고 평균 사육 두수는 11두 정도에 불과하여 영세성을 면치 못하고 있
다.

특히 일본의 호당 평균 사육 두수174.4두, 대만의 102.8두, 덴마크의 206.6

〈표 Ⅰ-1〉 사육두수와 사육호수 변동추세

년 도	사육두수(천두)	사 육 호 수 (천호)	호당사육두수 (두)	비 고
1930년대	1,300			남 북 합계
1940년대	330			남 북 합계
1945년	190			남한 사육 두수(이하
				동일)
1950	500			
1965	1,381	1,083	1.28	
1970	1,121	884	1.27	
1975	1,246	654	1.91	
1980	2,034	558	3.65	매년 12월 기준
1982	2,183	444	4.92	
1984	2,958	362	8.16	
1986	3,347	262	12.76	
1988	4,852	261	18.61	

두와 비교하면 우리나라의 호당 평균 사육두수는 엄청난 격차가 있는바 〈표1-1〉에서 보는 바와 같은 사육 호수의 감소는 더욱 가속화되리라 예상된다. 즉, 소규모 부업 양돈이 소득원으로서의 가치가 점차 낮아지고 농촌 환경이 정리되면서 양돈에 의한 환경 오염이 크게 대두되는 현실 사정을 고려할 때 앞으로의 양돈업은 상업화되면서 부업 양돈 형태는 격감하고 전업 규모 이상의 양돈장이

〈표 Ⅰ-2〉 사육 규모별 사육두수 및 호수

(1988. 12월 기준)

구분	규모	300두 미만	300~999	1000~4999	5000 이상	계
사육두수	두수(천두)	2,856	1,045	526	425	4,859
	비율(%)	58.9	21.5	10.8	8.8	100
사육호수	호수(호)	258,235	2,219	265	41	260,760
	비율(%)	99.03	0.85	0.10	0.02	100

사육 두수 및 사육 호수면에서 계속 증가하여 늘어나는 돈육 소비량을 충족시
키리라 예상된다.

나. 돈육 소비의 변화

우리나라의 축산물 소비량은 〈표1-3〉에서 보듯이 소득의 증가에 따라 급격
히 증가하고 있는 추세며, 이러한 경향은 당분간 지속되리라 예상된다.

1988년도 돈육 총소비량은 433천 M/T 정도로 그 중 약 8000M/T 가 대일
수출되었으며, 나머지가 국내에서 소비되었다.

〈표 Ⅰ-3〉 축산물 소비량 변동추세 (1인당 년간 소비량 단위 : kg, %)

년도	1인당 GNP	육 류 소 비 량								계란	우유
		쇠고기		돼지 고기		닭고기		계			
		소비량	비율	소비량	비율	소비량	비율	소비량	비율		
1970	248	1.2	23.1	2.6	50.0	1.4	26.9	5.2	100	4.2	1.6
1975	591	2.0	31.3	2.8	43.8	1.6	25.0	6.4	100	4.6	4.6
1980	1,589	2.6	23.0	6.3	55.8	2.4	21.2	11.3	100	6.5	10.8
1985	2,047	2.9	20.1	8.4	58.3	3.1	21.5	14.4	100	7.2	23.3
1987	2,826	3.6	22.8	8.9	56.3	3.3	20.9	15.8	100	8.6	34.3
1988	3,450	3.4	20.0	10.1	59.4	3.5	20.6	17.0	100	9.5	39.4

※ 1988년 수치는 잠정치임 ※ 정육기준(농림수산부)

한편 주요 국가의 1인당 돈육 소비량은 1986년도 기준으로 일본 15.3kg,
대만 38.0kg, 미국 28.5kg, 영국 26.0kg, 호주 17.0kg, 덴마크 64.3kg
등 우리나라의 소비량보다 크게 상회하고 있어 나라마다 식품의 기호가 다르다
하더라도 우리나라의 돈육 소비는 크게 증가하여야 할 것으로 판단된다.

학자에 따라 다소 다르기는 하나 우리나라의 2000년대 돈육 소비량은 1인당
약 15kg 을 상회하리라 예측되며, 인구 증가와 소비량 증가에 따라 700만~800
만두의 돼지가 사육되어야만 자급자족할 수 있을 것으로 본다.

한편 돈육의 소비 형태는 신선육 소비가 전체의 95%를 차지하고 있으며, 육
가공품은 급속한 성장을 하고 있는 추세이나 1988년도 육가공 제품 생산 실적
은 31,732M/T 로서 육가공품 소비량이 전체 돈육의 37.5%를 차지하는 일본이
나 40%를 차지하는 덴마크에 비해 미미한 실정이다. 그러나 앞으로 외식 부문
과 육가공 부문은 계속 급속한 성장을 하여 돈육 소비 증가를 주도하고 신선육

소비량은 정체될 것으로 예측된다.

다. 사육 기술의 발달과 육종 개량

우리나라의 양돈업에 있어 처음 수입종이 도입되어 개량을 시작한 것은 1910 년대 버크셔종을 수입하여 누진 교배를 실시한 것으로서 그후 계속적인 개량이 추진되어 왔으나 그 실적은 미미한 정도였다. 1970년대 들어 전업 내지 기업양 돈이 급증하면서 사육기술 발전뿐 아니라 배합사료 공급량과 질이 급격히 향상 되었으며, 종돈 개량도 본격적으로 민간 기업 주도로 추진되어 상당한 성과를 거두기 시작하여 1980년대의 혁식적인 발전 과정을 밟고 있다.

〈표 Ⅰ-4〉 모돈 Ⅰ두당 연간 비육돈 출하 두수

연 도	서 독	프랑스	이탈리아	네덜란드	벨기에	영 국	아일랜드	덴마크	한 국
1978	15. 38	16. 98	11. 26	16. 06	14. 92	16. 80	19. 33	12. 82	
1979	15. 17	18. 42	12. 61	15. 58	14. 58	17. 55	19. 12	13. 65	
1980	15. 34	17. 91	12. 34	15. 30	14. 74	18. 17	19. 16	14. 23	
1981	15. 07	17. 54	13. 41	15. 71	14. 51	18. 61	18. 75	14. 65	
1982	15. 43	17. 07	13. 23	16. 34	14. 18	18. 57	18. 97	15. 25	
1983	15. 58	17. 24	13. 85	16. 36	14. 28	19. 01	19. 96	16. 16	8. 57
1984	15. 47	17. 88	15. 12	16. 71	14. 05	19. 12	20. 13	16. 72	10. 88
1985	15. 19	18. 39	15. 15	17. 41	13. 68	19. 03	19. 90	16. 89	13. 29
1986	15. 45	18. 96	13. 71	17. 29	13. 41	18. 87	20. 99	17. 33	13. 00
1987	15. 35	18. 43	14. 04	16. 72	13. 26	18. 81	21. 68	17. 66	12. 87

주 : 연간 도축 두수를 연초 번식 활용 모돈수로 나누어 구한 값임.

라. 한국 농업에서 양돈산업의 위치

농업 총생산액 중에 양돈이 차지하는 비율은 1975년도에 3. 3%에 불과하던 것이 1987년도에는 7. 8%로 증가하였으며, 축산업 총액산액의 약 35% 정도는 양돈이 차지하고 있어 농업 부분에서의 양돈의 위치가 점차 높아지고 있다.

2000년대에 들어서면 농업 총생산액 중 축산이 차지하는 비율이 40% 이상 될 것으로 예측되어 축산업의 비중이 증가함에 따라 양돈업이 차지하는 위치도 높아질 것으로 예상된다. 특히 양돈은 대가축에 비하여 어느 정도 국제경쟁력 도 높아 집중적으로 육성 발달시켜야 할 것으로 사료된다.

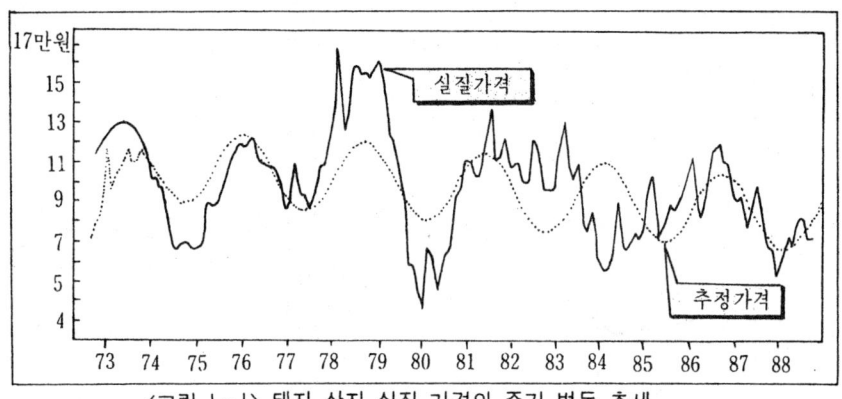

〈그림 Ⅰ-Ⅰ〉 돼지 산지 실질 가격의 주기 변동 추세

〈표 Ⅰ-5〉 농업중 축산업과 양돈의 생산액　(단위 : 억원, %)

연도 구분	1975		1987	
	생산액	비율	생산액	비율
농업총생산	26,512	100	130,582	100
축산업총생산	3,028	11.4(100)	30,566	23.4(100)
양돈업총생산	864	3.3(28.5)	10,157	7.8(33.2)

마. 양돈 농가의 수익성

　양돈 농가의 수익성은 〈그림1-2〉와 〈그림1-3〉에서 보는 바와 같이 수급 불균형에 따른 시장 가격 변동이 가장 큰 요인으로서 최근 들어 시장 가격 변동 주기가 길어지고 변동폭도 적어지는 경향이 있으며(〈그림1-1〉참조) 앞으로 수급 조절 기능이 강화되면서 이러한 현상은 더욱 가속화되리라 예상된다. 또한 양돈산업의 안정적 발전을 위해서도 수급 조절 기능 및 가격 조절 기능을 강화하여 양돈 농가의 안정적인 수익 보장이 되어야 할 것이다.

　한편 시장 가격의 주기성 이외에 양돈 농가의 수익성에 영향을 미치는 주요한 요인으로는 국제곡물시세 변동에 따른 배합사료 가격 변동 및 환경오염 방지를 위한 분뇨 처리 비용의 증가, 임금 인상 등 양돈 농가 외적 요인과 개별 농장별 생산성에 따른 생산비의 구성 및 금액, 육질 및 계획 출하에 따른 판매 단가의 차이 등 내적 요인이 있다.

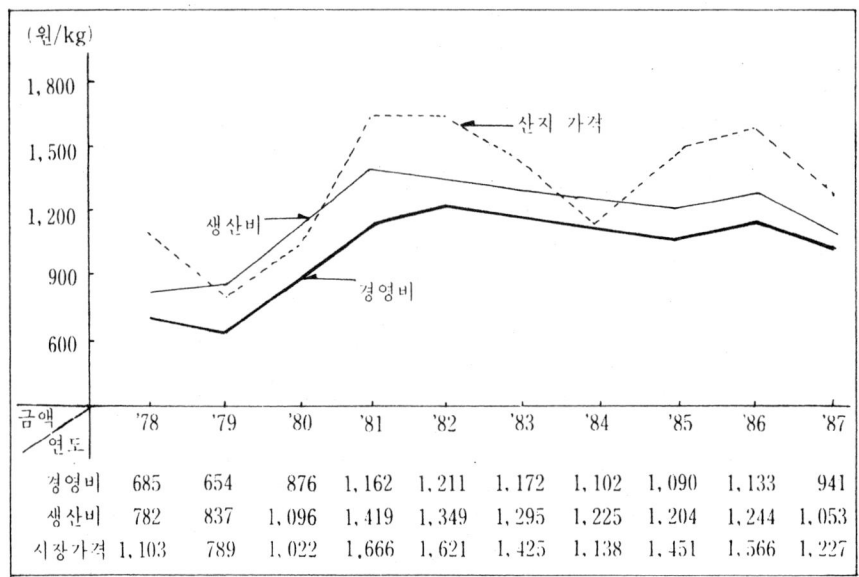

금액\연도	'78	'79	'80	'81	'82	'83	'84	'85	'86	'87
경영비	685	654	876	1,162	1,211	1,172	1,102	1,090	1,133	941
생산비	782	837	1,096	1,419	1,349	1,295	1,225	1,204	1,244	1,053
시장가격	1,103	789	1,022	1,666	1,621	1,425	1,138	1,451	1,566	1,227

〈그림 I-2〉 연도별 비육돈 수익성 분석 추이

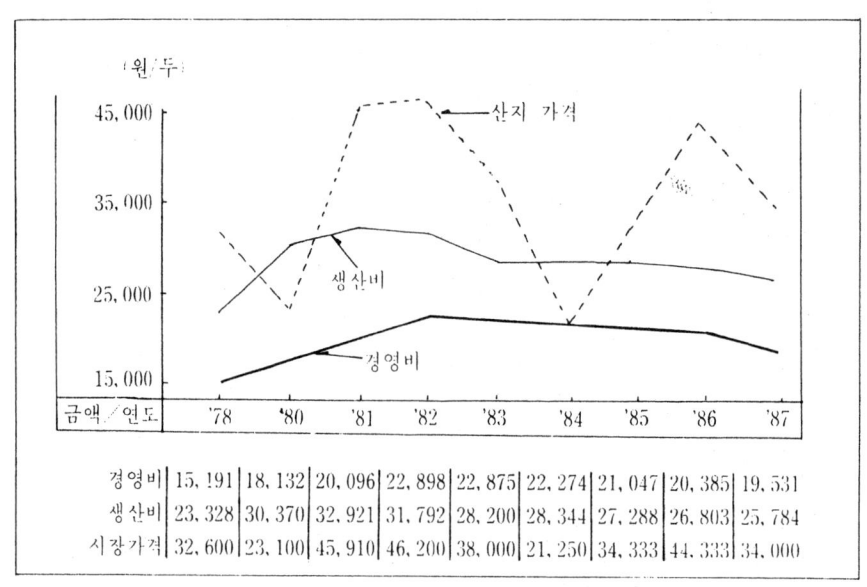

금액/연도	'78	'80	'81	'82	'83	'84	'85	'86	'87
경영비	15,191	18,132	20,096	22,898	22,875	22,274	21,047	20,385	19,531
생산비	23,328	30,370	32,921	31,792	28,200	28,344	27,288	26,803	25,784
시장가격	32,600	23,100	45,910	46,200	38,000	21,250	34,333	44,333	34,000

〈그림 I-3〉 연도별 자돈 수익성 분석 추이

제2장 돼지의 특징

1. 형태 구조적 특징

돼지는 그 사육 목적이 오로지 고기를 생산하는데 걸맞게 형태 및 구조가 이루어져 있어 다른 가축과 다른 특징이 있으며, 품종과 개량 정도에 따라 몸의 각 부위가 약간씩 차이가 있으나 기본 구조는 대동소이하다.

가. 체 중

성숙한 돼지의 체중은 품종에 따라 큰 차이가 있어 성숙한 체중에 따라
  소형종(70~150kg)
  중형종(150~250kg)
  대형종(250~350kg)
  초대형종(350~500kg)
으로 구분하나 특수한 목적이 아닌 고기를 생산하기 위해 사육되고 있는 개량종 돼지들은 거의 대형종에 속한다.

돼지에서 생리적으로 중요한 시기의 체중은 갓태어났을 때의 생시 체중, 젖을 뗄 때의 이유시 체중, 고기돼지로 주로 판매될 때의 시판 체중, 성성숙이 이루어지는 시기의 성성숙 체중, 완전히 성숙하여 체중 증가가 거의 정체되는 성숙 체중 등이 있다.

나. 피부 및 피하조직

돼지는 피모가 있는 피부조직이 1~2mm 두께이며 그 아래층에 피하지방층을 형성하게 되는데 이를 지방층 또는 일반적으로 비게라고 한다.

돼지 피부에는 땀샘이 없으며, 혹한기 보온에 적합한 지방층이 잘 발달되어

있어 돼지는 혹한기에는 잘 견딜 수 있지만 더위에는 잘 적응하지 못한다.

따라서 지방층이 미처 발달하지 못한 갓태어난 자돈을 제외하면 거의 전기간 돼지에 알맞는 기온은 15~20℃ 정도이며 5℃ 이하의 추운 시기에는 체온 유지 관계로 사료 소모량 증가나 성장 속도의 저하 등이 초래되지만 25℃ 이상의 고온에서 사육하게 되면 성장 지연뿐 아니라 번식 등에 막대한 지장을 초래할 수 있으며 특히 30℃ 이상의 고온에서는 열사병 등으로 급사할 수도 있다.

다. 골 격

돼지 골격의 기본 구조는 머리, 척추, 갈비뼈, 사지로 구성된다. 척추는 여러 개의 뼈가 연결된 것으로 척추의 구성은

> 경추(cervix) 6~7개
> 흉추(thorax) 13~17개
> 요추(lumben) 5~7개
> 천추(sacrum) 4~5개
> 미추(coccygeal) 20~26개

로 이루어져 있다.

라. 귀와 안면

돼지의 귀는 품종에 따라 크기가 다르며 방향도 앞으로 향한 것, 위로 선 것, 밑으로 늘어진 것 등 여러가지로 품종을 구분하는데 중요한 판단 기준이 될 수 있다. 얼굴 모양과 크기, 코의 모양도 다양하며 품종별로 유전이 되나 귀나 얼굴 모양은 순종의 판단에 참고가 될 뿐으로 육종 개량에 따라 조금씩 차이가 발생할 수 있어 외모 심사시 중요도가 점차 낮아지고 있다.

마. 소화기

돼지의 치아는 어금니, 송곳니가 모두 발달하여 초식동물과 육식동물의 중간이다. 따라서 돼지는 풀 등의 섬유소 성분을 분해하여 이용할 수는 없으나 곡류와 육류 등을 모두 섭취하여 이용할 수 있다.

2. 생리적 특징

가. 일반생리

돼지의 일반적 생리는 〈표2-1〉과 같으며 그 중 체온 측정 방법은 직장에 체온계를 삽입하여 측정하면 된다.

〈표 2-1〉 돼지의 일반생리

항 목	기 준	비 고
체 온	39.2℃	38~40℃
맥 박	60~80회/분	
호 흡 수	18~20회/분	
발정주기	21일	14~26일
임신기간	114일	110~117일

나. 생리적 특징

(1) 잡식성

동물은 주로 이용하는 먹이의 종류에 따라 식물성 먹이인 풀과 곡류 등을 이용하는 초식동물과 다른 동물의 고기를 이용하는 육식동물 및 식물성 먹이와 동물성 먹이 모두 이용하는 잡식동물로 구분하는 방법이 있는데 돼지는 사람과 유사하게 동물성, 식물성 먹이 모두를 잘 이용하며, 필요로 하는 잡식 동물에 속한다.

돼지가 잡식동물이라함은 식물성 먹이와 동물성 먹이 모두 잘 이용할 수 있다는 의미와 동시에 적절한 영양분을 균형있게 급여하여 좋은 발육 성적을 발휘하려면 동물성 먹이와 식물성 먹이를 적절히 조화시켜 필요로 하는 모든 영양소를 골고루 공급해 주어야 한다는 것도 의미하는 것이다.

(2) 다산성

암돼지의 몸 구조는 한번에 많은 새끼를 낳아 기를 수 있는 구조로 되어 있다. 즉, 생식기관은 10두 이상의 태아가 한꺼번에 임신될 수 있는 구조이며,

젖꼭지도 6~8쌍으로 갓태어난 새끼 돼지 10두 이상이 어미돼지의 젖을 포유할 수 있다.

또한 젖을 떼고 나면 정상적인 경우에 7일 내에 다시 발정이 와 임신할 수 있기 때문에 일년에 두배 이상 새끼를 낳을 수 있다.

실제로 우수한 농장에서는 사육하고 있는 모돈(母豚)은 두당 연간 20두 이상의 새끼를 생산하며 모돈은 평균 약 6산 정도 새끼를 낳을 수 있어 모돈 한마리가 60두 이상의 자손을 생산한다.

(3) 감각기관

돼지의 감각기관 중 청각과 후각은 매우 예민하고 시각은 색상을 구별할 수 없는 색맹이며, 근시다. 특히 후각은 땅속의 먹이를 냄새로서 발견할 수 있을 정도로 매우 발달하여 시각이 완전 장애를 일으켜도 후각만으로 사료를 찾아낼 수 있다. 후각은 먹이를 찾고 식별하는 이외에도 다른 돼지를 식별하는데 이용하여 새로 편입된 돼지를 구분하여 다투거나 포유 모돈이 자기 새끼를 구별하는 기준이 되어 자기 새끼가 아닌 다른 곳에서 들어온 새끼를 배척하거나 죽이는 경우가 있으므로 새끼 돼지를 이동시켜 포유하고자 할 때는 미리 이동하고자 하는 모돈의 오물을 묻혀 냄새의 구별이 되지 않도록 하여야 한다. 그러나 다두 사육이 되고 한꺼번에 많은 숫자가 분만하여 근접되어 사육되는 현재에는 모돈이 다른 새끼를 배척하는 습성은 상당히 감소되었는데 이는 일정한 자기 영역이라는 구분이 희박해지고 근접 사육에 따른 접촉 기회가 많아지고 소음 등으로 신경이 분산되어 모성 본능의 발현이 감소한 때문이라 생각된다.

3. 심리적 특징

돼지도 돼지로서의 특수한 습성이 있기 때문에 이를 잘 통제하고 이용하여야 효율적으로 관리할 수 있다.

가. 굴토성

돼지의 코는 땅을 파는데 적합한 생김새며 코의 예민한 후각과 촉각은 땅을 파고 땅속의 풀뿌리, 벌레, 흙속의 미량원소를 섭취하는데 편하게 되어 있다. 야생시에 땅을 파고 땅속의 먹이를 찾아 먹는 습성은 여전히 남아 있어 후보돈의 방목장 사육시에는 이 점을 유의하여 칸막이를 낮게 설치하여 땅을 파고 밑

으로 빠져나가는 경우가 없게 하여야 하며 사료 급이조 설계시에도 파헤치는
습성을 억제하는 구조로 설계하여 사료의 허실을 방지해야 한다.

나. 청결성

돼지는 일정한 장소에 분뇨를 배설하고 잠자리는 청결하게 유지하는 습성이
있다. 공간이 좁고 부득이한 경우 불결한 곳에서도 잘 견디나 이것은 본래 습
성이 아니며, 사육 공간을 잘 설계하면 일정한 곳에서 배설하고 나머지 공간은
잠자리로 깨끗하게 유지할 수 있다.

돼지가 분뇨를 배설하는 장소는 낮은 곳, 습한 곳, 주위 다른 칸의 돼지가
보이는 경계부위 등으로 돈사 설계시 배분 장소로 하고자 하는 부위는 주변보
다 약간 낮게 하고 급수기도 이곳에 설치하며 다른 돈방의 돼지가 보이게 하
고, 잠자리로 깨끗이 유지하고자 하는 부위는 약간 높고 주위 돼지가 보이지 않
게 칸막이를 하여 주는 것이 좋다.

다. 후퇴성

돼지는 꼬리를 잡고 약간 당기면 앞으로 나아가고 앞에서 윗턱을 잡고 당기
면 뒤로 물러가는 습성이 있는데 이러한 습성을 이용하여 윗턱을 잡고 고정하
면 간단하게 돼지를 보정할 수 있어 이러한 상태에서 주사, 정액 주입, 몸체의
측정, 수술 등을 실시할 수 있다.

라. 사회적 행동

돼지는 무리를 지어 사는 군거성이 있으며, 무리 중에서는 상대적 서열을 정
하여 서열이 높은 강건한 놈에게 서열이 낮은 것이 굴복하는 행동을 보인다.

따라서 서로 다른 돈군(豚群)을 섞으면 서열이 정해질 때까지 서로 투쟁하게
되며 집단에 새로 돼지가 전입되게 되면 그 집단 전체가 새로 들어온 돼지를
배척하고 집단으로 폭행하게 되어 사고가 발생하는 경우도 있으므로 주의해야
한다. 돈군 내에서의 서열은 특별한 경우가 없는한 한번 정해지면 계속 지속되
어 서열이 낮고 위축된 놈은 계속 처지게 되므로 위축돈은 별도로 격리하여 사
육하는 것이 좋다. 또한 이동과 합사시에는 서로 비슷한 일령 및 체중끼리 무
리를 지어주어 균일하게 성장하도록 하여 주는 것이 좋다.

제3장 돼지의 품종 및 심사

1. 돼지의 원조

돼지는 멧돼지가 순화되어 가축화된 것으로 언제부터 사육되어져 왔는가는 확실하지 않으나 대략 10,000여년 전부터 동남아시아에서 사육되었다는 기록이 있으며, 우리나라에서는 약 2,000여년 전부터 소형 토산종이 사육되어 왔다.

멧돼지가 순화되어 가축화된 후로 돼지는 야생에서 활동하기 알맞은 전구가 크고 얼굴이 길고 크며 사지가 발달하여 민첩한 행동이 가능한 체형에서 전구는 작아지고 체장이 길며 후구가 발달한 고기 생산에 알맞은 체형으로 변화되었으며 현대에 이르러서는 각 국가, 지역별로 선호하는 품질에 맞게 고도로 육종 개량되어 같은 품종이라도 육종 개량된 계통에 따라 현격한 차이를 보이고 있다.

2. 돼지의 품종

돼지의 품종은 전세계에 수백종이 있으나 경제성이 있는 품종은 30~40종 정도다. 여기서는 국내에서 사육되었거나 현재 사육중인 품종 및 사육되지 않고 있으나 관심을 가져볼만한 품종에 한하여 소개하고자 한다.

가. 한국종

우리나라에서 2,000여년 전부터 사육했던 소형 토산종은 만주종에서 유래된 것으로 추측되며, 현재는 찾아볼 수 없게 멸종되어 심히 유감스러운 일이다.

한국 재래종은 흑색으로 체구는 작고 허리와 배가 아래로 처지며, 전구가 빈약하다. 오랫동안 사육되어 왔기 때문에 우리나라 기후 풍토에 잘 적응되어 체질이 강하고 질병 저항력도 높으며 조사료 이용성도 양호하다. 산자수는 7~8

두 정도이며 성장률과 도체율은 낮아 경제성이 떨어지므로 버크셔종과 누진 교배하여 개량을 도모하였으며, 1930년대부터 일본에서 개량종 돼지가 도입됨에 따라 점차 없어지기 시작하여 1970년대에 멸종된 것으로 여겨진다.

나. 대요크셔종(Large Yorkshire)

이 품종은 라지화이트종(Large White)라고도 하며 中요크셔나 小요크셔는 현재 거의 사육되고 있지 않기 때문에 요크셔하면 大요크셔종으로 인식되고 있다. 원산지는 영국으로 피부는 백색이고 귀는 곧고 앞을 향해 있다. 성숙시 체중은 300~370kg으로 대형종이며 조숙성이고 체질이 강건하다. 가장 큰 장점은 산자수, 포유 능력 등 번식 성적이 우수하여 교잡종 생산시 모돈으로 널리 사용된다.

다. 랜드레이스종 (Landrace)

원산지는 덴마크로 덴마크의 백색 토산종에 요크셔종을 도입하여 육종 개량하여 1895년도에 품종으로 인정되었다.

몸은 백색으로 머리는 비교적 작고 귀는 크고 앞으로 늘어져 있으며 체장이 길고 성숙시 체중은 수컷이 300kg~350kg으로 대형종에 속한다. 이 품종도 번식 능력과 비유 능력이 우수하여 大요크셔종과 같이 모돈으로 널리 사용되고 있다.

단점은 후구가 비교적 약하여 사양 관리가 불량하면 뒷다리를 잘 쓰지 못하는 경우가 있다. 랜드레이스는 덴마크에서 개량되기는 하였지만 그 후 세계 각국에 보급되어 개량한 국가에 따라 앞에 국적을 붙여 스웨덴 랜드레이스, 영국 랜드레이스, 독일 랜드레이스 등과 같이 불리고 있으며, 개량 방향에 따라 조금씩 다른 특성이 있다.

라. 듀록종(Duroc)

듀록종은 미국이 원산지로서 뉴져지주의 적색 대형종인 져지레드종(Jersey Red)과 뉴욕주의 적색돈 듀록종을 1860년대부터 조직적으로 교잡하여 성립하였다.

피모는 담홍색에서 진한 적색까지 차이가 있으며 귀는 앞을 향해 있고 크기는 작은 편이며 끝이 아래로 쳐져 있다. 번식 능력은 약간 떨어지는 편이나 증체성

적이 극히 우수하고 성숙시 체중은 300~350kg 정도의 대형종으로 교잡종 고기
돼지 생산시 수컷으로 많이 사용된다.

마. 햄프셔종 (Hamphsire)

원산지는 미국 켄터키주 지방으로 체색은 흑색 바탕에 어깨와 앞다리에 흰띠를
두르고 있는 것이 특징이다. 귀는 서 있으며 체질은 강건하다.

성숙시 체중은 수돼지가 300~400kg 으로 대형종이며, 번식 능력은 약간 떨어
지나 등지방 두께가 얇고 육질이 좋은 것이 장점으로 교잡종 생산시 수컷으로 많
이 사용된다.

바. 폴란드차이나종 (Poland China)

원산지는 미국 오하이오주로서 그곳의 재래종에 대형 중국종, 러시아종, 버크
셔종 등을 교잡하여 개량된 것으로 대형종이다.

모색은 흑색 바탕에 6백을 나타내고(사지, 코, 꼬리 말단부) 귀가 중간에서 아
래로 쳐져 있고 도체율이 높다. 국내에도 도입되기는 하였지만 별로 보급되지는
못했다.

사. 스포티드종 (Spotted)

폴란드차이나종과 같이 개량되었으나 1900년경부터 백반이 많은 것이 인정되
기 시작하여 1914년 품종으로 등록이 되기 시작한 품종이다.

체색은 흑백 반점이 각각 50% 정도 되며 체형은 폴란드차이나종과 비슷하나
강건성이 좋다. 국내에는 도입되기는 하였지만 좋은 호평은 받지 못하여 거의 도
태되어 가고 있다.

아. 체스터화이트종(Chester White)

원산지는 미국 펜실베니아주 체스터 지방으로 1820년경 영국에서 도입된 요크
셔종, 링컨셔종(Lincolnshire), 베드포오드셔종(Bedfordshire) 등 백색 계통을
교잡하여 육성되었으며, 1884년 품종 등록협회가 형성되었다.

몸은 백색이고 귀는 약간 내려뜨린 상태며 그 외는 요크셔종과 비슷한 경향이

있다. 번식 능력과 비유 능력이 양호하여 모돈 품종으로 이용되며 성숙시 체중은 암퇘지 210㎏, 숫퇘지 270㎏ 정도다. 국내 도입 실적은 아직 미미한 정도이다.

자. 버크셔종(Berkshire)

영국의 버크셔 지방에서 개량된 품종으로 기초 품종은 대흑종, 중국종, 인도종, 샴(Siam)종, 네오폴리탄종(Neoplitan), 서포크종(Suffork) 등으로 1826년 순종으로 인정되었다. 돼지 품종으로서는 비교적 일찍 개량된 것으로 우리나라에서는 1930년대에 도입되어 재래종 개량에 널리 이용되었으나 현재는 점차 감소하여 거의 사라지고 있는 단계이다.

몸은 흑색이고 얼굴, 다리끝, 꼬리끝이 백색인데 이를 6백이라 하고 버크셔종의 특징 중 하나이며 귀는 바로 서있어 폴란드차이나종과 구분된다. 성숙시 체중은 200~250㎏ 정도로 중형종에 속하며 체질은 강건하나 번식 능력이 낮다.

3. 품종별 능력 비교

돼지의 번식 성적이나 산육 성적은 품종 뿐만 아니라 계통, 개체에 따라 차이가 있으나 품종에 따른 일반적인 경향은 백색종인 요크셔와 랜드레이스가 번식 성적이 극히 우수하고 체스터화이트도 양호한 편이며, 유색종 중 듀록은 증체 성적이 우수하고 햄프셔는 등지방 두께가 얇고 육질이 우수하다는 평이다.

영국 등 유럽에서는 백색종 위주로 다른 능력은 물론 등지방 두께의 개량이 극도로 진행되어 육가공용으로 적합한 형태로 개량되어 있으며 번식 성적도 우수하다. 한편 미국은 듀록과 햄프셔가 잘 개량된 나라로서 성장 속도가 빠르고 생육으로 소비하는데 적합하게 개량되어 있다. 따라서 국내 종돈의 개량시 백색종은 유럽 등지에서 도입하고 유색종은 미국 등 북미에서 도입하는 것이 일반적인 추세다. 그러나 돼지의 품종별 능력 비교는 현대에 와서 유전력이 낮은 번식 성적에 대해서는 의미가 크나 산육 성적에 대해서는 품종에 따른 능력 비교보다는 가계, 혈통, 개체 등 점차 세분화하여 실제 측정된 수치를 비교해야 할 정도로 육종 개량 정도에 따라 차이가 심하다.

〈표3-1〉과 〈표3-2〉에서 보면 국내의 순종 종돈 능력도 백색종인 요크셔와 랜드레이스가 번식 능력이 우수하며 듀록이 증체 성적이 가장 좋은 것을 알 수 있

다. 한편 등지방 두께에서는 햄프셔의 국내 개량 정도가 낮고 랜드레이스가 가장 얇은 경향임을 알 수 있다.

〈표 3-1〉 1988년도 종돈 산육능력 검정 분석표   (기간 : 1988. 1~1988. 12)

품 종	두수(두)	30kg 도달 일령 (일)	90kg 도달 일령 (일)	일당증체량 (g)	사료 효율	등지방두께 (cm)	선발지수	비고
햄 프 셔	46	75	145	850. 41	2. 63	1. 61	181. 85	
랜드레이스	161	72	142	857. 85	2. 66	1. 54	181. 01	
대 요 크 셔	243	77	143	886. 43	2. 62	1. 61	184. 94	
듀 - 록	235	73	139	918. 25	2. 65	1. 81	183. 14	
스포티이드	2	72	142	858. 50	2. 66	1. 84	175. 00	
계	687	74. 2	141. 6	888. 13	2. 64	1. 66	183. 17	

(자료 : 공인능력검정합격돈, 한국종축개량협회)

〈표 3-2〉 1988년도 국내 순종 모돈의 품종별 산자 능력

구분 품종	종 빈 돈			총득수	총 신자수	평 균 산지수	21일령 총복수	21일령 총 육성두수	평 균 육성두수	총 유 사산두수	평균유, 사산두수
	평균산차	평균연령	조사두수								
H	3.12 (산)	3.38 (세)	733 (두)	1,658 (복)	9,632 (두)	9.28 (두)	818 (두)	7,035 (두)	8.60 (두)	126 (두)	0.12 (%)
L	3.39	3.42	2,907	4,135	41,674	10.08	3,260	30,809	9.45	636	0.15
W	3.02	3.23	2,768	3,996	41,081	10.28	3,030	29,106	9.61	793	0.20
D	2.80	3.12	2,274	3,318	32,557	9.81	2,608	23,343	8.95	529	0.16
기 타	2.81	3.15	98	139	1,418	10.20	100	884	8.84	39	0.28
계	3.09	3.27	8,780	12,648	126,562	10.01	9,815	91,177	9.29	2,123	0.17

(자료 : 1988년 종축개량 사업보고서, 한국종축 개량 협회)
주) 1988년도 등록 신청된 종빈돈의 조사결과임.

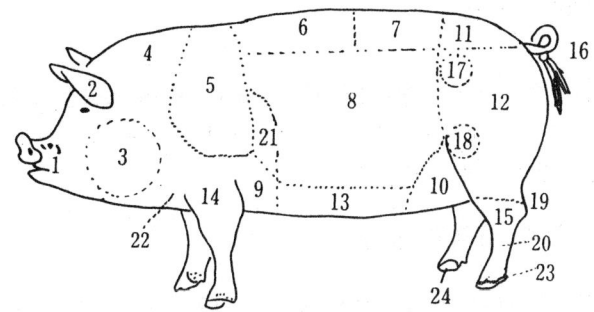

〈그림 3-1〉 돼지의 각 부위 명칭

1. 코	2. 귀	3. 뺨	4. 목	5. 어깨
6. 등	7. 허리	8. 옆배(脇腹)	9. 겨드랑이	10. 허구리
11. 엉덩이	12. 넓적다리	13. 아랫배	14. 앞다리	15. 뒷다리
16. 꼬리	17. 요각	18. 뒷무릎	19. 비절	20. 발목
21. 가슴	22. 앞가슴	23. 며느리발톱	24. 발톱	

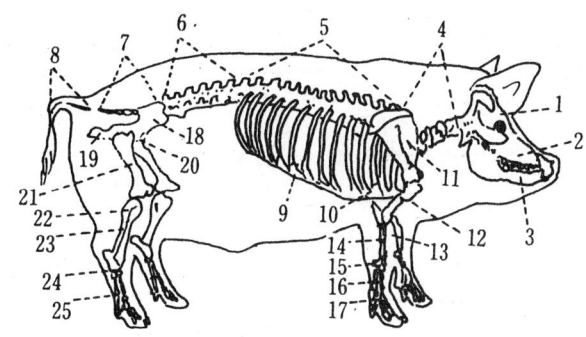

〈그림 3-2〉 돼지의 골격 명칭

1. 전두골	2. 상악골	3. 하악골	4. 경추	5. 흉추
6. 요추	7. 천골	8. 미추	9. 늑골	10. 흉골
11. 견갑골	12. 상박골	13. 요골	14. 척골	15. 완골
16. 완전골	17. 지골	18. 장골	19. 좌골	20. 치골
21. 고골	22. 경골	23. 비골	24. 부골	25. 부전골

4. 돼지의 심사

돼지의 심사는 개체의 외모와 측정된 능력을 기초로 용도에 적합한 체형과 자질을 갖추었나 판단하는 것으로 여기서는 종돈의 선발시나 육돈의 평가시 실시하는 외모 심사 방법에 대해 설명하고자 한다.

가. 돼지 몸체와 골격의 명칭

돼지 몸체의 부위별 명칭은 〈그림3-1〉과 같으며 주요 골격의 명칭 및 형태는 〈그림3-2〉와 같다.

나. 돼지의 체척 측정

돼지의 체척 측정은 아래와 같은 항목과 방법으로 측정한다.

① **체장** : 바른 자세로 서 있을 때 양귀 사이의 중앙에서 체상선을 따라 미근까지의 길이를 측정한 것이 체장이며 견갑골 중앙에서 미근부까지도 참고로 측정하는 경우가 있다.

② **흉위** : 앞다리 바로 뒷부분 즉 가슴 부위의 몸둘레를 측정한 값이다.

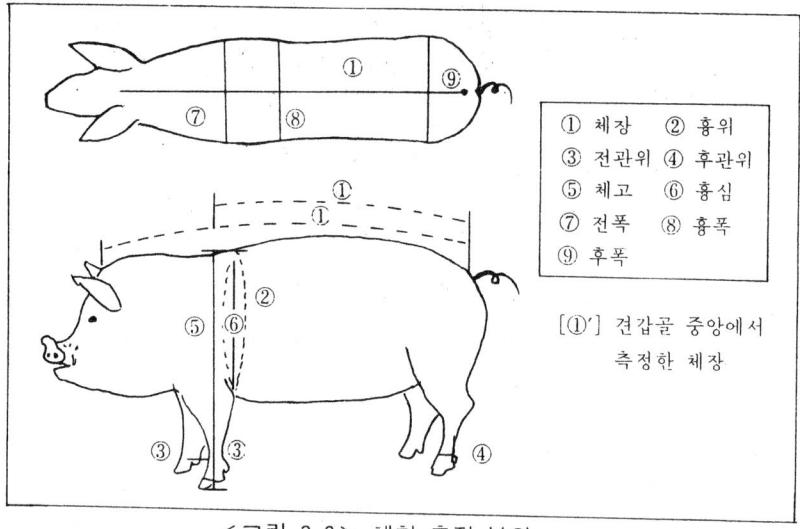

① 체장	② 흉위
③ 전관위	④ 후관위
⑤ 체고	⑥ 흉심
⑦ 전폭	⑧ 흉폭
⑨ 후폭	

[①′] 견갑골 중앙에서
측정한 체장

〈그림 3-3〉 체척 측정 부위

③ **관위** : 다리의 관(무릎 아랫부분 ; 소위 정갱이 부위임)의 제일 가는 부위의 둘레로써 앞다리 관위는 전관위, 뒷다리는 후관위라 한다.

④ **체고** : 어깨 상단에서 땅까지의 직선거리를 측정한다.

⑤ **흉심** : 흉위를 재는 앞다리 바로 뒷부분의 가슴 깊이로 가슴 상단에서 바닥까지의 깊이를 측정한다.

⑥ **전폭** : 앞몸의 제일 넓은 부위의 폭을 측정한다.

⑦ **흉폭** : 흉위, 흉심을 재는 부위의 폭을 측정한다.

⑧ **후폭** : 뒷몸의 가장 넓은 부위의 폭을 측정한다.

체척 측정 부위는 〈그림3-3〉과 같다.

다. 심사 방법

돼지의 외모를 심사할 때는 용도에 적합한 체형과 자질을 갖추었나 판단하는 것이 주목적이기 때문에 그 기준은 그때그때 달라질 수 있겠으나 일반적으로 주의해서 관찰해야 할 항목과 관찰 방법을 살펴본다.

(1) 일반 점검 항목

① **걸음걸이** : 돼지의 걸음은 가볍고 자연스러워야 하며 보행시 뒤뚱거린다거나 균형이 맞지 않고 딱딱해 보이면 종돈으로서는 불량한 것이다.

② **피부 및 털의 상태** : 피부에는 이상이 없고 털이 윤기가 있는 것이 좋다.

③ **일반 외모** : 품종의 특성을 갖추고 있으며 각 부위가 균형있게 발달해 있어야 한다.

④ **기타** : 돼지를 일견했을 때 활력이 있으며 영양 상태가 양호해 보이는 것이 좋다.

(2) 암퇘지 종돈 심사시 점검 항목

① **유두** : 최소 6쌍 이상의 정상적인 유두가 있으며 맹유두, 부유두 등이 없고 유두 사이의 간격이 일정한 것이 좋다. 또한 정상적인 유두라 할지라도 크기가 너무 작거나 커도 나쁘며 유두의 굵기가 너무 굵고 짧은 것은 자돈이 포유하기가 곤란하다.

② **외음부 이상 유무 및 발달 상태** : 외음부의 끝이 말려 올라갔거나 너무 작으

면 교배가 곤란하다. 그러나 특별한 기형이 아닐 경우에는 초발정시 외음부가
커지고 분만시 확장되므로 큰 지장은 없다.

③ **다리의 강건성, 탄력성** : 다리는 〈그림3-5〉에서 보듯이 측면에서 볼 때 탄
력있게 약간 휘어 있으며 정면에서 관찰할 때는 O형이나 X형으로 뻗지 않고
적당한 간격으로 곧게 뻗은 것이 좋다.

④ **발굽의 상태** : 두개의 발굽이 균일하게 잘 발달해 있고 상처가 없을 것.

⑤ 복강이 잘 발달되어 용적이 큼으로써 임신 중에 충분한 공간을 제공할 수 있
겠으며 골반이 잘 발달되어 있을 것.

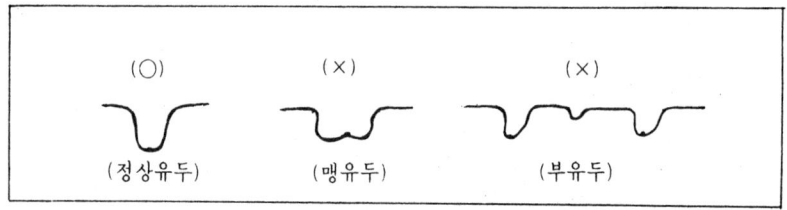

〈그림 3-4〉 여러가지 유두 형태 예

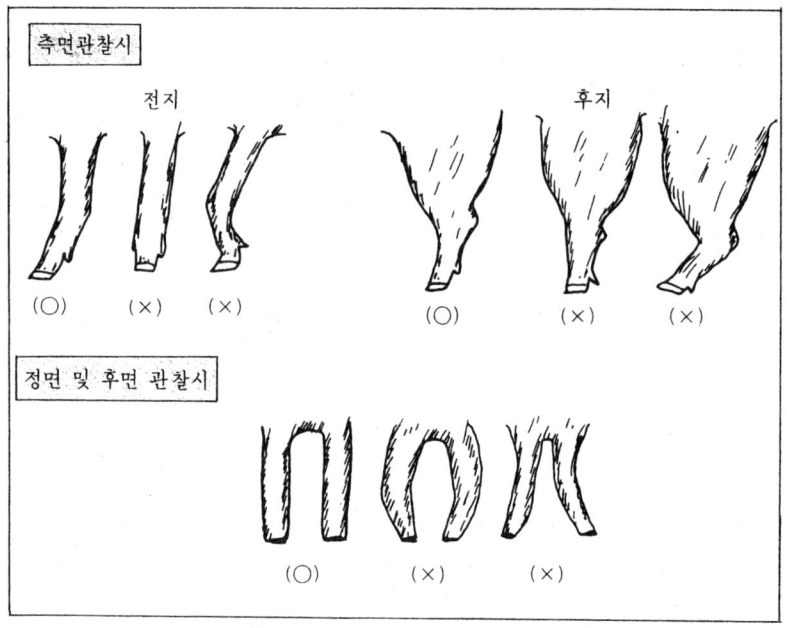

〈그림 3-5〉 이상적인 다리 형태

(3) 수퇘지 심사시 점검 항목

① **유두** : 유두수와 상태는 유전이 되므로 최종 비육돈 생산용 숫퇘지가 아닌 종돈을 생산하고자 하는 숫퇘지의 경우엔 유두의 수와 상태를 암퇘지와 같이 심사하여야 한다.

② 생식기의 이상 유무

③ 다리의 강건성, 탄력성

④ 발굽 상태

⑤ 활력 및 성욕

⑥ 체폭, 체심, 햄이 잘 발달되어 있을 것.

⑦ 요루의 존재 여부 또는 과대 여부

개인의 시각에 따라 이상적인 체형이라고 생각하는 것이 다를 수 있겠고 품종에 따라 다소 차이가 있으며, 중요시하는 부위가 다르더라도 일반적으로 전체적인 몸체가 직사각형에 가깝고 체폭, 체심이 잘 발달되어 있으며 꼬리가 높게 부착되고 햄이 발달하였으며 등이 평형한 것을 선호하는 경향이다. 또한 이러한 돼지가 산육 능력이 좋으며 번식에도 무난하다.

제4장 돼지의 개량

양돈업에 있어 돼지의 유전적 능력이 우수해야 한다는 것은 두말할 필요도 없는 것으로 사양관리 조건이 아무리 양호하더라도 돼지의 자체 유전적 능력이 나쁘면 수익성을 높일 수 없는 것이다.

본장에서는 이와 같이 중요한 돼지의 개량에 있어서 그 기초가 되는 유전 현상의 기본 원리와 그 응용을 통한 육종 개량 방법에 관해 살펴보고 일반 비육돈 생산 농장에서의 경제적인 종돈 개량 방법 및 유전적 능력을 최대한 발휘시킬 수 있는 교배체계에 대해 살펴보기로 한다.

1. 돼지의 유전

가. 유전의 기본 원리

모든 생물체는 각기 그 고유한 특성이 있으며, 이러한 특성 중에는 세대가 지나더라도 반복하여 나타나는 것이 있다. 이렇게 세대가 지나더라도 그 특성이 지속되는 것을 유전현상이라고 말할 수 있다. 이와같은 유전현상이 나타나는 이유는 모든 생물체는 유전인자를 갖고 있어 이 유전인자가 번식이라는 과정을 통하여 후대에 전달됨으로써 이루어지는 것이며, 고등동물인 돼지의 경우에도 이러한 유전현상의 기본 물질인 유전자가 세포 내의 세포핵, 그 중에서도 염색체에 존재하여 후대에 전달된다.

돼지의 염색체는 19쌍(38개)으로서 그 중 18쌍은 상염색체이며 1쌍이 성염색체인바 수컷은 XY, 암컷은 XX로 되어 있다.

돼지가 번식을 한다는 것은 정자와 난자가 합쳐져 수정란이 되고 이것이 자궁에 착상하여 성장한 후 분만되어 새로운 개체가 탄생하는 것으로, 보통 몸의 세포는 38개 19쌍을 모두 지니나 정자와 난자는 감수분열이라는 과정을 거쳐 19쌍 중의 반씩만 염색체를 지니게 되며, 이것이 합쳐져 완전한 쌍을 이루는 것이 수정

이다. 이때 성염색체는 수컷의 경우에는 18염색체+X 나 18염색체+Y 로 감수분
열되고 암컷의 난자는 모두 18염색체+X 로서 정자의 성염색체가 X 냐 Y 냐에 따

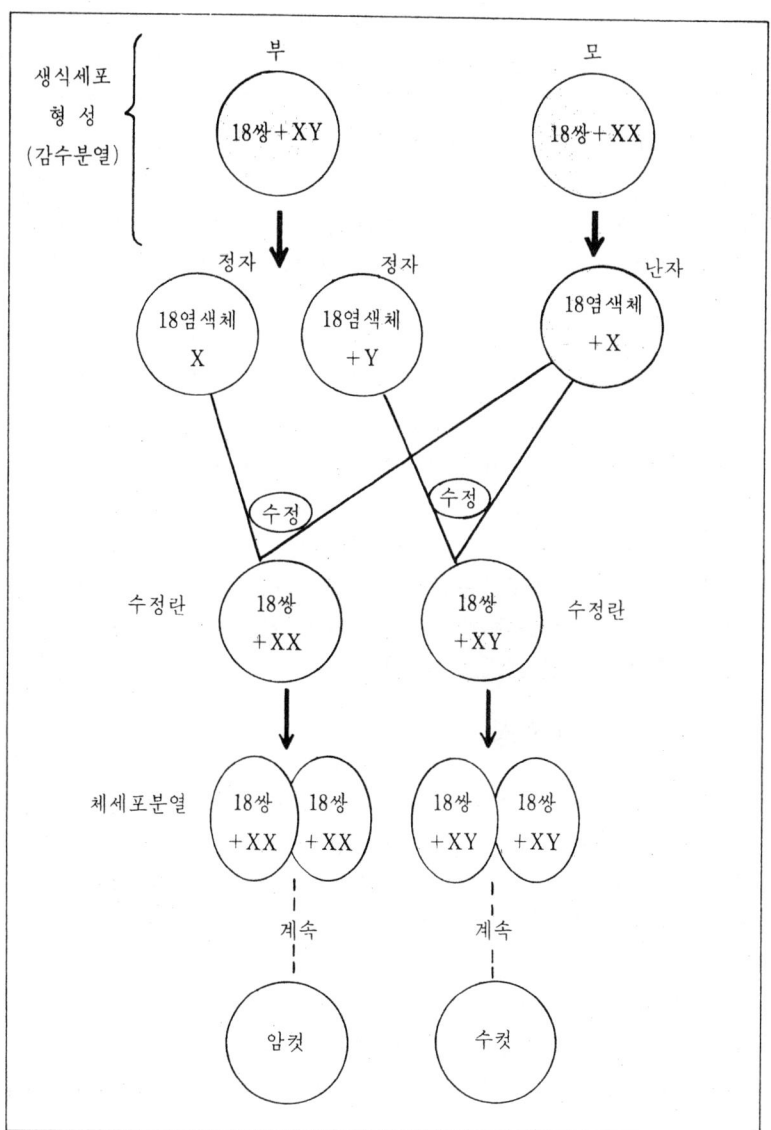

〈그림 4-1〉 염색체의 전달 과정

라 그에 의해 수정된 후대의 성염색체 조합이 XX 가 되거나 XY 가 되어 암수가 구별되며 부모로부터 물려받은 19쌍의 염색체는 그 자손의 특성, 능력 등을 발현하게 함으로써 부모의 특성이 후대에 전달되게 되는 것이다. 이러한 세포내의 염색체가 전달되는 과정을 단순화 시키면 〈그림4-1〉과 같이 표현할 수 있다.

한편 염색체 내에 들어있는 유전인자는 세포분열 과정에서 모양이 같은 한쌍의 염색체가 접합한 상태에서 유전자의 일부를 교환하고 각 염색체 속에 들어있는 유전자는 서로 다른 특성을 지닐 수 있으므로 해서 자손에서 나타나는 특성은 부모와 완전히 같을 수가 없고 약간 변형되기도 하는데 이러한 변이는 후대에 다시 유전되는 유전적 변이로서 이러한 현상을 이용하여 가축의 개량을 도모하는 것이다.

그런데, 변이는 이와같이 유전자의 교체에 의해서만 나타나는 것이 아니고 환경의 영향을 받아 발생할 수도 있으며, 이러한 변이는 후대에 유전되지는 않기 때문에 비유전적 변이라 하며, 비유전적 변이는 가축의 개량에 도움이 되지 못한다. 따라서 돼지를 개량하고자 할 때는 유전적 변이를 측정하여 목적하는바 특성을 지닌 유전자를 선택하여 후대에 계속 전달 확산시키는 과정이라고 할 수도 있다. 그러나 요즘 많이 이야기되고 있는 유전공학은 인위적으로 번식 과정 중에 유전자를 변형시키거나 새로운 유전인자를 삽입하는 등 일련의 유전자 조작을 통해 변이를 일으키는 방법으로 아직 가축의 개량에 실용되지는 못하고 있으나 장래 큰 기여를 할 수 있을 것으로 예상된다.

나. 돼지의 유전 현상

돼지의 여러가지 형질의 유전현상 중에 그 형질의 변이, 즉 외부로 나타나는 형질의 차이가 연속적인 것과 불연속적인 것을 구분하여 양적 형질의 유전과 질적 형질의 유전이라고 흔히 구분한다. 예를 들어 체색이 백색이냐 흑색이냐, 점박이냐 하는 등은 질적 형질에 속하고 일당증체량이라든가 등지방 두께라든가 하는 것은 양적 형질에 속한다.

물론 이러한 구분은 인위적인 것이지만 나름대로 유전현상을 구분하는데 의미가 있으며, 대개의 경우 양적 형질의 변이는 평균치를 중심으로 가장 많이 나타나고 평균보다 높거나 낮을수록 나타나는 빈도가 작아지는 정규분포를 나타낸다.

(1) 질적 형질의 유전

(가) 모색

대개의 경우 백색은 모든 유색에 비하여 우성이기 때문에 자손의 색이 백색으로 나타나나 신체의 일부분에 유색의 흔적이 나타나기도 하며, 특히 햄프셔와 백색종을 교잡하였을 경우에는 백색이 불완전 우성으로 햄프셔의 백색띠 부분 이외의 다른 부위에 검은 피부에 흰털이 나는 반점이 생긴다. 한편 햄프셔의 흑색은 듀럭의 적색에 우성이어서 이러한 교잡을 실시하였을 경우 그 자손은 흑색이거나 약간의 백색 띠가 나타난다. 그러나 버크셔, 폴란드차이나와 같은 품종의 흑색은 듀록의 적색에 비해 열성으로 이 경우 자손은 적색 바탕에 약간의 흑색이 나타나게 된다.

한편 햄프셔의 흰띠는 있는 것이 없는 것에 비해 우성으로 폴란드차이나종이나 듀록과 교배했을 경우 백띠가 나타난다. 또한 백색종과 햄프셔를 교배해도 백띠 부위에는 검은 반점이 나타나지 않아 흰띠가 있는 것이 우성임을 뒷받침한다.

버크셔종에서 볼 수 있는 육백현상은 단색에 비하여 열성으로 유색종과 교배하면 육백이 나타나지 않는다. 국내에서 많이 사육되고 있는 랜드레이스, 요크셔, 듀록, 햄프셔의 교잡시 모색을 보면 〈그림4-2〉와 같다.

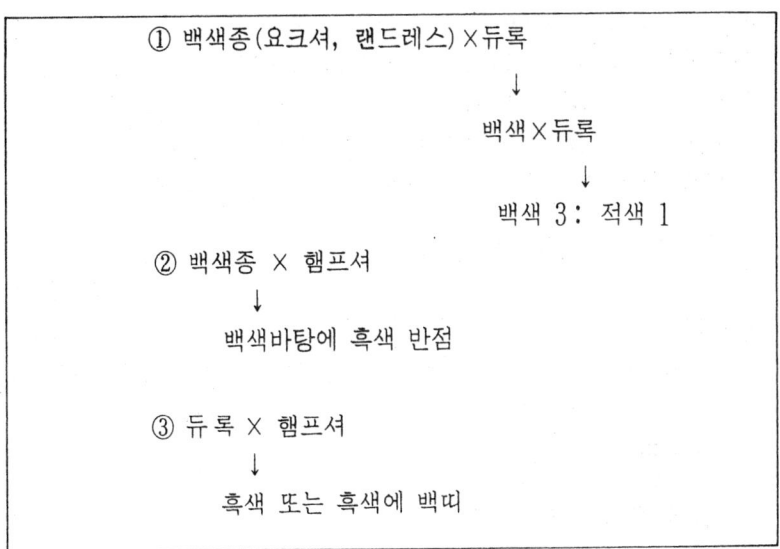

① 백색종(요크셔, 랜드레스)×듀록
↓
백색×듀록
↓
백색 3 : 적색 1

② 백색종 × 햄프셔
↓
백색바탕에 흑색 반점

③ 듀록 × 햄프셔
↓
흑색 또는 흑색에 백띠

〈그림 4-2〉 모색의 유전 현상

(나) 얼굴의 형태

얼굴의 형태는 부모의 중간 정도를 닮는 것이 보통이나 탬워스종의 긴 얼굴은 버크셔의 짧은 얼굴에 우성인 경우도 있다.

(다) 귀의 모양

귀는 끝이 선 직립형, 끝부분이 앞으로 향한 경사형, 랜드레이스종과 같이 아래로 쳐진 완전 하수형이 있는데 직립형은 경사형에 우성이어서 교잡시 끝이 선 직립형으로 나타나나 직립형과 완전 하수형은 직립형이 불완전 우성이기 때문에 교잡시 앞으로 뻗친 것과 같은 모양의 중간 정도로 나타나게 된다.

(라) 유두수

유두수는 품종에 따라 차이가 있는데 적은쪽이 많은쪽에 비해 우성이며 이에 관여하는 유전자는 2쌍 이상으로 다양한 유전 형태를 보이며 맹유두는 정상 유두에 열성이지만 명확한 유전 양식은 규정되지 못하였다.

(마) 기형

① **음고** : 고환의 한쪽 또는 두쪽 모두 음낭 내로 내려오지 못하고 복강 내에 있는 것을 말하며 양측 고환 모두 복강 내에 있으면 번식 능력이 없게 되는데 이 형질은 수컷에만 유전되며, 단순 열성 유전이다.

② **간성** : 간성의 출현 빈도는 요크셔와 랜드레이스에서 $0.01 \sim 0.02\%$ 정도로서 성염색체는 XX이나 상염색체의 열성 유전인자에 의해 나타난다.

③ **사미** : 꼬리가 굽은 현상을 말하는 것으로 단순 열성 유전한다.

④ **단제** : 말발굽과 같이 발굽이 하나인 경우로 우성 유전자에 의한다.

(바) 치사 형질 및 반치사 형질

돼지의 치사 및 반치사 형질로서는 항문 폐쇄, 뇌수종, 근경련, 혈우병, 구개파열(口蓋破裂), 무지(無肢), 전지비대(前肢肥大), 열이(裂耳), 후지(後肢) 마비, 腦 헤르니아 등이 있다. 이러한 형질의 유전은 명확히 규명된 것이 적고 그 출현 빈도도 낮으며 대개 열성 유전이지만 일단 발생하면 그 부모 모두 종돈으로 사용하지 않는 것이 바람직하다.

(2) 양적 형질의 유전

돼지에 있어 경제적으로 중요한 형질은 대개의 경우 양적 형질인데 양적 형질의 유전은 다수의 유전자가 관여하고, 환경의 영향을 받아 그 변이가 다양하게 나타나기 때문에 양적 형질에 영향을 미치는 하나하나 유전자의 작용이나 특성을 규명하는 것은 거의 불가능하다. 따라서 양적 형질의 유전을 연구하는 데는 통계학을 이용하여 변이에 영향을 미치는 유전적·환경적 여러가지 요인의 상대적 중요성을 규명하고 이에 근거하여 육종 개량을 모색하게 되는 것이다. 경제적으로 중요한 양적 형질로는 아래와 같은 것이 있다.

① 산자수 : 생시 총산자수, 생시 생존 자돈수, 포유 개시 두수, 이유 두수 등

② 이유시 체중

③ 이유 후의 증체율

④ 사료 효율

⑤ 도체의 품질 : 도체율, 등지방 두께, 등심 단면적, 도체장, 햄—로인 퍼센트(ham—loin percentage) 등

2. 돼지의 육종 개량 방법

모든 돼지 사육자의 목표는 저렴한 생산비로 품질이 좋은 돼지를 생산함으로써 이윤을 극대화하는 것이며 이는 시설, 사양관리 기술, 경영관리 등 돼지 외적 환경요인에 의해서도 크게 좌우되나 종돈의 우수한 유전적 능력없이는 이루어질 수 없는 것으로 종돈의 유전적 능력을 개량하고 이것을 최대한 발휘할 수 있도록 모든 환경요인을 관리하여 주는 것이 생산성 향상을 달성할 수 있는 지름길이다.

종돈의 유전적 능력을 개량하는 방법은 크게 선발과 교배법으로 구분할 수 있다. 선발은 유전자의 선택을 통해 우수한 유전자는 그 빈도를 높이고 불량한 유전자는 빈도를 줄이거나 제거함으로써 후대의 유전적 능력을 개량하는 방법이며, 교배법은 선발된 암수를 소기의 목적을 달성할 수 있도록 짝짓는 방법으로 크게 근친 교배와 잡종 교배로 나눌 수 있으며, 선발과 교배법의 적절한 사용으로 돼지의 개량을 효과적으로 수행할 수 있다.

가. 선 발

전술하였듯이 선발은 유전자의 빈도를 변화시키는 것이 주기능이며 따라서

개량하고자 하는 형질의 우수한 유전자가 그 집단내에 존재하여야만 가능하므로 선발에 의해 가축을 개량하고자 할 경우는 기초축의 선정에 주의해야 한다.

한편 질적 형질은 불량한 유전자가 발견되었거나 발견되지는 않지만 열성 유전자의 존재 가능성이 있을 경우 이를 도태하고 우수한 형질을 지닌 개체를 선발하는 것이 비교적 용이하고 단순한 식별로 가능하지만 양적 형질은 다수의 유전자가 작용하고 환경의 영향을 받아 변이가 다양하게 나타나므로 통계적 방법에 의하여 선발의 정확도를 높여야만 효과적인 개량을 달성할 수 있다.

(1) 변이와 유전력

변이란 하나의 집단 내에 존재하는 여러 개체 사이의 차이를 말하는 것으로 가축 형질의 변이는 유전적 원인과 환경적 원인에 의하여 나타나게 되는데 가축 개량에 효과적으로 이용될 수 있는 것은 유전적 변이만으로 가축의 형질을 개량하기 위해서는 그 형질의 변이의 크기와 유전적 원인과 환경적 원인의 작용 정도를 알아야 한다. 이때 전체 변이 중 유전적 원인에 의한 분산의 비율을 유전력이라고 하며 다음과 같이 표현할 수 있다.

$$h^2 = \frac{\sigma H^2}{\sigma P^2} = \frac{\sigma H^2}{\sigma H^2 + \sigma E^2}$$

h^2 : 유전력

σH^2 : 유전 분산

σE^2 : 환경 분산

σP^2 : $\sigma H^2 + \sigma E^2$, 전체 분산

〈표 4-1〉 돼지의 유전력

형 질	유 전 력	형 질	유 전 력
도 체 장	65	배 란 수	35
Ham 비율	60	사료 효율	35
등심단 면적	50	증 체 율	35
살코기 비율	50	이유시 체중	15
등지방 두께	45	생시체중	10
성성숙 일령(우)	40	산자수	10

유전력의 값은 0~1까지 또는 %로 0~100%로 표시하기도 하며 일반적으로 유

전력이 20% 이하일 때는 저도의 유전력, 20~40%일 때는 중도의 유전력, 40~50% 이상일 때는 고도의 유전력이라 한다.

학자들의 연구에 따른 돼지의 형질별 유전력은 약간의 차이가 있으나 일반적으로 〈표4-1〉과 같으며 유전력은 가축 개량의 효과적인 방법을 강구하는데 사용된다. 즉, 유전력이 높은 형질은 개체 선발이 효과적이고 유전력이 낮은 형질은 가계 선발, 후대 검정 등의 방법을 쓰는 것이 효과적이다.

(2) 선발의 효과를 크게 하는 방법

특정 형질의 선발에 의한 세대당 유전적 능력 개량량의 이론치는 다음 공식과 같이 된다.

$\triangle G = h^2 \times s$

$\triangle G$: 유전적 개량량의 이론치

h^2 : 유전력

s : 선발 차(선발된 개체의 평균 성적-전체 집단의 평균 성적)

위 공식에서 알 수 있듯이 선발의 효과를 크게 하기 위해서는 유전력이 높아야 하고 선발된 개체의 평균 성적이 전체 집단보다 월등히 우수한 즉 선발차가 큰 것이어야 하며, 이러한 개량이 가속화되려면 세대가 짧아야 한다.

(가) 선발차

선발차를 크게 하기 위해서는 전체의 변이가 커야 하고 그 중에서 극히 우수한 일부만 선발해서 사용하여야 한다. 그러나 변이는 유전적 요인에 의해 나타나야 하며 환경적 요인에 의한 증가는 의미가 없다. 한편 전체 중에 선발하여 사용하는 종축의 비율을 작게 하여 선발차를 높이는 일은 집단을 유지하기 위해서는 일정한 수 이상을 선발해야 하기 때문에 많은 수가 소요되는 암퇘지보다는 적은 수가 필요한 수퇘지에서 선발차를 더 크게 할 수 있다.

(나) 유전력

가축의 유전력은 형질에 따라 어느 정도 일정한 경향이 있으나 축군 내의 모든 가축을 가능한한 균일한 사양관리 조건하에서 사육하면 환경적 변이를 적게 하고 유전적 변이를 높일 수 있고 결과적으로 유전력도 높일 수 있다.

실제적으로 선발차를 높이는 일은 현실적인 여러 요인에 의해 제약을 받는 경우가 많기 때문에 개체의 능력을 측정할 때는 전체 집단의 환경적 차이를 최소화 시켜 변이가 유전적 능력에 의해 나타날 수 있도록 최대한 유도하고 통계적 방법 에 의해 통제 불가능한 환경적 요인의 영향을 보정함으로써 유전적으로 우수한 개체를 선발 이용하는 방법이 많이 도입되어 사용되고 있다.

(다) 세대 간격

일정 기간 내에 유전적 개량량을 크게 하려면 위의 두가지도 필수적이지만 세 대 간격을 짧게 함으로써 세대당 개량량을 여러번 획득하는 것도 효과적이며, 이 를 위해서는 계통 조성의 경우와 같이 초산차 새끼만 이용하여 개량을 도모하는 방법이 사용되기도 한다.

(3) 선발 방법

선발 방법을 설명함에 있어 우선 유전력에 따라 필요한 능력의 판단 기준을 어 디에 두어 선발하여야 효과적인가 하는 문제와 실제적으로 종돈을 선발하는 과정 에 대해 각기 살펴보기로 한다.

(가) 유전력에 따른 선발 방법

가축의 능력을 판단하는 것은 그 개체의 성적만 갖고 판단할 것이냐, 선조, 친 척, 가계, 후대의 능력까지 참고할 것이냐에 따라 정확도와 방법이 달라질 수 있 다.

일반적으로 유전력이 높은 산육 형질은 개체의 능력을 가장 중요시 하고 선조 나 친척 등의 능력을 참고하여 선발하면 효과적으로 개량할 수 있는 반면, 번식 성적과 관련된 형질의 개량시에는 우선 사용하기 전까지 그 개체의 능력을 모른 다는 점과 유전력이 낮다는 점 때문에 개체의 성적을 기준으로 하기 곤란하고 선조나 가계 등 혈통의 성적을 중요시하여 선발하여야 한다.

한편 자손의 능력에 기준하여 그 개체를 계속 종축으로 사용할 것인가, 도태할 것인가 결정하는 후대검정이란 방법도 있는데 이는 한쪽 성에만 나타나는 형질이 나 유전력이 낮은 형질, 도살하여야만 측정되는 형질을 개량할 때 유용하게 쓰 일 수 있으나 오랜 시일이 소요되어 돼지에 있어서는 별로 이용되지 못하고 단순 히 불량한 유전자를 지닌 가계 또는 개체의 도태에 이용되고 있는 실정이다.

(나) 종돈의 선발 과정

 * 암퇘지 선발 과정

① 종돈으로 사용하고자 번식시킨 자돈은 출생 직후 개체 표식을 한다.
② 자돈기의 선발 : 체중 20~30kg 전후하여 1차 선발하며 이때 점검 항목은 다음과 같고 필요 두수의 2~3배 정도 선발한다.

　○유두수 및 상태
　○선조의 번식 능력 : 산자수, 포육 능력(21일령 복당 체중, 두수 등)
　○유전적 기형이 같은 배에 없을 것 : 헤르니아, 음고 등
　○발육 상태가 양호할 것

③ 체중 약 90kg 전후까지 무제한 급여로 성장시킨다.
④ 2차 선발 : 체중 90kg 전후에서 실시하며 소요 두수의 10~20% 정도 여유있게 선발하며 아래 항목을 점검한다.

　○산육 능력 : 등지방 두께, 증체량 등
　○외모 심사 : 유두수와 상태, 체형, 골격 발달 상태, 지제 강건성 등

⑤ 2차 선발 이후에는 방목장 등에서 운동을 시켜 지제를 강건하게 하며 제한급이를 실시하여 과비를 예방한다.
⑥ 3차 선발 : 번식 적령기에 도달하면 그때까지 초발정 유무와 외모 및 발육상태의 이상 여부를 재점검하고 합격된 돼지는 번식에 사용한다.
⑦ 번식에 일단 사용된 암퇘지도 계속 성적을 기록 집계하여 번식 성적이 저조하거나 기타 사고 발생시에는 도태한다. 또한 모돈의 번식 성적 기록은 다음 세대 자돈 선발시에 이용한다.

 * 수퇘지 선발 과정

수퇘지는 일생동안 생산하는 자돈의 수가 암퇘지에 비해 월등히 많기 때문에 철저한 능력 검정을 통해 우수한 유전적 소질을 지닌 개체를 사용하여야 하며, 특히나 수퇘지는 소요되는 수가 적기 때문에 선발 강도를 높일 수 있어 능력 개량을 효과적으로 달성할 수 있으므로 보다 정밀한 능력 검정과 선발이 필요하다.

〈능력 검정〉

능력 검정의 방법에는 개체의 능력 검정과 형매 검정, 후대 검정 등의 방법이 있는데 보통 능력 검정 또는 검정이라 하면 개체의 능력 검정과 동일한 의미로 사

용된다.

우리나라에서의 일반적인 능력 검정 방법은 동복 수퇘지 2두를 1개 방에서 사육하면서 그 능력을 측정하는바 환경적 변이를 줄이기 위하여 다음과 같은 방법으로 능력을 검정 평가하고 있다.

① 검정 기간 : 체중 30kg~90kg(60kg 증체)

② 수용 두수 : 한방당 동복 2두

③ 사료 급여 : 전기간 동일한 사료 급여

④ 측정 항목 : 검정 시작시 : 체중, 일령

　　　　　　　검정 종료시 : 체중, 일령

　　　　　　　사료 섭취량(시작~종료까지)

　　　　　　　등지방 두께, 체척 측정, 기타 필요사항

⑤ 평가 :

　○ 90kg 도달 일령

　○일당 증체량$=\dfrac{\text{증체량}(kg \text{ 또는 } g)}{\text{검정 기간}(\text{일})}$

　○ 등 지 방 두께(체중 보정 : 90kg 기준, kg당 0.02cm 가감)

　○ 사료 요구율$=\dfrac{\text{사료 섭취량}(kg)}{\text{증체량}(kg)}$

한편 검정 기간이나 방법, 측정 항목, 평가 방법은 국가나 검정기관에 따라 달라질 수 있고 환경적 차이에 의한 성적의 차이도 있으므로 다른 기관에서 측정된 능력을 직접 비교하는 것은 곤란하며, 능력 검정의 결과는 동일 기간에 동일 돈사, 동일 조건에서 실시된 것을 비교하는데 그 의의가 있고 그와같은 조건이 아닌 경우에는 최대한 환경적 요인에 의한 변이를 보정하여 비교하여야 하지만 대개의 경향을 파악하는 정도로 한정된 의미를 부여하는 것이 좋다.

〈수퇘지 선발 과정〉

수퇘지의 선발 과정도 암퇘지와 거의 유사하게 실시하면 되지만 암퇘지와는 달리 산육 능력을 보다 중요시 하여야 한다. 능력 검정 성적을 잘 활용하며 원활한 교배가 이루어질 수 있도록 활력과 성욕이 왕성하며 사지가 튼튼한 수퇘지를 선발하여 수퇘지로 사용 하고 사용 도중에도 정액의 성상이나 정자의 활력 등을 점검하고 교배 결과인 번식 성적과 자손의 발육 상태를 분석하여 불량한 점이 있으면 도태하는 것이 좋다.

나. 교배법

교배법은 크게 근친 교배와 잡종 교배로 구분할 수 있으며, 근친의 정도와 잡종의 정도에 따라 다시 세분된다.

돼지에 있어서 많이 이용되는 교배법은 근친 교배, 순종 교배, 계통간 교배, 품종간 교배 등으로 이러한 교배법의 방법과 효과를 살펴보고 일반 비육돈 생산시 바람직한 교배 방법 및 교배 조합에 대해 살펴보기로 한다.

(1) 근친 교배

근친 교배란 혈연관계가 가까운 개체간의 교배를 말하는 것으로 근친 교배를 하면 생산되는 자손에 있어서 유전자의 동형 접합체가 증가되어 유전자의 고정을 이룰 수 있으므로 특정 형질이 자손에게 보다 확실하게 전달되는 강성 유전을 하게 되나 생산 능력은 저하된다.

따라서 일반 농가에서는 근친 교배를 실시하지 않는 것이 좋지만 다음과 같은 목적을 달성하기 위해서는 근친 교배를 이용하기도 한다.

① 특정 유전자의 고정으로 자손에게 대대로 유전되게 하고자 할 때

② 불량한 열성 유전자의 제거를 위해(열성 유전자는 동형 접합체 상태에서만 발현되므로 근친 교배를 이용한다)

③ 특히 우수한 개체가 발견되어 그를 보존하고자 할 때

④ 잡종 강세 효과를 보다 크게 하고자 할 때

어느 집단의 근친 교배된 정도를 나타내는 것으로는 근교계수가 사용되며 근교계수는 0~100% 또는 0~1로 나타내며 근교계수가 클수록 유전자가 동형 접합체일 확률이 높고, 따라서 그 집단의 유전적 능력의 차이도 적다.

(2) 순종 교배

같은 품종에 속하는 개체간에 교배를 말하며 품종의 특징을 유지하면서 축군의 능력을 향상시키기 위해서 이용된다.

순종 교배는 다시 비교적 혈연관계가 가까운 개체끼리 교배하는 근친교배와 혈연관계가 먼 것끼리 교배하는 이계교배로 구분할 수 있다.

염색체는 두개가 한쌍으로 구성되며 이때 각기 염색체는 같은 형질에 관여하는 유전자가 존재하는 바 이 유전자의 성질이 같은 접합일 때는 동형 접합체(Homo Zyote), 다를 때는 이형 접합체(Homo Zygote)라 한다

순종 교배시의 근친교배는 전술한 바와 같은 효과가 있으며, 이계 교배는 근친 교배에 의한 능력 저하를 방지하기 위해 실시한다.

순종 교배 방법 중에 일정한 집단을 조성하여 그 집단 외부에서 다른 종돈을 유입함이 없이 최대한 이계 교배를 실시함으로써 근친 교배에 의한 생산 능력의 급격한 저하를 방지하고 근교계수를 서서히 상승시킴으로써 능력의 개량과 유전자의 고정 및 균일화를 달성하려는 교배 및 생산 방법을 특별히 계통 조성이라고 하여 구분하는데 이 계통 조성 방법은 순종의 육종 개량에 많이 사용된다.

그러나 돼지의 개량에 있어서 기본적인 전제는 그 군(群)내에 우수한 유전자가 존재한다는 점으로서 그렇지 못할 경우에는 근친 교배나 계통 조성 등의 방법만으로는 육종 개량 효과를 얻을 수 없고 그 군내에 우수한 유전자가 없고 다른 군 또는 다른 품종에 있을 때는 이를 도입하여야 하며, 이때 사용되는 교배법이 계통간 교배, 잡종 교배 등이다.

특히 잡종 교배는 잡종 강세 효과가 추가로 나타나게 되어 이를 이용한 능력 개량이 일반 농장에서는 많이 활용되고 있다.

(3) 계통간 교배 및 품종간 교배

다른 품종의 개체간에 교배를 품종간 교배, 다른 계통의 개체 사이 교배를 계통간 교배라 하며, 이러한 교배법은 근친교배와 정반대의 효과를 나타낸다.

즉, 근친 교배가 동형 접합체의 비율을 증가시키는데 비하여 품종간 교배나 계통간 교배는 이형 접합체의 비율을 증가시킨다.

특히 품종간 교배는 일반적으로 잡종 교배라고도 불리우며 이러한 교배법에 의해 생산된 품종간 교잡종 또는 잡종은 순종에 비하여 여러가지 경제 형질이 우수한 경향이 있는데 이를 잡종 강세 효과라 한다.

품종간 교배와 계통간 교배는 다음과 같은 목적을 위해 사용될 수 있다.

① 어느 품종이나 계통에 존재하지 않은 새로운 유전자의 도입
② 새로운 품종의 육종
③ 잡종 강세의 이용

여기서 육종 개량에 있어서 교배법의 의의를 다시 정리해 보면 우선 우수한 유전인자를 군내에 확보하기 위한 것으로 품종간, 계통간 교배를 실시하여 외부로부터 우수한 유전자를 유입하고 일단 군내에 확보된 우수한 유전자를 선발과 병행하여 순종 교배나 근친 교배를 통하여 고정시키고 그 빈도를 증가시키는데 있

다고 할 수 있으며, 또 하나는 잡종 교배에 의하여 잡종 강세 효과를 최대한 발현시킴으로써 능력을 향상시킴에 있다 할 수 있다.

(4) 잡종 강세 효과의 이용

서로 다른 두 품종간의 교잡에 의해 생산된 자돈은 부모의 평균 능력보다 능력이 우수한 경우가 있는데 이를 잡종 강세 또는 잡종 강세 효과라 하며 〈그림4-3〉과 같이 나타난다.

돼지의 주요 경제 형질에 대한 잡종 강세 효과는〈표 4-2〉와 같다.

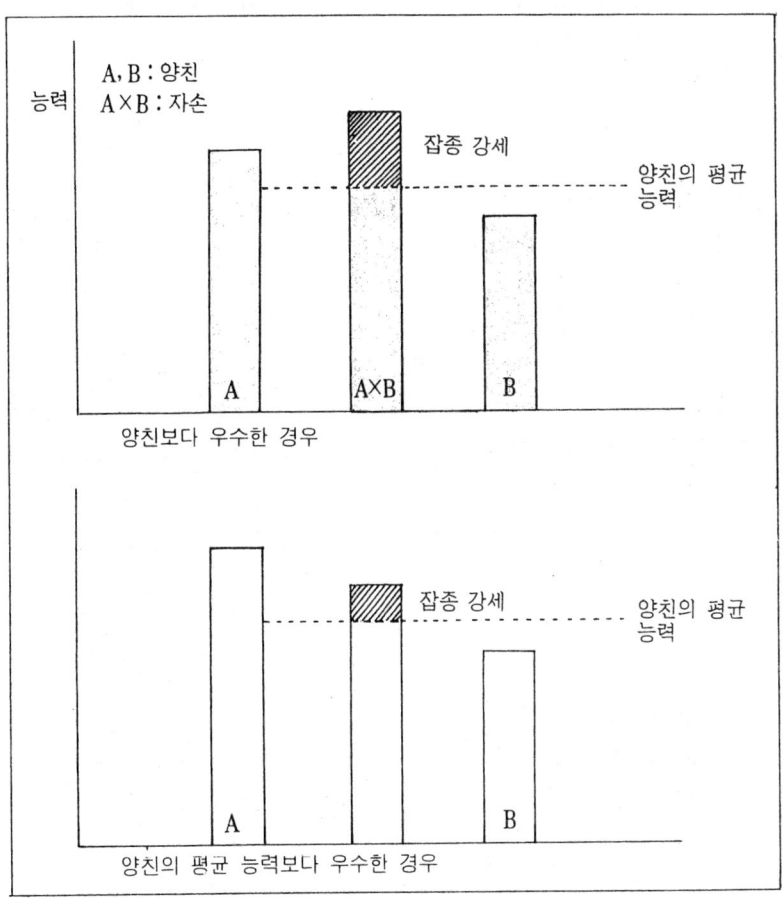

〈그림4-3〉 잡종 강세의 발현 형태

〈표 4-2〉 돼지의 잡종 강세 강도(양친 평균 성적 대비)

형질	자손에서의 잡종 강세		모돈에서의 잡종 강세	
	%	실제크기	%	실제크기
복당 산자수	3	+0.3	8	+0.75
복당 이유 두수	6	+0.45	11	+0.85
이유시 개체 체중(kg)	5	+0.50	0	0
이유시 복당 체중(kg)	12	+9	10	+8
이유후 일당 증체량(kg)	6	+0.04	0	0
출하 체중 도달 일수	5	-10	0	0
사료 요구율	3	-0.08	0	0
등지방 두께	0	0	0	0

〈표4-4〉에서 보면 일반적으로 번식 형질쪽으로는 잡종 강세가 크고 산육 형질은 잡종 강세가 작다. 또한 자손에서의 잡종 강세는 교잡에 의해 탄생한 자손의 특성에 의해 나타나는 것이며, 모돈에서의 잡종 강세는 모돈 자체가 교잡종일 때 모돈의 특성에 의해 성적이 향상되는 것으로 교잡종 모돈을 사용하며 다시 교잡된 자돈을 생산할 때는 두가지 즉 모돈과 자돈 모두에서 잡종 강세가 발생하므로 둘의 효과를 합친 것 또는 그 이상의 성적을 기대할 수 있다.

그리고 표에는 없지만 교잡종 부돈은 순종에 비해 강건하고 활력이 있으며, 교배시 수태율이 순종에 비해 높다.

〈표 4-3〉 **교배 방법에 따른 잡종 강세의 이용 효율**

교 배 방 법		잡종 강세의 이용 효율		
		부	모	개체
2품종 교배	A×B	0	0	100
3품종 교배	(A×B)♀×C♂	0	100	100
4품종 교배	(A×B)♀×(C×D)♂	100	100	100
3품종 윤환 교배	A×B×C×A×B×C 반복	0	86	86
4품종 윤환 교배	A×B×C×D×A×B×C×D 반복	0	93	93

한편 잡종 강세를 이용할 수 있는 교배 방법에는 그 사용되는 품종의 수와 교배 순서에 의해 2품종 교배, 3품종 교배, 4품종 교배 및 3품종 또는 4품종 윤환 교배 등과 이들 방법을 응용한 방법 등이 있을 수 있으며 교배 방법과 기대 잡종 강세 수준은〈표 4-3〉과 같다.

〈표 4-3〉에서 윤환 교배를 보충 설명하면 최초 A 품종에 B를 교배해서 얻은 자손의 암돼지를 모돈으로 선발하여 다시 C를 교배하고 여기서 생산된 자손을 다시 모돈으로 이용하는 과정을 반복하는 것으로서 모돈은 계속 자체 순환을 하게 되며 이에 교잡되는 수돼지만 순종으로 교대로 사용하게 되는 방법이다.

3. 비육돈 생산 농장의 종돈 개량

지금까지 육종 개량에 관계되는 기본적인 사항에 대해서 살펴본 바 가장 경제적으로 비육돈을 생산하기 위해서는 순종 종돈의 육종 개량이 고도화되어 있고 이들 순종 종돈을 적절히 교배시켜 최대의 잡종 강세 효과를 얻게 됨으로써 달성될 수 있는 것이다. 순종 종돈 개량은 고도의 기술과 시일, 막대한 자금이 소요되므로 국가와 전문 종돈장에서 실시하는 것이 바람직하고 일반 농가는 이렇게 개량된 종돈을 잘 활용함으로써 소기의 목적을 달성할 수 있다.

〈그림4-4〉는 바람직한 돼지의 생산 체계도로서 가장 우수하고 깨끗한 순종 종

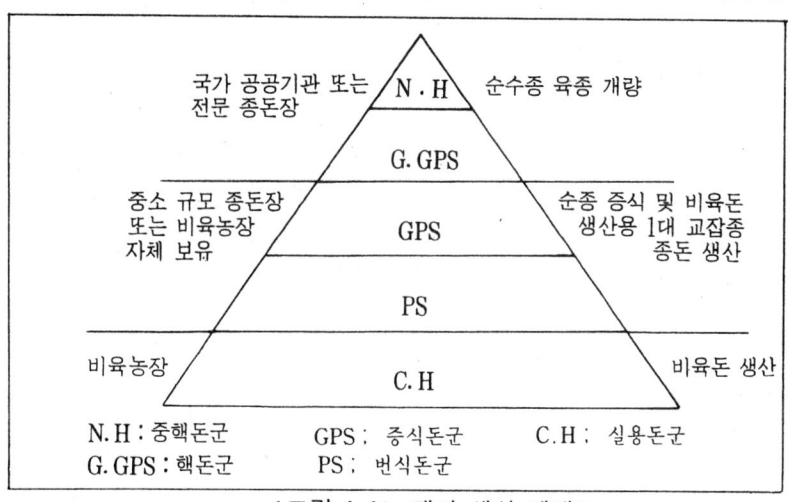

<그림 4-4> 돼지 생산 체계도

돈을 중심으로 이를 계속 육종 개량한다. 또한 순종 종돈의 증식 과정 그리고 교잡에 의한 비육돈 생산 과정으로 나누어 가장 윗부분은 국가나 공공기관, 대규모 종돈장에서 역할을 담당하여 전체적인 육종, 개량 방향을 유도한다. 그 아래로 중소 규모 종돈장에서 순종 종돈을 유입받아 증식시키고 1차 교잡으로 비육돈 생산용 종돈을 생산하며 일반 비육돈 생산 농장은 가장 아래 단계인 교잡에 의한 최종 비육돈을 생산하는 체계다. 그런데 지금까지 살펴본 바와 같이 품종별로 능력과 장단점이 다르며 형질별로 유전력과 잡종 강세 효과가 다르기 때문에 비육돈 생산시에는 교잡에 사용될 기초 품종의 선정과 그 품종 개체의 능력, 그리고 교잡 방법의 선택시 신중을 기하여야 한다.

가. 기초 품종의 선택

돼지는 품종에 따라 능력에 차이가 있고 특히 번식 성적은 품종간에 우열이 정하여진 상태이기 때문에 암퇘지로 사용할 품종은 번식 성적이 높은 것을 선택하여야 하며, 수퇘지는 산육 성적이 좋고 암퇘지의 품종과 다른 품종으로서 선택하는 것이 바람직하다.

일반적으로 암퇘지는 요크셔나 랜드레이스 또는 그 일대 교잡종을 사용하고 수퇘지는 듀록이나 햄프셔를 사용한다. 특히 비육돈 생산시에는 순종보다는 교잡종 암퇘지를 사용하여 잡종 강세에 의해 번식 성적을 최대로 향상시키는 것이 좋다.

나. 개체의 능력

산육 성적은 유전력이 높기 때문에 암수 공히 개체의 산육 능력이 우수한 것이 좋고, 특히 수퇘지의 경우는 많은 수의 자손에게 영향을 미치므로 그 개체의 능력이 극히 우수한 것을 선택 사용하여야 한다. 또한 암퇘지의 번식 능력도 선조의 능력을 참고하여 우수한 개체를 선발 이용한다.

다. 교잡 방법

선택된 품종과 개체의 능력이 우수하더라도 그 방법이나 순서가 적절하지 못하면 최대의 효과를 얻을 수 없고 생산성을 높일 수 없게 된다. 품종의 특성과 능력 그리고 잡종 강세 효과를 최대로 이용할 수 있는 교잡 방법은 3품종 교배나 4

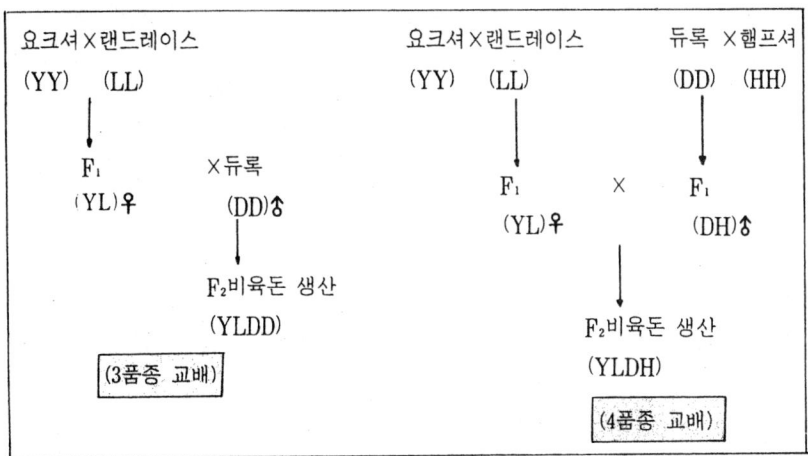

<그림 4-5> 바람직한 교배 체계(예)

품종 교배로서 〈그림4-5〉와 같은 품종 사용과 교배 과정을 이용하는 것이 좋다. 한편 윤환 교배 방법은 어느 정도 잡종 강세를 이용할 수 있으며 모돈 후보를 계속 보충하지 않고 자체 생산할 수 있다는 장점이 있다. 그러나 품종의 특성이 잘 발휘되지 않고 잡종 강세 효과도 저하되며 다양한 품종의 수퇘지를 보유하여야 하며 모돈 개체별로 교배해야 될 수퇘지의 품종이 다르기 때문에 관리하는데 어려움이 따른다.

돼지의 사육과 번식

제 1 장 돼지의 영양

동물체는 생명 활동과 생산 활동을 이어 나가기 위해서 외부로부터 여러가지 물질을 공급받아 섭취하여야 한다. 이 물질을 바로 영양소라 하고 영양소를 섭취 이용하고 생성되는 노폐물을 체외로 배설하기까지 일련의 작용 즉, 섭취, 소화 흡수 및 조직 내에서 일어나는 대사 작용을 통틀어 영양이라 한다. 여기서 대사 작용이라 하는 것은 영양소가 가축의 세포 내에서 여러가지 작용으로 물리적, 화학적 및 물리 화학적으로 변화되는 모든 작용을 말하는 것이다.

본장에서는 우리가 목적하는 바 돼지 고기를 가장 경제적으로 생산할 수 있으려면 어떠한 영양소가 어떻게 얼마나 공급되어야 하며 그러한 영양소가 어떻게 돼지에게 이용되는가 하는 것을 살펴보기로 한다.

1. 영양소 분류 및 주요기능

영양소는 〈그림1-1〉과 같이 분류될 수 있으며 그 주요한 기능은 다음과 같다.

가. 탄수화물

탄수화물은 탄소, 수소, 산소로 이루어진 화합물로 그 구성비는 $C : H : O = 1 : 2 : 1$이며 중요한 기능은 아래와 같다.

① 가장 경제적인 에너지 공급원으로 1g 당 약 4kcal 의 에너지를 공급한다.

② 지방 단백질의 합성 원료로 사용된다.

③ 뇌와 신경 조직의 구성 성분이다.

④ Ca 의 흡수를 돕는다.

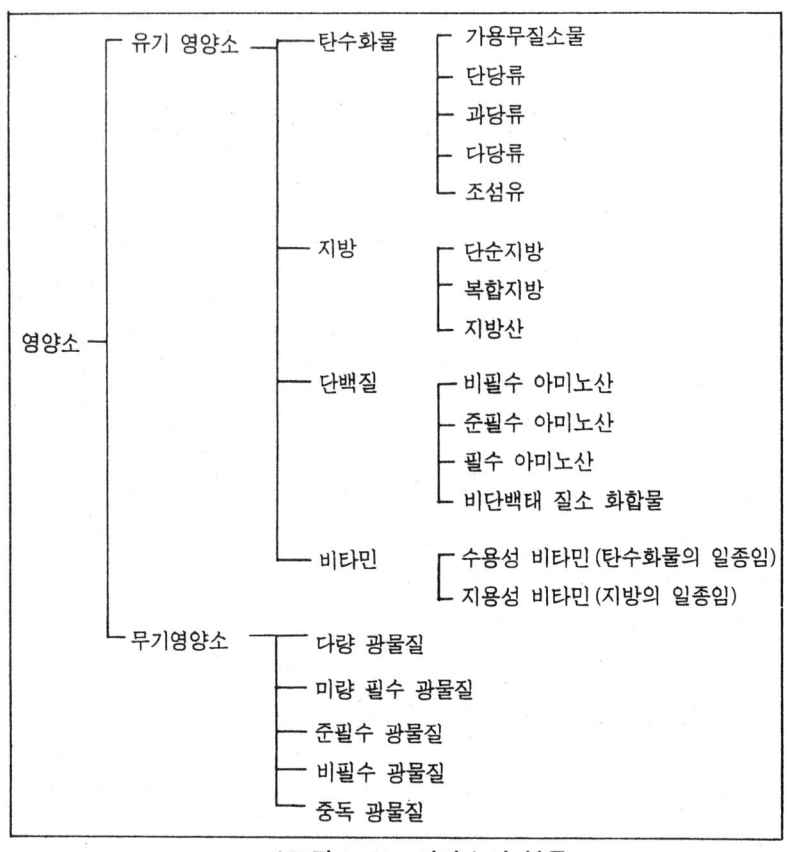

<그림 l-1> 영양소의 분류

나. 지방

지방은 탄소, 수소, 산소가 주성분이고 인과 질소를 함유하기도 하며 그 기능은 아래와 같다.

① 고열량 에너지원으로 1g당 9kcal의 에너지를 공급한다.

② 동물체 내에서 여유분의 에너지는 지방으로 저장한다.

③ 필수 지방산의 공급원이다.

④ 지방은 지용성 비타민의 공급원이다.

⑤ 동물체 내에서 체온 보호와 충격으로부터의 보호 기능을 수행한다.

다. 단백질

단백질은 탄소, 수소, 산소, 질소, 황, 인 등의 원소로 구성되어 있으며 탄수화물이나 지방과 다른 점은 질소가 있다는 점으로 탄수화물이나 지방으로 대치가 불가능하며 주요한 기능은 다음과 같다.

① 동물 세포의 구성 성분으로 생명체의 기본 물질이다.

② 유전 현상, 생명 현상에 관여하는 기본 물질이다.

③ 단백질은 항체의 구성 성분으로 동물의 항병력 발현에 필수적이다.

특히 단백질은 분해되어 아미노산으로 되는데 동물체는 필수 아미노산을 반드시 외부로부터 섭취하여야 한다. 그 중 한가지라도 부족하게 되면 성장이나 기타 생명 현상에 지장을 초래하게 된다. 그리고 아미노산은 동물체가 필요로 하는 만큼 균형있게 공급되어야 하며, 그럴 때 단백질의 이용 효율이 가장 높다.

라. 비타민

비타민은 모든 동물 세포의 정상적인 대사 작용에 필수적인 유기물질로 대부분 조효소의 역할을 하며 극히 소량이 필요하고 주요한 기능은 다음과 같다.

① 생명 현상을 좌우한다.

② 영양소의 대사 작용에 관계한다.

③ 영양성 질환 발생을 억제한다.

④ 성장률, 사료 효율, 번식 활동 등 생산성을 향상시킨다.

마. 광물질

동물체 내에는 약 3~5%의 광물질이 함유되어 있으며 주요한 기능은 아래와 같다.

① 골격의 구성 성분이다(Ca, P 등).

② 체액의 삼투압을 조절한다.

③ 세포막의 투과성을 조절한다(Ca, Mg).

④ 신경과 근육간의 자극 전달 매체다.

⑤ 체액의 산, 염기 균형 상태를 조절한다.

⑥ 효소의 활성체다.

⑦ 에너지 발생을 위한 작용을 조절한다.

⑧ 혈액 응고에 필수적이다(Ca).

2. 영양소로서의 물

물은 쉽게 구할 수 있기 때문에 막중한 생리적 기능에도 불구하고 그 중요성을 간과하기 쉽다. 그러나 일반적으로 동물체는 50~90%가 물로 되어 있으며 체내의 수분 중 10% 정도를 잃으면 폐사하며 물의 공급이 제한되면 동물의 사료 섭취량이 떨어지고 나아가 생산성 감퇴를 초래한다는 것을 유념하여야 한다.

물의 동물체내의 기능은 다음과 같다.

① 우수한 용매이며 가장 우수한 분산 배지이다.

② 비열이 가장 큰 천연물질로서 영양소의 산화에 의해 생성되는 열을 효과적으로 흡수하여 급격한 체온 상승을 막아 준다.

③ 증발열이 커서 (586cal/g) 체온을 효과적으로 조절할 수 있게 한다.

④ 영양소를 적당히 희석시켜 줌으로써 소화를 돕고 영양소와 대사 생성물의 수송을 돕는다.

⑤ 영양소의 가수분해와 흡수를 돕는다.

⑥ 체액의 주요한 구성 물질이며 모든 조직 및 기관의 연결부에서 윤활유 역할을 한다.

⑦ 불필요한 물질의 배설을 촉진한다.

동물체는 오줌, 땀, 호흡 등으로 수분을 소실하게 되어 물을 식수와 사료 중의 수분 또는 대사수로서 공급해 주어야 하는데 체내에서 쓰이는 물의 양은 개체에 따라 큰 차이가 있을 뿐 아니라 먹는 사료의 종류, 활동의 정도, 외기의 온도, 습도, 채식량에 따라서도 크게 달라진다. 여기서 대사수라 하는 것은 영양소가 체내에서 대사과정 중 생성하는 물을 가리키는 것으로서 탄수화물, 단백질, 지방이 대사 과정에서 생성하는 대사수는 각기 1g 당 0.6g, 0.4g, 1.0g 정도다.

동물체에 식수로서 공급하여 주어야 하는 물의 양은 총 동물체 조직 내에서 필요한 수분의 양에 체외로 손실되는 수분의 양을 합한 것에서 사료 내의 수분과 대사수로서 공급되는 수분 및 체조직에서 사용된 후 다시 재흡수되어 이용되는 양을 제한 것으로서 〈표 1—1〉은 돼지의 표준 음수량으로 풍건 상태의 배합사료를

〈표 Ⅰ—Ⅰ〉 돼지의 음수량

체　중(kg)	음수량(kg)
9kg	1.3
20	2.3
35	3.5
45	3.8
70	4.5
90	6.0
110	7.5
130	8.0
포유모돈	14—17

급여했을 때의 기준치다. 그러나 이러한 기준치는 상기와 같이 여러가지 요인에 의해 크게 변동되는 바 그 대표적인 요인이 환경 온도로서 일반적으로 여름철은 겨울철의 2배 이상 음수한다.

3. 돼지의 소화 흡수 기능

돼지의 소화기관은 입, 식도, 위, 소장, 맹장, 대장 등으로 구성되며 소화를 위한 부속기관으로는 췌장과 간 등이 있다. 사료는 소화관을 통과할 때 소화기관의 운동 등에 의한 물리적 작용과 소화기관에서 분비되는 여러가지 소화 효소와 소화액에 의한 화학적 작용을 받아 분해되는데 이러한 사료의 물리, 화학적 분해작용을 소화라 하며 소화된 물질은 주로 장벽에 의해 흡수된다.

가. 소화와 효소

소화는 큰 입자를 잘게 부수는 입에서의 저작과 같은 기계적 소화작용도 필요하지만 장벽에서 흡수할 수 있도록 화학적으로 분해되는 작용이 중요하며 이러한 화학적 분해를 수행하는데 없어서는 안될 것이 효소이다.

효소는 세포에서 만들어지는 고분자 유기 촉매로써 특정 효소는 특정 반응에만 작용하는 특이성을 나타내며 다음과 같이 소화 효소를 분류할 수 있다.

① **탄수화물 분해효소** : 탄수화물을 분해하는 효소로서 최종 분해 산물이 단당류이다.

- Salivavy amylase
- Pancreatic amylase
- maltase
- sucrase
- lactase

② **지방 분해 효소** : 지방을 분해하는 효소로 lipase 가 있으며 위, 췌장, 소장 등에서 생성되어 분비된다.

③ **단백질 분해 효소** : 최종 분해 산물은 아미노산으로 다음과 같은 것이 있다.

- Pepsin
- rennin
- trypsin
- chymotrypsin
- carboxypeptidase
- amino peptidase
- dipeptidase 또는 tripeptidase

④ **핵산 분해 효소** : 핵산을 분해하는 효소로서 ribonuclease, deoxytribonuclease, nucleotidase 등이 있다.

나. 소화기관과 소화

(1) 입에서의 소화

돼지의 이(齒)는 어금니와 송곳니 모두 발달하여 잡식 동물로서 적합한 구조이며 이의 숫자는 젖니가 28개, 영구치가 44개로 치식(齒式)은 다음과 같다.

$$젖니 = (I\frac{3}{3} + C\frac{1}{1} + P\frac{3}{3}) \times 2 = 28$$

$$영구치 = (I\frac{3}{3} + C\frac{1}{1} + P\frac{3}{3} + M\frac{4}{4}) \times 2 = 44$$

        Ⅰ : 문치 (앞니)
        C : 견치 (송곳니)
        P : 전구치 (前臼齒)
        M : 후구치 (後臼齒)

입에서 일어나는 소화는

① 사료의 입자를 잘게 부수는 저작 작용으로 이는 음식물을 삼키는 것을 용이하게 하고 효소의 작용 면적을 넓게 하는데 의미가 있다.

② 침에 의한 화학적 소화도 일어나는데 침은 3개의 수액선(이하선, 설하선, 악하선)과 뷰칼(bucal) 선에서 분비되며 주요한 기능은 다음과 같다.

  ㉠ 음식물을 죽과 같이 만들어 넘기기 좋게 한다.

  ㉡ 이의 소독과 청결을 돕는다.

  ㉢ 침속의 amylase 는 다당류를 이당류인 maltose 또는 단당류인 glucose 로 분해한다.

입에서 저작된 음식물은 식도의 유동 운동에 의하여 위로 전달되게 되며 식도에서는 입과 위 사이의 음식물 전달 기능 외에 소화 기능은 없다.

(2) 위의 소화작용

위에서는 위벽의 물리적 운동에 의하여 음식물이 혼합되며 위점막에는 위선이 있어 그로부터 위액이 분비된다. 위액에는 pepsin, lipase 등의 효소가 들어 있으며 염산이 들어있어 위 속을 산성으로 만든다(pH3~4) 위액의 기능을 살펴보면 다음과 같다.

(가) 염산 (HCl)의 기능

① 단백질을 변성시킨다(응고).

② pepsinogen 을 pepsin 으로 만든다.

③ Fe^{++}의 흡수를 돕는다.

④ 이당류의 가수분해를 약간 일으킨다.

⑤ 위 내 미생물에 의한 발효 및 부패를 억제한다.

⑥ 십이지장에서 나오는 secretin 의 분비를 촉진한다.

(나) 소화 효소의 작용

위 내에서는 pepsin 에 의하여 부분적인 단백질의 분해가 이루어 지는데 이는 위에서 활력이 없는 pepsinogen 으로 분비된 것을 염산이 활력이 있는 pepsin 으로 변하게 하여 이루어진다.

한편 위에서 분비된 lipase 는 pH5.5~7.5에서 가장 활발하게 작용할 수 있으나 pH3~4인 위에서는 작용하지 못하여 위 내에서의 지방 소화는 별로 이루어지지 않는다.

(3) 소장의 소화작용

소장은 십이지장, 공장, 췌장으로 구분할 수 있으며 연동운동으로 음식물을 아래로 보내며 혼합운동으로 음식물과 소화액을 골고루 섞어 주고, 소화된 영양소를 흡수하는 기능을 한다. 거의 모든 영양소가 소장에서 소화 흡수 되며, 소장에서 분비되는 소화액으로는 췌장(이자)에서 분비되는 췌장액과 간장으로부터 분비되는 담즙이 십이지장으로 주입되며 장 점막에는 장선과 십이지장선이 있어 소장액을 분비한다.

(가) 췌장액의 소화작용

췌장액에는 trypsin, chymotrypsin, carboxypeptidase, amylase, ripase 등의 효소가 들어있어 각 영양소의 소화를 돕는다.

(나) 장액에 의한 소화

소장의 여러 부위에 있는 점막선세포(粘膜腺細胞)에서 그 조성이 균일하지 않은 장액이라는 액즙이 분비되는데 소화 효소로는 탄수화물을 분해하는 maltase, sucrase, lactase 등의 carbohydrase, 지방을 분해하는 lipase, 단백질을 분해하는 peptidase 및 핵산을 분해하는 효소가 있으며 enterokinase 라는 십이지장 점막세포에서 분비되는 trypsinogen 을 trypsin 으로 간접적으로 활성화시키는 효소가 있다.

(다) 담 즙

담즙은 직접 소화작용을 하지는 않지만 간접적으로 관여하며 pH 7~8.5 정도의 약알칼리성으로 유기물의 중요한 성분은 담즙산, 담즙색소 cholesterol 등이

다. 그 중 담즙산이 유화 작용으로 지방의 소화를 촉진하고 췌장에서 분비되는
Lipase를 활성화시키는 등 소화를 간접적으로 보조한다.

(4) 대장의 소화작용

대장은 소장에 이어 결장, 직장 및 맹장으로 나누어지며 돼지에 있어서 맹
장의 기능은 미약하지만 초식 가축에서는 맹장이 중요한 기능을 수행한다. 결장
과 직장에서는 주로 수분이 흡수되며 분을 형성해서 최종적으로 항문으로 배설한
다.

다. 흡 수

각 소화기관별로 흡수되는 영양소는 다음과 같다.
입 : 없음
위 : 약간의 알콜, 물, 철분, 아미노산, glucose 기타 단순한 유기물, 무기물 등
소장 : 대부분의 영양소와 탄수화물, 지방, 단백질의 최종 분해산물, 비타민
대장 : 수분 및 약간의 영양소
영양소별로 흡수되는 방법을 살펴보면 아래와 같다.

(1) 탄수화물의 흡수

모든 단당류는 소장에서 거의 완전히 흡수되며 흡수율은 십이지장으로부터 내
려갈수록 감소된다.

탄수화물의 흡수는 대체로 두가지 방법에 의해 흡수되는데 단순히 농도 차이에
의해 혈액으로 흡수되는 것을 단순 흡수라 하고 농도가 낮은 곳에서 높은 곳으로
거슬러서 흡수되는 것을 활성 흡수라 하는데 활성 흡수는 중간에 매개물과 에너
지의 소비가 필요하다.

단당류 중에 galactose와 glucose는 활성 흡수에 의해 fructose와 mannose 및
5탄당은 단순 흡수에 의해 흡수되는 것으로 알려져 있다.

(2) 지방의 흡수

지방은 탄소수가 10개 이하인 분자량이 작은 지방산이나 glycerol 등의 분해물
은 혈액으로 직접 흡수되나 다른 것들은 소장 점막에서 chylomicron으로 형성되

어 임파선을 통해 **흡수된다.** 전체 지방의 약 78%는 임파선을 통하여, 나머지
22%는 혈액을 통하여 소장 상단부에서 주로 **흡수된다.**

(3) 단백질의 흡수

단백질은 아미노산으로 분해된 다음 소장에서 혈액을 통하여 흡수되는데 아미노
산 형태에 따라 흡수 형태가 달라 l-amino acids 는 vitamin B_6의 존재하에 활성 흡
수가 된다. 따라서 이 비타민이 부족하면 아미노산의 **흡수가** 지연되거나 불량해
진다. 한편 아미노산 이외에도 peptide 나 단백질 자체가 **흡수되기도** 하는데 이
때는 allergy 현상이 나타난다. 그러나 어린 동물의 소장은 단백질을 그대로 흡
수하기도 하는데 이는 갓난 동물의 질병 저항력을 높여 주는 항체인 globulin 을
초유를 통하여 갓난 동물에 전달하기 위해서다.

(4) 비타민의 흡수

수용성 비타민은 물이 흡수되는 과정과 같이 **흡수되며** 비타민 A, D, E, K 와
같은 지용성 비타민은 췌장의 lipase 의 기능이 불량하거나 담즙의 분비가 적으면
흡수가 저해된다. 대부분의 비타민은 소장 상단부에서 **흡수되며** 비타민 B_{12} 는 췌
장에서 **흡수된다.**

(5) 광물질의 흡수

광물질은 위의 염소에 의해 분해되어 위에서도 약간 흡수되지만 주로 소장에서
흡수된다. 소장 상단부가 산성일 때는 Ca, P, Fe 등의 흡수가 촉진된다.

4. 영양소의 체내 이동

지금까지 살펴본 바와 같이 동물체는 다양한 영양소가 요구되며 사료를 통하여
공급된 영양소는 소화 흡수 기간 중 상당량 손실되고 체내에 흡수된 영양소도 다
양한 목적으로 사용되어 실제 고기나 우유, 계란 등 축산물의 생산 활동에 사용
되는 양은 일부이고 그 이외에는 기본적인 생명 활동 유지와 운동 등에 소요하게
된다. 여기서는 이와 같이 다양하게 사용되는 영양소의 활용처를 돼지를 기준으
로 아래와 같이 구분하여 간략하게 살펴보기로 한다.
　　①유지

②성장 및 육생산
③번식
④유생산
⑤육생산

가. 유지

유지라함은 체내에 축적된 영양소의 증가나 감소가 없는 상태를 계속하는 것을
말한다. 이렇게 생명 현상을 유지하기 위해 소요되는 영양소의 양을 유지 요구량
이라 한다. 여기서 생명 현상이란 호흡, 혈액순환, 근육유지, 호르몬 분비 등이
며 광의의 유지 요구량을 생각할 때는 생산 활동 이외의 모든 것으로 축력을 목
적으로 하지 않는 돼지의 경우,운동이라든가 체온유지를 위한 열 손실 등을 고려
하여야 한다. 그러나 실제로 유지에 필요로 하는 영양소의 요구량은 측정하기가
거의 불가능한 바 그 이유는 유지 요구량은 동물의 운동, 나이, 체중, 체표면적,
성별, 외기온도, 호르몬 분비 상태 등 다양한 요인이 영향을 미치기 때문에 이러
한 것을 모두 고려하기는 불가능하기 때문이다.

그렇다 하더라도 유지 영양소 요구량이 중요한 의미를 갖는 것은 유지만 할 경
우에는 아무런 생산 활동이 이루어지지 않기 때문에 생산 활동을 하게 하기 위해
서는 유지 요구량 이상을 급여하여야 하며 총 급여량 중 유지 에너지를 적게 소
모하고 생산 활동에 보다 더 많은 양을 사용하게 하려면 어떻게 하면 유지에 사
용된 영양소 비율을 줄이느냐가 관건이기 때문이다.

실제로 돼지에 있어 유지 영양소 비율을 줄이고 생산 활동에 보다 더 많은 영
양소를 이용하게 하여 사료의 효율성을 극대화 하고 이익을 증가시키기 위해 아
래와 같은 수단이 사용된다.

① 체온 유지에 필요한 에너지 절감 : 적온 유지
② 비육기 운동의 제한 : 방당 수용 두수의 조정,투쟁 방지, 정숙 유지 등.
③ 사료 섭취량의 증대 : pelleting ,기호성 증진, 급여 방법 개선 등.

나. 성장 및 육생산

성장은 단순한 체중의 증가가 아닌 동물의 특성에 따라 일정기간 동안 골격,
근육 및 신체 각 기관의 질량이 증가하는 유전적, 생리적 및 영양적 현상이다. 돼

지는 품종 및 능력에 따라 차이는 있으나 소위 시그모이드 형태의 성장 곡선을 그리며 성장 순서는 제일 먼저 골격, 그 다음 근육이 급속히 성장하고 마지막으로 지방의 증가 속도가 빨라진다.

한편 돼지의 주목적인 육생산은 근육의 증가에 의해 달성되는 것으로 지방의 축적은 에너지 소모량이 많기 때문에 사료의 이용성이 떨어지며 과도한 지방의 축적은 육질을 저하시키고 판매 단가를 떨어뜨리므로 비육 후기에는 최대한의 근육 증가를 보장하는 수준에서 사료 내 에너지 수준을 감소시켜 과도한 지방 축적을 방지하여야 한다.

일반적으로 육생산이 완료되는 시점 즉, 도살 또는 판매 시점은 골격과 근육의 성장이 둔화되고 지방의 축적이 왕성한 시기로 비육기의 의미는 지방축적이 왕성한 시기에 적절한 양의 지방을 축적시켜 고기의 풍미를 좋게 하는데 있다. 〈표 1-2〉에서 보면 체중 80kg 이상에서는 지방 축적량이 급속히 증가하는 것을 알 수 있다.

〈표 1-2〉 돼지의 체중별 증체된 도체의 성분함량(%)

체 중	수 분	단 백 질	지 방	회 분
kg				
15~ 20	67.5	17.5	11.7	3.3
20~ 40	62.0	16.6	17.9	3.4
40~ 60	54.6	15.6	26.7	3.0
60~ 80	47.8	13.5	36.0	2.6
80~100	41.6	12.6	43.5	2.2
100~120	35.0	10.9	52.2	1.9

〈표 1-3〉 자유 채식시 돼지의 영양소 요구량

(수분 함량 10%인 사료 기준)

구분＼체중	1-5	5-10	10-20	20-50	50-110
예상 일당 증체량(g/일)	200	250	450	700	820
예상 사료 섭취량(g/일)	250	460	950	1,900	3,110
사료 요구율(배)	1.25	1.84	2.11	2.71	3.79
DE 섭취량(Kcal/일)	850	1,560	3,230	6,460	10,570
ME 섭취량(kcal/일)	805	1,490	3,090	6,200	10,185
에너지 함량 기준(Kcal ME/kg)	3,220	3,240	3,250	3,260	3,275
	24	20	18	15	13

(자료 : NRC 사양 표준)

한편 돼지는 성장 단계에 따라 <표 1-4>에서 보듯이 영양소의 요구량이 다르기 때문에 그에 맞게 영양소의 비율과 영양 수준이 적절하게 배합된 사료를 몇단계에 걸쳐 변경하여 급여한다.

〈표 I—4〉 육성 비육돈에 있어서 유지와 증체를 위한 I일 대사에너지 요구량

체 중	예상 일당 증체량	유지를 위한 에너지 요구량	증체를 위한 에너지 요구량		증체와 유지를 위한 총에너지 요구량	효율을 고려한 총대사 에너지 요구량
			100g증체를 위한 에너지 요구량	예상 일당 증체량을 위한 에너지 요구량		
kg	g	kcal	kcal	kcal	kcal	kcal
20	500	1,034	220	1,100	2,134	3,049
40	750	1,525	280	2,100	3,625	5,179
60	790	1,914	350	2,765	4,679	6,684
80	790	2,249	410	3,239	5,488	7,840
100	790	2,548	480	3,792	6,340	9,057

〈표 1—4〉는 체중 증가에 따라 유지 에너지 요구량이 많아지고 <표 1-3>에서 보듯이 증체량 중 지방 축적 비율이 높아져 단위 증체당 에너지 요구량도 동시에 증가하는 것을 나타내 체중 증가에 따라 사료 효율이 점차 낮아지는 <표 1-4>의 자료를 뒷받침한다.

다. 번식

번식은 새끼를 얻어 이를 성장시킴으로써 고기를 얻거나 다음번 세대에 사용할 종돈을 얻을 수 있는 출발로서 효율적인 번식 활동 즉 정자・난자의 생산, 수정, 호르몬의 조절 기능, 태아의 성장 등에는 영양소가 필요하게 되는 바 특히 임신 후반기에는 태아가 급격히 성장하므로 이에 필요한 칼슘, 인 등의 무기물은 물론 여타 영양소의 요구량도 급증하게 된다.

번식에 필요한 영양소 중에는 특히 비타민, 무기물, 필수 아미노산, 지방산 등 미량 영양소의 충분하고 균형적인 공급이 필요한데 이는 이러한 영양소가 번식에 필요한 제반 기능의 조절 및 수행에 긴요하기 때문으로 이들 영양소 중 한 두가지가 부족해도 여러가지 번식 장애를 일으킬 수 있다.

라. 유생산

돼지가 비유하게 되는 포유기간은 일생 중에 가장 많은 영양소가 필요한 시기로 하루에 6kg 이상 섭취하는 경우도 많다. 자돈은 초기에 거의 모유에 의존하여 성장하기 때문에 모유는 필요한 모든 영양소가 균형적으로 공급되어야 하며 이를 위해서 모돈은 일차적으로 사료를 통해 섭취된 영양소를 이용하나 보통 부족한 경우가 많아 체성분을 분해하여 부족분을 보충하게 된다. 따라서 분만 전에 모돈의 건강 상태를 양호하게 유지해야 함은 물론 비유기중에는 고영양 균형 사료를 충분히 급여하여 비유량 감소나 과도한 체력 손실을 방지해야 한다.

5. 사양 표준

가축이 필요로 하는 영양소의 종류와 양을 과학적으로 측정하여 사료로서 공급하여야 할 기준을 결정한 것이 사양 표준으로서 가축의 생산 능력을 최대로 발현하게 하려면 사양 표준에 의거하여 영양소의 과부족 없이 사료를 배합 급여하여야 한다.

가. 사양 표준의 종류

사양표준이 최초로 발표된 것은 1810년 독일의 A.D. Thaer 가 고안한 '건초가' 이며 그 이후로 많은 학자나 국가 연구단체 등에서 연구하여 발표되었다. 현재 영국 농업연구회의 기술분과 위원회에서 제정 공포된 ARC 사양표준과 미국 국립 연구회의 가축 영양 위원회에서 발표한 NRC 사양표준및 일본 사양표준 등이 참고로 많이 이용되며 우리나라에서도 1983년에 '한국 표준 가축 사료 급여 기준'을 발표한 바 있다.

나. 사양 표준의 이용 방법

사양표준에는 가축 종류별, 생리적 상태별로 영양소의 필요량과 사료내의 영양소 함량 기준 등에 대해 표시되어 있으므로 돼지의 경우 돼지에 대해 기록된 부분을 찾아 일령, 체중, 생리적 상태 등에 따라 적합한 영양소의 필요량과 사료 내 영양소 함량 기준을 참고하면 된다.

사양표준의 이용상 유의점은 아래와 같은 것이 있다.

① 급여하고자 하는 사료가 사양 표준의 기준보다 영양소 함량이 적지 않고 약간 여유 있는 것이 좋다. 특히 돼지의 경우 에너지 함량이 지나치게 높으면 채식량이 줄어 여타 영양소의 부족 현상을 초래할 수 있으며 영양소의 균형이 이루어져 있지 않으면 이용 효율이 낮아져 비효율적이다.

② 사양표준상의 기준은 최소 요구량으로 실제 급여시는 다소 여유 있게 적용하여 증량 급여하고 부족되기 쉬운 필수 영양소의 함량은 여유있게 높이는 것이 좋다.

③ 영양소의 요구량은 여러가지 요인에 의해 변동되므로 환경이나 돼지의 상태에 따라 신축성 있게 운영하여야 한다.

제 2 장 사 료

1. 사료의 분류

사료의 분류방법은 아래와 같이 분류의 목적이나 기준에 따라 여러가지가 있다.

가. 영양가에 의한 분류

① **조사료** : 섬유소 함량이 높고 가소화 영양소가 적게 들어 있는 것으로 야초, 목초, 건초, 엔실리지 등 초식가축에게 주로 이용되는 것들이다.
② **농후사료** : 조사료와 반대되는 특성을 지닌 단백질, 가용무질소물 등의 영양소 함량이 높고 조섬유의 함량이 낮은 것으로 곡류, 강피류, 박류, 어분 등이 이에 속한다.
③ **보충사료** : 소량 사용으로 특수한 영양소나 성분을 공급하는 것으로 일반적으로 사료 첨가제와 미량 영양소 공급제 등이다.

나. 주성분에 의한 분류

사료 내에 함유되어 있는 주성분이 어느 것이냐에 따라 단백질 사료, 전분질 사료, 지방질 사료, 섬유질 사료, 무기물 사료 등으로 구분한다.

다. 수분 함량에 따른 분류

① **건조 사료** : 수분 함량이 13~15%로 풍건 상태인 사료
② **다습 사료** : 수분 함량이 70% 이상 되는 사료

라. 배합 상태에 따른 분류

① **단미사료** : 배합사료의 원료가 되는 개개의 사료를 뜻하는 것으로 원료

사료라고도 한다.

② **혼합사료** : 2~4개 정도의 단미사료를 혼합한 것.

③ **배합사료** : 사양표준에 의거하여 가축에게 필요한 영양소를 고루 공급해 줄 수 있는 거의 완전한 사료로 사료 공장에서 제조 유통되고 있다.

마. 가공 형태에 따른 분류

① **알곡사료** : 곡류를 그대로 사용하는 경우 이를 알곡사료라 하며 주로 닭의 제한 사양시 사용 된다.

② **가루사료** : 원료사료의 입자를 일정한 크기로 분쇄하여 배합한 사료.

③ **펠렛(pellet)사료** : 가루사료를 고온 고압 상태에서 단단한 알맹이로 만든 것으로 먼지 발생을 줄이고 부피를 감소시키며 기호성을 증진시켜 채식량을 높일 수 있고 편식을 방지할 수 있다.

④ **크럼블(crumble)사료** : 펠렛사료를 다시 일정한 크기로 분쇄한 것

⑤ **후레이크(flake)사료** : 알곡은 고온 스팀 처리 하거나 무처리 상태에서 눌러 압착하고 가루 원료는 펠렛을 만든 것으로 소나 양어용에 많고 돼지사료에는 별로 이용되지 않는다.

⑥ **익스트루션(Extrution) 사료** : 고온 고압으로 압출시켜 전분질을 α(알파)화한 사료

2. 사료 가치 평가법

사료의 영양소 공급 능력을 평가하는 방법에는 〈그림 2-1〉과 같이 여러가지 방법이 있다. 이러한 방법들은 어느 한가지로만 평가했을 때 발생할 수 있는 평가의 불합리성을 상호 보충해 줄 수 있으므로 사료 가치를 평가할 때는 여러가지 평가 방법에 의해 종합적으로 판단해야 한다.

가. 화학적 방법

사료의 가치를 평가하면서 사양 시험을 통하지 않고 화학적인 분석 실험을 통하여 바로 평가하는 방법으로써 일반 성분에 의한 평가와 미량성분에 의한 평가 두가지로 구분한다. 총체적인 영양 수준은 일반 성분에 의해 평가하고 필수 영양소의 함량에 대해서는 미량 성분에 의해 평가함으로써 상호 보완하여 사료의 평

가 및 급여시 기준으로 삼는다.

```
┌ 화학적 방법 ┬ 일반 성분 분석에 의한 평가 : ① 수분 ② 조단백질 ③ 조지방
│            │                          ④ 조섬유 ⑤ 조회분 ⑥ 가용무
│            └ 미량 성분 함량에 의한 평가 : ② 지방산 ② 아미노산  질소물
│                                        ③ 비타민 ④ 미량 광물질
│
├ 생물학적 방법 ┬ 에너지 : ① DE ② ME ③ NE ④ TDN ⑤ 전분가
│              │         ⑥ 사료단위
│              └ 단백질 : ① 가소화 조단백질 ② 단백질 효율 ③ 생물가
│                        ④ 정미단백질가 ⑤ 질소 축적율 등
│              ┌ 영양률
└ 기타 종합적인 방법 ┤ 에너지 단백질 비율
                    └ 사료 효율
```

〈그림 2—1〉 사료 가치 평가법

(1) 일반 성분에 의한 평가법

일반 성분에 의한 평가법은 Weende 방법이 처음 개발되었으며 그 주요한 항목은 〈그림 2-1〉에서 보는 바와 같이 6가지로 구분 분석한다. 그러나 이 방법은 조섬유의 분석에서 문제점이 있다.

첫째, 이 방법에 의해 측정된 조섬유는 화학적으로 균일하지 않고 그에 따라 동물 및 조섬유의 성분에 따라 소화율이 차이가 있어 조섬유의 사료적 가치를 정확히 나타내 주지 못하며, 둘째 사료내 전체 조섬유를 분석하지 못하고 일부는 가용무질소물로 평가되어 실제 보다 소화율이 떨어지는 문제가 있다.

이러한 단점을 보완한 것이 van Soest 방법인데 이는 조섬유의 함량을 정확히 추정하는 한편 사료내의 영양적 가치가 없는 조섬유 성분인 lignin 을 정확히 정량하여 조사료의 사료 가치를 보다 정확히 평가할 수 있다.

그러나 돼지의 경우에는 사료내의 조섬유 함량이 적기 때문에 큰 문제가 되지는 않는다.

(2) 미량 성분에 의한 평가법

이 방법은 사료 중에 함유된 〈그림 2-1〉에서 보는 바와 같은 영양소의 종류별 함량을 여러가지 분석방법을 통하여 측정함으로써 사료 내에 필수 미량 영양소의

　균형 상태및 충분한 양인가를 판단하고 중독성 물질이 허용치 이상 함유되어 있는가 판단할 수 있는 자료가 된다.

　앞에서도 언급하였듯이 동물체는 다양한 영양소를 고루 균형 있게 충분히 섭취하여야만 최대의 능력을 발휘할 수 있으며 필수 미량 영양소가 한가지만 부족하더라도 정상적인 상태를 유지할 수 없게 된다. 이는 〈그림 2-2〉에서 보는 바와 같은 현상으로 많이 설명되어 지며 그림에서 보듯이 부족한 영양소 때문에 초과 또는 정량 급여된 영양소의 이용 조차 되지 못하고 허실되어 버리기 때문이다.

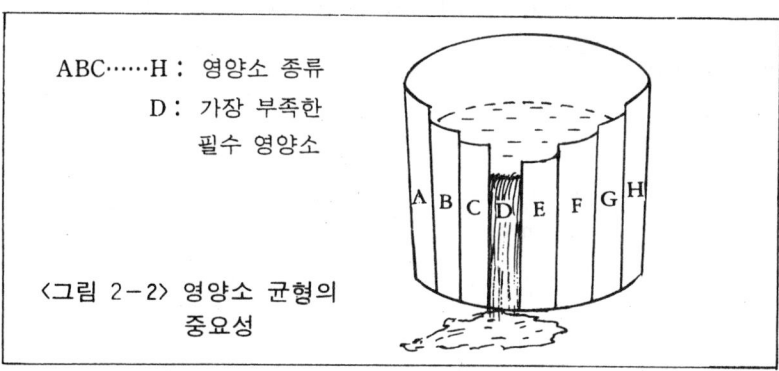

ABC……H : 영양소 종류
D : 가장 부족한
　　필수 영양소

〈그림 2-2〉 영양소 균형의
　　　　　중요성

나. 생물학적 방법에 의한 평가법

　생물학적 평가법이란 사료를 가축에게 급여하여 가축이 이용하는 정도를 측정하는 사양 실험을 통하여 사료의 가치를 측정하여 평가하는 방법으로 우선 많이 이용되는 에너지 평가법에 대해서 살펴보고 단백질 평가에 대해서는 용어 설명 정도로 그치고자 한다.

(1) 에너지 평가법

　사료 내의 단백질, 지방, 탄수화물 등은 동물체 내에서 세포조직을 구성하거나 우유, 계란, 고기 등 축산물을 생산하며 동물의 근육운동이나 대사과정에서 필요로 하는 에너지를 공급하는 등 여러가지 목적으로 사용된다.

　이와 같이 여러가지 다른 기능으로 사용되는 이들 영양소의 공통적인 특징은 모두 대사과정에서 에너지로 전환되어 이용될 수 있다는 것으로 적정한 에너지가 사료를 통하여 공급되어야만 동물체는 여러가지 영양소를 합리적으로 이용하여 효과적으로 축산물을 생산할 수 있게 되는 것이다.

동물체가 에너지를 이용하는 것은 〈그림 2-3〉과 같은 경로를 거치며 각 과정 별로 손실 또는 이용되는 양은 가축의 종류, 성별, 연령, 생산능력, 사료중의 영 양소 균형, 사료 섭취량, 환경 온도 등 여러가지 요인이 작용한다. 즉 같은 총에 너지를 공급할 수 있는 사료라 하더라도 동물에 따라, 동물의 상태에 따라, 환경 에 따라 실제 이용되는 에너지의 양은 다르므로 실제 급여된 사료의 에너지 수준은 그 동물에 의해 측정된 값을 선택하여 계산하여 주어야 한다.

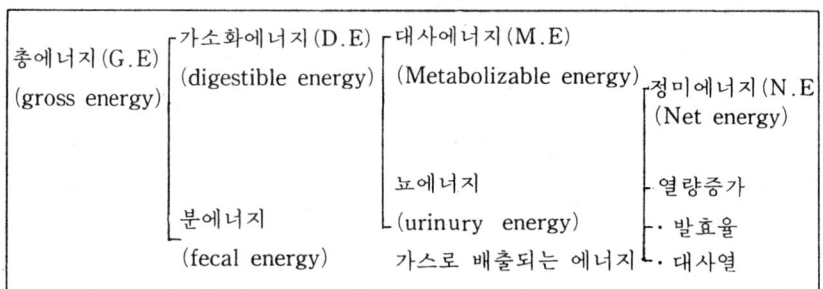

〈그림 2-3〉 동물의 에너지 이용

(가) 총에너지 (G. E, gross energy)

사료를 완전히 산화시키면 사료의 화학에너지는 물과 CO_2로 분해되며 일정한 양의 열을 발생한다. 이때 발생된 열을 총에너지 또는 연소열가 (heat of combustion) 라 한다.

(나) 가소화 에너지 (D. E. digestible energy)

총에너지에서 똥으로 배출되는 에너지를 제외한 나머지 양을 가소화 에너지라 하며 사료 중 가장 많은 에너지가 손실되는 부분이 바로 똥으로 배출되는 에너지 다. 가소화 에너지는 가축의 소화율에 영향을 미치는 여러가지 요인에 의해 달라 지는데 예를 들면 사료의 성분, 급여량, 가공방법, 사료 성분의 상호작용 등이 영

향을 미치며 돼지의 경우 후술할 TDN 과의 관계는 $DE(kcal/kg) = \dfrac{TDN(\%)}{100} \times$

4.409로써 실제 측정치와 일치하지는 않지만 유용하게 환산할 수 있다.

(다) 대사 에너지 (M. E. metabolizable energy)

동물이 섭취한 사료 중의 에너지는 똥 이외에 다시 오줌 또는 가스 상태로 에

너지를 손실하게 되는데 이들 오줌, 가스상태로 손실된 에너지량을 D.E에서 공제하면 동물체 내에서 에너지를 이용한 것으로 간주되어 이를 대사에너지라 하며 사료의 배합 또는 급여시에 기준으로 가장 많이 사용된다.

대사에너지의 이용효율에 영향을 미치는 요인은 아래와 같은 것이 있다.

① **동물의 생리적 기능 :** ME의 이용 효율이 가장 높은 때는 유지에 사용될 때이며 성장시에는 주로 단백질 축적이 이루어질 때가 지방축적이 이루어질 때보다 ME의 이용 효율이 높다.

② **사료의 성상 :** 입자의 성상에 따라서도 소화율이 달라지기 때문에 결국 ME의 이용 효율도 달라진다.

③ **사료의 영양적 균형도 :** 사료에 동물이 필요로 하는 영양소가 골고루 균형있게 들어 있는 경우와 그렇지 않은 경우를 비교해 보면 후자엔 사료의 이용성이 저하되고 ME의 이용 효율도 크게 떨어진다. 특히 필수 아미노산이나 기타 미량 필수 영양소가 부족하면 사료의 이용성 및 ME의 이용 효율이 크게 저하된다.

④ **사료의 처리 정도 :** 사료는 원료를 분쇄·마쇄, pelleting 등 여러 가지 가공을 하여 급여하는데 이러한 가공 정도에 따라서도 이용 효율이 달라진다.

⑤ **사료 급여 수준 :** 사료 급여량이 많을수록 분에너지량이 증가하며 따라서 DE나 ME값이 떨어진다. 이는 사료 섭취량이 많을수록 소화기관의 통과 속도가 빨라 소화율이 떨어지는 것이다. 그러나 ME의 이용 효율은 유지 에너지를 포함하는 것으로 실제 생산활동에 사용되는 에너지 즉 목적하는 바 축산물을 가장 효과적으로 생산할 수 있는 수준까지 ME를 공급하여야 하는 것이며 이 경우 단위사료당 ME값은 약간 떨어질 수 있으나 급여한 총 에너지 중 실제 생산에 쓰인 에너지 비율을 최대화 하는데 유념하여야 한다.

⑥ **연령, 품종, 성, 경력 :** 같은 사료를 급여하더라도 연령이나 품종, 성에 따라 이용효율이 다르며 개체의 경력에 따라서도 달라질 수 있다. 즉 과거 질병이나 기타요인에 의해 장벽 융모의 손상이나 기타 손상이 있는 경우엔 소화 흡수율이 떨어져 이용 효율이 극히 저조할 수 있다. 실제로 어린 자돈기에 심한 설사를 경험한 돼지는 그 이후 성장도 불량한 경우가 많다.

(라) 정미에너지(NE. net energy)

ME에서 다시 열량 증가로 소비된 에너지를 공제한 나머지 부분으로 NE는 순수하게 동물의 유지 및 생산에 사용된 에너지다. 그러나 실제로 NE에는 운동, 대사작용에 의한 열 발생 등으로 소모되는 에너지가 들어 있고 이와 같은 에너지 소모량은 가축의 종류, 연령, 성별, 생산 기능, 사료의 성상, 배합비율, 급여량, 환경 온도에 따라 달라지므로 그때마다 NE값도 달라지게 되어 실제 측정시에는 많은 문제가 있다.

(마) 가소화 영양소 총량(TDN, totaldigestible nutrients)

가소화영양소 총량이란 각 함유 성분량에 소화율을 곱한 값을 아래공식으로 계산한 수치로써 가소화 지방에 2.25배를 하는 이유는 지방이 다른 성분에 비해 2.25배의 열량을 지녔기 때문이다.

$$TDN = 가소화\ 탄수화물 + 가소화\ 단백질 + 가소화\ 지방 \times 2.25$$
$$= 탄수화물 \times 소화율 + 단백질 \times 소화율 + 지방 \times 소화율 \times 2.25$$

가소화 영양소 총량도 사료 급여의 기준으로 그동안 널리 사용되었는데 그 이유는

① 구하기가 쉽다. (ME, NE보다 용이).

② 가장 큰 손실인 똥으로 배출되는 에너지를 공제하였기 때문에 비교적 정확하다는 점이다.

그러나 기타 중요한 에너지 손실 즉 오줌, 가스, 열량 증가 등에 대한 고려가 되어 있지 않은 점 등 단점도 있어 근래에는 TDN보다 ME값을 기준으로 하는 경우가 더 많다.

(2) 단백질 평가법

(가) 가소화 조단백질

사료의 조단백질 함량에 소화율을 곱한 것을 가소화 조단백질 (digestible crude protein, DCP)이라 하는데 DCP는 급여하는 사료 중에 섞여 있는 단미사료의 종류에 따라 상호 영양을 미쳐 단미사료의 DCP값이 변동되어 사료의 총 DCP값이 단미사료의 DCP값으로 계산한 수치와 달라지는 단점이 있다.

(나) 단백질 효율

단백질을 제외한 모든 영양소의 완전 균형이 이루어진 기초 사료에 일정 단백

질을 첨가해서 일정 기간 동안 사육한 다음 전기간 섭취한 단백질에 대한 체중 증가량의 비율을 단백질 효율(protein efficiency ratio, PER)이라 하며 산출 공식은 다음과 같다.

$$PER = \frac{증체량}{단백질\ 섭취량}$$

(다) 생물가

섭취한 단백질의 몇%가 체내에 축적되었느냐를 표시한 것이 생물가(biological value, BV)로써 다음 공식에 의해 산출한다.

$$성장을\ 위한\ BV = \frac{섭취한\ 단백질-(분단백질+요단백질)}{섭취한\ 단백질\ -분단백질} \times 100$$

(라) 정미 단백질가

생물가에 소화율이 계산되어 있지 않은 점을 보완한 것이 정미단백질가(net protein value, NPV)로써 다음 공식에 의해 산출한다.

$$NPV = BV \times 소화율 = \frac{체내\ 축적된\ 단백질}{섭취한\ 단백질} \times 100$$

(마) 질소 축척률

흡수된 질소가 체내에 얼마나 축척되었는가를 %로 표시한 것이 질소 축척률(nitrogen retention : NR)로써 다음과 같이 산출한다.

$$NR(\%) = \frac{축척된\ 질소량}{섭취된\ 질소량} \times 100$$

$$= \frac{섭취한\ 질소량\ -배설된\ 질소량}{섭취한\ 질소량} \times 100$$

다. 기타 방법

(1) 영양률 : (nutritive ratio, NR)

영양률이란 가소화 단백질에 대한 비단백질 가소화 영양소 총량의 비율로 다음과 같은 방법으로 산출하나 많이 이용되지는 않는다.

$$NR = \frac{가소화\ 탄수화물\ +가소화\ 지방 \times 2.25}{가소화\ 단백질}$$

(2) 사료효율

배합사료의 동일 가축에 대한 효율성 측정이나 동일 배합사료의 축종. 개체별 이용및 생산 능력을 측정하고자 할 때 많이 이용되는 방법으로서 생산비 절감이나 가축 개량에 매우 중요한 항목으로 이왕이면 사료 이용성이 좋은 가축을 기르고 또한 가축에게 효율적으로 이용되는 사료를 급여하는 것은 매우 중요한 관리 항목이다.

성장 중인 가축의 사료 섭취량에 비한 증체량의 비율을 사료 효율(feed efficiency FE)이라 하며 이의 역으로 계산한 것을 사료 요구율(feed conversion rate)이라 하나 돼지에 있어 일반적으로 사료 효율이라 하면 사료 요구율과 같은 개념으로 혼동되어 사용되기도 한다.

$$FE = \frac{증체량}{사료\ 섭취량}$$

$$FCR = \frac{사료\ 섭취량}{증체량}(일반적으로\ 통용됨)$$

(3) 에너지 단백질 비율

사료 1kg중의 대사 에너지(kcal)를 조단백질 함량(g) 으로 나눈 값을 에너지 단백질 비율(calorie－protein ratio, CP/R)이라 하며 다음과 같이 산출한다.

$$CP/R = \frac{사료\ 1kg중\ 대사\ 에너지(ME,\ kcal)}{조단백질(g)}$$

CP/R이 중요한 이유는 돼지는 사료 채식시 에너지 채식량에 기준을 두기 때문에 에너지 함량이 과도하게 높으면 채식량이 줄어들고 그에 따라 에너지 이외의 단백질이나 미량 필수 영양소의 섭취량이 감소할 수가 있어 사료의 이용성이 저하될 수 있기 때문이다.

3. 사료 분석표의 이용

사료 분석표는 전술한 사료 가치 평가법에 의거하여 사료의 성분과 동물에 따른 소화율을 고려한 영양적 가치를 각 사료 원료마다 분석해 놓은 것으로서 사용상에는 다음과 같은 점에 유의해야 한다.

① 가소화 성분의 경우 축종에 따라 다르므로 축종에 맞는 분석치를 활용해야

한다.

② 분석치는 그 사료의 평균적 수치일뿐 같은 사료라도 품종, 생육 환경, 체취 시기, 보관 방법, 기간, 조리방법, 분석방법 등 다양한 요인에 의해 영양적 가치가 다르므로 과신해서는 안되며 가능하다면 직접 분석하는 것이 가장 이상적이다.

4. 배합 설계

사료를 배합할 때는 아래와 같은 사항을 종합적으로 검토하여 배합비율을 결정하게 된다.

① 원료 사료의 영양적 가치
② 사양 표준상의 요구량
③ 원료 사료의 사용 허용 한도
④ 가장 저렴한 배합 비율
⑤ 원료의 수급 사정
⑥ 가공 및 배합상의 문제점 여부
⑦ 기호성
⑧ 색상, 입자도, 냄새 등
⑨ 부피

한편 위의 모든 사항을 고려하여 영양적 균형을 이룰 수 있는 배합 설계를 계산한다는 것은 대단히 복잡한 과정으로 계산 방법에 대한 설명은 생략하기로 하며 배합 사료 공장에서는 소위 LCF (least cost formulation)이라는 계산 방법으로 컴퓨터에 의해 계산하고 있다. 또한 배합 설계에 따라 배합 사료를 제조하는 것은 다양한 조리 및 가공 공정을 거쳐 완성되는 바 현재 거의 모든 양돈장에서는 배합 사료 공장에서 제조된 완전 배합 사료를 구입 사용하고 있는 실정이며 농가 부산물의 이용도 한정된 부분에 그치므로 배합 사료의 제조 과정이나 조리 가공 방법에 대해서는 생략한다.

5. 돼지용 사료

현재 거의 모든 양돈장에서 사용하고 있는 배합 사료는 제조 공장별로 조금씩 차이는 있으나 기본적으로 돼지의 성장 단계별로 갓난돼지, 젖먹이 돼지, 육성돈, 비육 전기, 비육 후기, 임신돈, 포유돈, 종돈 등으로 구분되어 생산되고 있으며 이를 근간으로 영양적 특성이나 첨가제의 유무, 함량 등에 따라 세분되고 있다.

한편 이들 사료는 그 특성에 따라 급여 기간이나 급여량 등에 대해 제조 회사별로 고유의 체계를 수립 권장하고 있으며 자기 농장의 현실과 사료의 특성을 면밀히 검토하여 선택 사용하되 제조 회사의 급여 지침에 준하는 것이 바람직하다.

배합 사료의 급여시 유의사항은 다음과 같다.

① 제조 일자로부터 장시간 경과되면 변패의 염려가 있으므로 적정 재고량을 유지하고 선입 선출의 원칙을 준수한다.

② 사료 품목별, 제조 회사별로 각기 그 특성이 다르므로 사료 교체시는 교체 전 사료에 교체 후 사료의 비율을 점차 높여 혼합하여 급여하는 방식으로 약 1주일 정도 교체 기간을 둔다.

③ 위축돈이나 환돈 등은 한단계 영양 수준이 높은 사료를 급여한다

④ 사료 허실을 방지한다.

한편 농장에서 자급할 수 있는 감자, 고구마 등 근괴류, 곡류, 야채 및 잔반등도 돼지사료로써 유용하게 사용할 수 있으며 사료비 절감 효과를 얻을 수 있으나 이들 사료 급여시는 부족되기 쉬운 영양소를 추가로 공급해 주어 영양소의 불균형에 따른 생산성 저하를 방지하여야 하며 청초 등도 비타민 공급제로써 번식돈에 급여시 좋은 효과를 얻을 수 있다.

제 3 장 육성 비육돈 관리

일반적으로 체중 30kg 전후부터 60~70kg까지를 육성기. 그 이후를 비육기로 구분할 수도 있으나 사양 관리상이나 생리적으로 명확한 한계는 없으며 육성기에는 골격이 어느 정도 균형을 갖추면서 근육 발달이 왕성한 시기고 비육기는 지방 조직 발달이 빨라지는 시기로 육성 비육기는 성장 속도가 가장 빠른 기간이며, 특히 60kg 전후에서 증체 속도가 가장 빠르다.

육성 비육기간 중의 관리 목표는 성장 속도를 최대화하고 사료 효율과 육질을 좋게 함으로써 양돈의 목표인 질 좋은 고기를 가장 경제적으로 생산할 수 있도록 하는데 있다.

1. 육성 비육기의 특징

가. 가장 빠른 증체 속도

육성 비육기 특히 60kg 전후는 가장 빨리 자라는 시기이므로 이에 충분한 영양소의 균형적 공급과 쾌적한 환경 조건을 만들어 주어야 한다. 만약 여러가지 요인에 의해 성장이 지연되면 사료 효율이 나빠질 뿐 아니라 육성 비육기 전기에 골격과 근육이 충분히 발달하지 않고 비육되면 과도하게 지방이 축적되게 되어 육질이 나빠진다.

나. 점차 나빠지는 사료 효율

사료 효율이 나빠지는 주된 이유는 육성 비육기 후반에 갈수록 증체량 중 지방 축적이 근육이나 골격의 축적보다 점차 많아져 단위 증체당 필요한 에너지 양이 증가하여 에너지 이용 효율이 저하되므로 사료 이용성도 나빠지기 때문이다.

다. 암, 수의 차등 성장

일반적으로 동일 조건에서 동일 돈군의 암수를 구분 사육하면 수퇘지의 성장 속도가 가장 빠르며 암퇘지가 늦고 수퇘지 거세돈은 중간 정도다. 사료 효율이나 등지방 두께도 같아 수퇘지가 사료 효율이 가장 좋고 등지방 두께도 얇다. 한편 암·수를 구분하지 않고 사육했을 때는 성의 구분이 진행되면서 승가나 투쟁 등 제반 요인에 의해 전체적으로 성장 속도가 둔화되며, 특히 수퇘지가 스트레스에 약해 위축돈이 발생한다. 그러나 그 돈방에서 가장 빨리 크는 돼지 역시 수퇘지로 수퇘지의 체중 편차가 심해져서 돈방 관리나 동시 출하가 어렵게 된다.

2. 육성 비육기의 사료 급여

육성 비육기의 사료 급여는 보통 두 단계로 구분하여 전기의 골격 형성과 근육의 증가가 왕성한 약 60~70kg 까지는 최대 성장 속도를 유지할 수 있도록 고영양, 고단백 사료를 무제한 급여하는 것이 보통이며, 지방 축적량이 증가하는 비육 후반기에는 저에너지 사료를 급여하거나 약간 제한 급여함으로써 근육축적은 최대한 지속시키되 지방 축적을 억제하여 육질을 좋게 하는 것이 일반적인 방법이다.

가. 사료 급여시 유의사항

(1) 정시 급여

제한 급이를 하거나 무제한 급이를 하거나 사료를 주는 시간은 매일 일정하게 하는 것이 소화액 분비를 많게 하여 소화력이 높아지고 채식 경쟁에 의한 사료 허실을 줄일 수 있다.

(2) 정량 급여

일반적으로 무제한 급여하면 급이기에 계속 사료가 남아 있는 것을 생각할 수 있으나 이러한 급여 방법은 급이기 내의 사료 적체에 따른 변패나 기호성 감소, 편식 등의 원인이 되어 좋은 방법이 될 수 없으며 한나절 또는 하루 정도 먹을 양만 급여함으로써 주기적으로 급이기를 비우는 것이 좋다. 또한 제한 급여시에는 정량 급여가 더욱 필요하여 필요량만큼 적정하게 급여해야지 일시 초과하면 과식에 의한 소화 장애, 설사 등의 질병을 초래할 수 있고 부족하면 성장 발육 지연이나 공복감에 의한 스트레스 요인이 된다.

(3) 정질 사료 급여

사료의 질이 갑자기 변하면 소화기 질병의 원인이 되므로 사료의 변동폭이 크지 않게 하고 사료 품목을 변경할 때는 점차 새로운 사료의 비율을 높여가며 신, 구사료를 잘 혼합하여 급여해야 한다. 그러나 사료 혼합이 잘 되지 않은 상태에서 신구 사료를 함께 급여하면 간혹 두 종류의 사료를 번갈아 먹게 되어 오히려 역효과를 초래할 수 있으므로 혼합시 유의하고 이러한 방법이 불가능할 때는 신사료의 최초 급여시 약간 제한 급이하면 사료 변경에 따른 문제 발생을 감소시킬 수 있다.

나. 사료 급여 방법에 따른 장단점

사료 급여 방법은 크게 무제한 급여와 제한 급여로 구분할 수 있다. 무제한 급여는 돼지가 원할 때 항시 채식할 수 있도록 한다는 면에서 자유채식이라고도 하며 제한 급여는 번식돈 사료 급여시나 비육기 후반에 주로 실시한다. 두가지 급여 방법의 장단점은 〈표 3-1〉과 같다.

〈표 3-1〉 사료 급여 방법에 따른 장단점

구분	무 제 한 급 여	제 한 급 여
장점	·다두 사육이 가능하다 ·인력 소모가 적다 ·미숙련 관리자도 쉽게 실시할 수 있다 ·기대 증체량이 높다	·식욕 상태에 따른 환돈 파악이 용이하다 ·사료 효율이 좋다 ·육질 개선이 가능하다 ·환돈의 개체관리가 가능하다
단점	·사료 허실이 많다 ·환돈 파악이 어렵다 ·위축돈 발생율이 높다 ·사료 요구율이 높다 ·과도한 지방 축적이 될 수 있다	·인력 소모가 많다 ·숙련 관리자가 필요하다 ·다두 사육이 곤란하다 ·기대 증체량이 낮다

다. 사료 급여 체계와 성장 속도

사료 급여 체계는 〈그림 3-1〉과 같이 네가지 경우로 요약할 수 있다. 한편 여기서 이야기하는 고영양, 저영양 사료란 권장 기준량에 비교하여 다소간 차이가 있는 것을 말하는 것으로 어떤 사료를 급여하든 성장 단계에 따른 적정 기준에 크게 벗어난 사료의 급여는 비경제적이다.

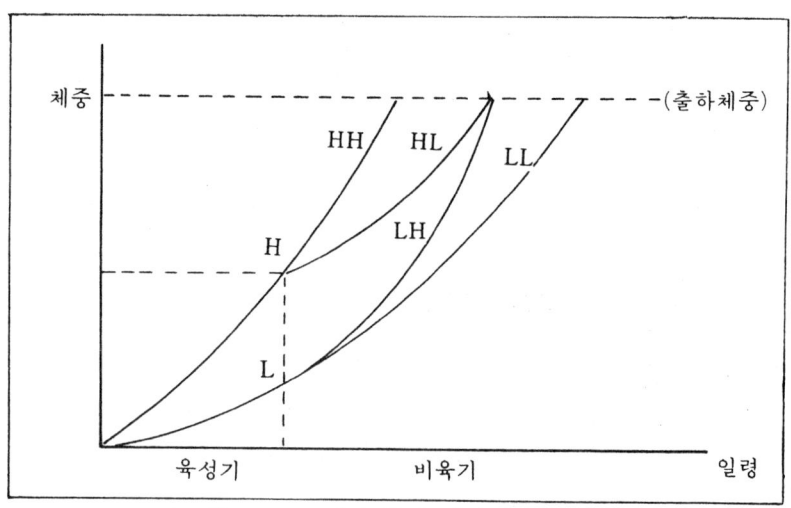

<그림 3-1> 사료 급여 체계와 성장 속도

(1) HH 형태(고영양 사료 계속 급여)

단기간에 육돈을 완성할 수 있으나 사료 단가가 비싸기 때문에 사료비가 많이 들고 과도한 지방 축적이 될 수 있다.

그러나 등지방 두께면에서 극도로 육종된 돼지의 경우는 이러한 체계가 과도한 지방 축적 없이 좋은 육질로 육돈을 조기에 완성할 수 있으며, 사료 단가는 비싸더라도 사료 효율이 좋아 증체 단위당 사료비는 동일하거나 저렴한 경우도 있으므로 돼지의 능력과 사료의 질 및 단가를 적절히 고려하여 경제적으로 돈육을 생산할 수도 있다.

(2) HL 형태

전반기 근육 성장을 최대화하고 후반기 육질의 개선을 도모할 수 있는 방법으로 일반적인 경우 가장 좋은 방법이다.

(3) LH 형태

사료 섭취량이 많은 후반기에 비싼 고영양 사료를 섭취함으로써 사료비가 높게 되고 체지방 축적이 많게 되어 비경제적이다.

(4) LL 형태

사료 단가는 비교적 싸게 되지만 사육 기간이 장기화되어 시설 이용성이 나빠지고 육성기의 성장 둔화가 지속되어 사료 효율이 나쁘므로 증체 단위당 사료비가 오히려 높아질 소지가 있다.

3. 육성 비육기의 일반 관리

가. 이동 및 돈사 수용

자돈사로부터 육성 비육사로 이동하는 시기는 보통 20~30kg 정도로서 자돈사와 육성비육 돈사의 구분이 되어 있지 않은 동일 돈사 내에서 사육하는 경우라도 돈방시설을 달리하여 돈방 사정에 따라 이 정도의 체중에서 돼지를 분리하여 사육하는 것이 좋다.

육성 비육기의 돈방당 수용 두수는 출하시 또는 다른 돈사로 전출시 체중에 기준하여 수용하게 되는데 일반적으로 육성 비육기에 다시 이동되는 경우는 적으므로 출하 체중에 기준하여 수용하는 것이 일반적이다.

평당 수용 두수는 평사인 경우 평당 3~3.5두, 분뇨가 빠질 수 있는 슬랏 돈사의 경우 4~4.5 두 정도로서 하절기에는 이보다 0.5두 정도 적게 수용하는 것이 좋다. 기타 이동 방법이나 수용 방법은 자돈 관리편을 참고하여 실시하면 된다.

나. 일반 관리

육성 비육기는 사료 급여, 분뇨 제거 및 시설 관리, 돼지 상태 파악 및 조치, 질병 예방 관리 등 여러가지 관리해야 할 사항이 많지만 거의 일상적인 관리로서 어떻게 보면 가장 간단하고 신경이 덜 쓰이는 시기일 수 있으나 가장 많은 사료를 소모하고 양돈의 목표인 질 좋은 고기를 생산하는 완성 단계로서 그 관리의 중요성 및 의의가 있다. 육성 비육기의 일반 관리 항목은 여타 부분과 중복되므로 이를 참고하고 여기서는 생략하기로 한다.

4. 출하 체중의 결정

출하는 육돈 생산의 마무리로서 아무리 저렴한 생산비로 좋은 육돈을 생산할지라도 출하 체중과 시기의 결정이 잘못되면 이윤의 극대화는 실현될 수 없으며 지금까지의 성공적인 관리 효과가 무산되므로 다음과 같은 점을 고려하여 가장 경제성이 있는 체중에서 좋은 가격을 받고 판매할 수 있도록 하여야 한다.

가. 양돈 주기

pig cycle(양돈 산업의 주기)라는 장기적인 경기의 부침뿐 아니라 연간, 월간, 주간 변동 상황을 면밀히 분석하여 가장 좋은 가격이 형성될 때 가장 많은 육돈이 출하될 수 있도록 생산 계획을 수립하고 출하를 조절하여야 한다.

나. 높은 가격을 받을 수 있는 체중

농장마다 자기 돼지의 육질과 시장의 선호 경향을 판단하여 높은 가격이 형성될 수 있는 체중에서 판매한다.

다. 한계 생산비의 원칙

가격이 일정하다면 1kg증체에 추가로 소요되는 경비와 1kg당 판매 단가가 일치하는 지점이 가장 많은 이윤을 얻을 수 있는 체중이 된다.

이러한 현상을 그림으로 단순화 시키면 〈그림 3-3〉과 같은데 여기서 한계 비용이란 1kg 더 키우는데 추가로 소요되는 비용이고 평균 비용이란 총 생산비를 당시의 체중으로 나눈 값으로 이해하면 된다. 한계 비용과 시장 판매 단가가 만나는 지점에서의 이윤은 빗금친 부분으로 가장 많게 된다. 특히 돼지의 경우는 자돈 생산 원가가 높기 때문에 체중이 낮을수록 kg당 원가는 급상승하게 되며 자돈 원가는 육돈 생산에서 고정비와 같은 기능이 있다.

한편 실제적으로 한계 생산비의 원칙을 적용할 때의 문제점으로는 경기 주기 및 체중에 따른 육질 및 가격의 변동이 있기 때문에 분석을 복잡하고 어렵게 만든다.

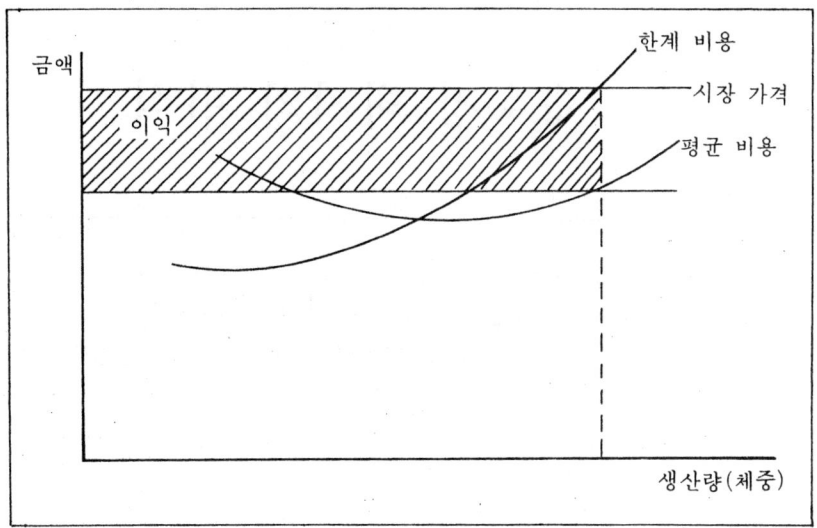

<그림 3 -2> 한계 생산비의 원칙

제 4 장 돼지의 번식

적은 수의 모돈으로부터 많은 자돈을 생산하여 자돈 두당 생산비를 절감하는 것은 곧 육돈의 총생산비 절감과 직결되며 농장의 수익 증대에 긴요하다. 따라서 성공적인 번식은 육돈생산의 성패에 시작으로써 본장에서는 돼지의 번식에 관계된 기초 지식과 번식 관리 방법에 대해 살펴보고자 한다. 한편 번식의 기본 도구인 암·수 종돈의 관리와 번식의 일부인 분만 및 포육관리는 설명의 편의와 중요성에 비추어 일부 중복되더라도 따로 다시 언급하고자 한다.

1. 성 성숙과 번식 적령

가. 수돼지의 성 성숙과 번식 적령

수돼지는 보통 3개월부터 정모세포가 나타나고 4~5개월령이 되면 정세포가 출현하며 5~6개월령이 되면 정자가 나타난다. 그러나 이때의 정액에는 미숙 정자가 많고 정자의 농도도 낮아 실용 가치가 없으며 일반적인 성 성숙 시기는 약 7개월령 정도이나 성 성숙 시기는 품종. 사료의 영양 수준, 관리 상태 등에 따라 차이가 있다.

성 성숙은 잡종이 순종보다 빠르며 정상적인 영양 공급이 이루어졌을 때가 영양소의 공급이 부족하거나 낮은 영양가의 사료를 급여했을 때 보다 빠르고 관리 상태가 좋은 때 일찍 도달하게 된다.

그러나 수돼지가 성 성숙이 되었어도 아직 발육중이고 정액의 양과 정자수가 부족하며 미숙정자, 기형정자의 비율이 높아 번식 능력이 나쁘므로 번식에 사용하는 시기는 8개월령 체중 130~140kg 이후부터가 좋다. 수돼지의 연령이 산자수와 수태율에 미치는 영향은 일정 수준까지는 정비례 관계로 연령이 많을수록 그 수돼지에 교배된 것의 수태율과 산자수가 증가한다. 그러나 수돼지가 과도하게 고령이 되면 기형 정자의 발생 빈도가 높아지는 등 정액의 성상이 좋지 않게 되어 번식 성적이 저하되기 시작하며 과대한 체중으로 암퇘지의 사고를 초래할 수도 있고 보다 개량된 새로운 종돈의 활용 기회를 감소시켜 자손의 능력을 정체시킬 수 있으므로 수퇘지는 대개 2~3세가 되면 도태하는 것이 좋다.

나. 암퇘지의 성 성숙과 번식 적령

암퇘지가 성 성숙 된다는 것은 생식 기관이 충분히 발달하였고 발정시 배란이 이루어진다는 것을 의미하는 것으로 성 성숙이 된 상태의 발정시에는 수퇘지의 승가도 허락하게 된다.

암퇘지의 성 성숙 일령에 영향을 미치는 요인으로는 아래와 같은 것이 있다.

① 품종 : 순종보다 잡종이 빠르다.

② 영양 결핍 : 성 성숙이 지연된다. 특히 단백질 섭취량이 부족하거나 과도한 제한 급이를 실시하면 성 성숙이 지연된다.

③ 과도한 영양 공급에 의한 비만 : 성 성숙 지연

④ 성숙한 웅돈의 자극 : 성 성숙이 촉발된다. 그러나 너무 어린 것에 자극을 주면 영향을 미치지 못하며 이러한 경우에는 성 성숙 시기에 수퇘지 자극을 실시해도 그 효과가 낮다.

암퇘지가 성 성숙 시기에 이르고 수퇘지를 허용하면 수태시킬 수 있으나 너무 일찍 번식에 이용하면 산자수가 적고 모체의 발육도 불량할 뿐 아니라 비유 능력도 좋지 않게 된다. 그러나 암퇘지의 번식 공용 시기가 빠르냐 적당하냐는 암퇘지의 체중과 발정 횟수, 골격 발달 상태 등을 고려해야 할 문제이며 단순한 일령은 의미가 적다.

암퇘지의 번식 적령 시기는 발정이 1~2회 반복된 다음인 2~3차(대개 3차 발정시) 발정시로써 골격이 잘 발달되고 비만이거나 위축되지 않은 상태에서 체중 120~130kg 전후가 적당하며 보통 이 시기는 7~8개월령 정도가 된다. 역으로 후보 암퇘지의 관리는 위와 같은 상태가 될 수 있도록 90kg 정도까지는 무제한 급여로 성장시키고 이 이후는 방목장에서 사육하면서 골격과 근육을 잘 발달시키고 초기 발정이 일찍 올 수 있도록 하며 적당한 영양 상태를 유지하여 3차 발정시에는 체중 130kg 전후로 되게 하는 것이 바람직하다.

2. 생식 기관과 배우자의 생성

가. 수퇘지

(1) 수퇘지의 생식 기관과 기능

수퇘지의 주요한 생식 기관은 정소, 정소 상체, 정관, 정낭선, 전립선, 요도구선, 요도 및 음경으로 구성된다.

(가) 정소

정소는 좌우 1쌍인 타원형의 선체(腺體)로써 음낭에 싸여 복부 외부로 내려와 있으며 그 주요한 기능은 정자의 생산과 웅성 호르몬의 분비다. 정자의 생산은 정소 내의 곡세정관에서 이루어지며 웅성 호르몬의 분비는 간세포에서 이루어지는데 웅성 호르몬은 부생식선과 외부 생식기를 발육시키며 수컷으로서의 외모 특징을 나타나게 하는 동시에 수컷의 교미욕을 불러 일으키는 작용을 한다.

수컷의 정소가 음낭으로 내려오지 않고 한개 또는 두개 모두 복강 내에 남아 있게 되는 경우가 있는데 이를 음고라 하며 유전되고 이럴 경우에는 수컷으로서의 기능을 수행하지 못하게 된다. 음고의 경우 수컷으로 기능을 하지 못하는 이유는 정소는 체온보다 낮게 온도 유지가 되어야 하나 음고인 경우는 체온과 동일하게 온도가 유지되어 정소의 기능이 소멸되기 때문이다. 이러한 온도 때문에 정소의 기능이 소멸되는 경우는 하절기에도 간혹 발생하는 바 하절기 무더운 외기는 정소의 온도를 상승시켜 정소의 기능을 약화시키거나 소멸시키므로 수퇘지의 하절기 관리시 주의해야 한다. 또한 온도 스트레스를 받은 수퇘지는 그 이후 1개월 후부터 비정상적인 정액을 사출하는데 이러한 수퇘지가 교미에 이용되지 않도록 9월초에는 수퇘지의 정액 검사를 하는 것이 좋다. 온도 스트레스 증상이 1개월 후에 나타나는 이유는 정소에서 생성된 정자는 정소에서부터 외부로 사출되기까지 약 1개월 정도 시일이 경과되기 때문이다.

(나) 정소 상체

정소 상체의 기능은 정자의 운반, 농축, 성숙 및 저장으로써 그 구조는 꼬불꼬불 서려 있는 관으로 이루어져 있고 관의 길이는 돼지의 경우 약 60m 에 이른다.

정소에서 생산된 정자는 정소 상체의 정소 상체관에 도착하여 두부에서 미부로 이동하면서 정소 상체 분비물의 작용을 받아 성숙해지고 농축되며 정자가 정소 상체를 통과하는데는 약 13~14일이 소요된다.

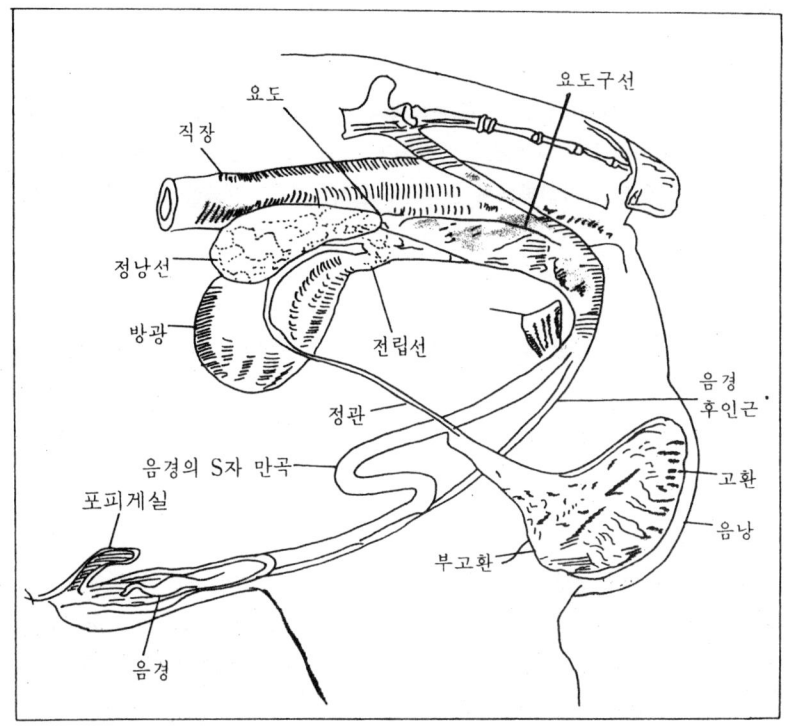

<그림 4-Ⅰ> 수돼지의 생식기관

(다) 정관

정관은 정소 상체의 미부에서 요도까지 연결되는 가는 관으로써 정자를 수송, 저장하여 교미할 때 정자를 사출하는 기능을 수행한다.

(라) 정낭선

정낭선은 고농도의 단백질, 칼륨, 구연산, 과당 및 효소를 함유하고 있는 분비물을 요도와 정관에 분비하며 이 액은 정액의 일부로써 영양소 공급 기능을 수행하게 된다.

(마) 전립선

전립선은 요도기부에 있는 선체(腺體)로써 요도에 직접 유양액(乳樣液)을 분비하며 이 액체는 동물 특유의 정액 냄새가 나게 하며 정액량을 증가시키는 기능을 수행하게 된다.

(바) 요도구선

요도구선은 끈적끈적하고 진한 유백색의 교질물이 가득 차 있는데 이 액체는 PH 7.5~8.2로서 교미시 최초로 분비하게 되는데 그 기능은 요도를 씻어내며 산성 상태인 요도를 알카리성으로 변화시켜 정자의 보호 기능을 하는 것으로 알려져 있다.

(사) 요도

요도는 방광에서 음경 끝까지 연결된 관으로써 오줌과 정액의 통로 역할을 수행한다. 요도의 선단에는 정관과 부생식선의 분비관이 개구되어 있어 사정시 정자와 분비액이 혼합되어 통과하며 이때는 방광의 경부가 밀폐되어 정액이 방광으로 역류하지 않게 된다.

(아) 음경

음경은 교미의 도구로써 정액을 암컷의 생식기 속에 주입시켜 주는 기능을 수행하게 된다. 돼지의 음경 끝은 암컷의 자궁 경관 모양과 비슷하게 꼬불꼬불 뒤틀린 모양으로 이 끝이 자궁 경관에 꼭 끼인 상태에서 그 압력에 의한 자극에 의해 사정하게 된다. 따라서 돼지의 정액을 인공 채취하기 위해서는 음경 끝부분을 손으로 꼭 쥐어 주거나 기타 도구로 이 끝부분에 압력을 가하여 주면 사정하게 된다.

(2) 정자

정자는 전술하였듯이 정소에서 생산되는 수컷의 생식세포로서 수정력, 운동력, 대사력을 가지고 있다. 정자의 형태는 일반적으로 올챙이와 비슷하며 돼지의 경우 길이가 약 $50~60\mu$ 정도로 두부와 경부, 미부로 구성된다.

정자의 두부는 길이 $7.2~9.6\mu$, 넓이 3.6μ 정도로 유전현상을 지배하는 핵산을 보유하고 있는데 이 두부가 난자와 결합하여 새로운 개체가 탄생되며 경부는 길이 10μ 정도로 두부와 미부를 연결하는 부위이고 미부는 30μ 정도의 길이로서 대사와 관련된 각종 기질을 함유한 정자의 운동 기관이다.

정자는 정소 내의 정원 세포가 감수분열 즉 염색체수가 반으로 줄어드는 과정을 거쳐 정자 세포가 되고 정자 세포는 형태가 변하여 정자의 모습을 갖추게 되며 이렇게 생성된 정자는 정소 상체에서 성숙하게 되어 교미시 정액에 섞여 사출되게 된다.

사출된 정자는 자궁 내에서부터 난관 상단까지 올라가는데 이때 암컷의 생식기 내에서 분비되는 물질에 의해 수정을 위한 정자의 변화가 일어나며 이러한 변화를 수정능 획득이라 하고 자궁 내에서 정자의 수정능 획득에 소요되는 시간은 약 6시간 정도다. 한편 돼지의 정자가 암컷의 생식기 내에서 수정 능력을 보유하는 시간은 25~30시간 정도로서 수정능 획득이 된 정자라도 이 시간 이내에 난자와 결합하지 못한 정자는 사멸하게 된다.

(3) 정액

정액이란 정자가 정장에 부유하고 있는 액체로서 정장은 대부분 정소 상체, 정관, 정낭선, 전립선, 요도구선으로부터 분비된다. 돼지의 사정시 정액의 사출량은 평균 250ml로서 개체에 따라 차이가 있으나 그 양이 50ml이하일 때는 사용하지 않는 것이 좋다.

돼지의 정액 내에 정자수는 1ml당 0.5~3억개이며 평균 약 2억개정도로써 총 평균 약 400억개의 정자를 1회 교미시 사정하게 된다.

한편 돼지는 균일한 정액이 계속 사정되는 것이 아니며 보통 3단계로 구분된다. 우선 처음에는 정자수가 적은 묽은 정액이 사정되고 그 이후에 정자수가 많은 농후한 정액이 사출되며 마지막으로 끈적끈적한 교질물이 사출된다. 이때 마지막으로 사출되는 교질물은 암컷의 자궁경관을 막아 정액이 역류하지 못하게 하는 기능을 수행하게 된다.

정액 중의 정장은 정자를 희석시켜 주어 정자의 운반을 쉽게 하여 주는 매개체의 역할 뿐 아니라 각종 유, 무기물을 함유하고 있어 정자에 영양소를 공급하여 줌으로써 정자가 활발히 운동할 수 있도록 하여 준다.

돼지 정액의 양과 질은 연령, 영양 상태, 온도, 정액의 채취 방법, 채취 빈도, 운동 등에 따라 달라질 수 있는데 특히 번식 적령기가 되지 못한 것은 정액의 질이 나쁘며 채취 빈도가 너무 많아도 정액 양과 정자수가 부족하게 된다. 교미에 사용하기 적당한 정액인가를 검사하는 항목으로는 정액의 양, 정자 농도, 가령 정자의 유무 및 비율, 정자의 생존율, 활력 등으로 수퇘지는 주기적으로 정액검사를 실시하는 것이 바람직하며 특히 수컷을 번식에 사용하기 시작할 때와 하절기를 보낸 9월 초에는 꼭 검사를 하여 적합 여부를 판정하는 것이 좋다.

＊ 감수분열

생식세포 생성시 특징적인 세포분열 방법으로 돼지의 경우 18쌍의 일반염색체와 1쌍의 성 염색체가 있는데 감수분열시에는 이들 19쌍의 염색체가 서로 반씩 나누어져 그 한쪽만 각기 보유하는 세포가 형성되며 한쌍의 유전자가 접합된 상태에서 각기 나누어질 때에는 염색체의 일부를 상호 교환하게 된다.

나. 암퇘지

(1) 암퇘지의 생식 기관과 기능

암컷의 생식기관은 난소, 난관, 자궁, 질 및 음순으로 구성된다.

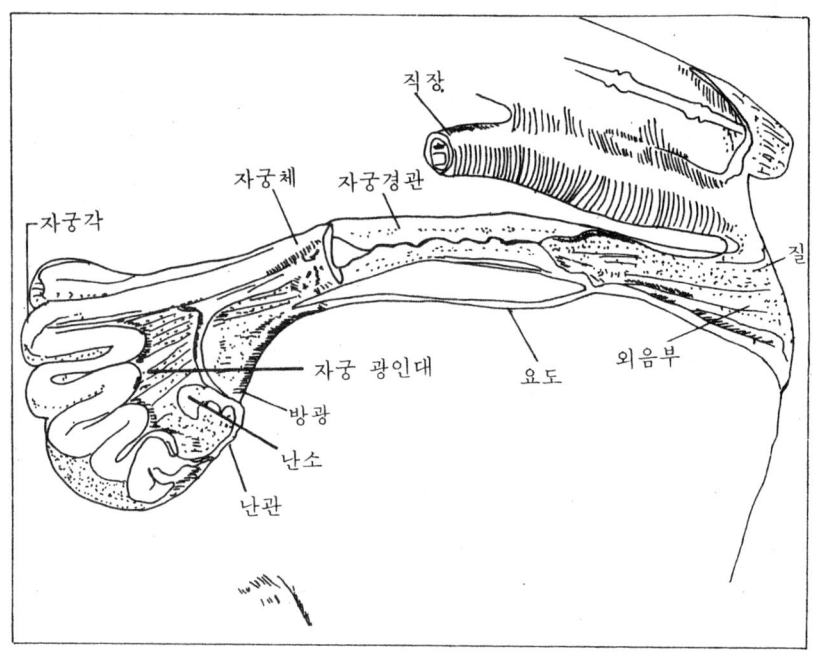

〈그림 4 - 2〉 암퇘지의 생식 기관

(가) 난소

난소는 좌우 1쌍으로 난자와 여성 호르몬을 생산하는 암컷의 성선(性腺)으로서 크기와 형태는 암컷의 성주기(性週期 sex cycle)의 단계에 따라 다르나, 보통 포도송이형으로 표면이 돌출된 난포와 황체가 있다. 난포는 보통 1개의 발육중인 난자가 들어있으며 발달 단계에 따라 발생 초기의 제 1차 난포, 다소 커진 제 2차 난포 속에 난포액이 고이고 여성 호르몬의 분비 활동이 왕성한 제3차 난포로 나누며 제 3차 난포는 더욱 성숙하여 난포는 파열되고 난자는 난포액과 함께 밖으로 방출되게 되는데 이를 배란이라 한다. 배란이 일어나면 난포가 생성되었다 파열된 자리에 황체가 생기고 황체에서는 황체 호르몬이 분비되어 암컷의 생식 기능을 조절하게 된다.

성숙한 암퇘지의 난소 무게는 1개당 3~7g 정도로 두개가 동시에 총 18~25개의 성숙한 난포를 형성하여 배란한다.

(나) 난관

난관은 난소에서 자궁각까지 뻗어 있는 나선상의 가는 관으로서 난소와 가까운 곳은 난관 팽대부라 하여 굵고 그 끝이 깔대기 모양으로 퍼져 난소를 둘러싼 상태로 열려 있는데 이곳을 난관 누두부라 한다.

난관 팽대부와 난관 누두부에는 섬모가 발달되어 있어 난소에서 배란된 난자를 난관 내로 잘 들어가게 한다.

난관 내부의 상피세포는 섬모가 있는 원상세포와 섬모가 없는 분비세포가 있다. 난관은 정자를 수정 부위인 난관 상단까지 운반하며 수정된 난자를 상부에서 자궁각까지 섬모 운동과 율동 운동으로 이동하게 하는 외에 난관 분비액을 분비하여 정자의 수정능 획득과 수정란이 분할 발육할 수 있는 환경과 영양을 공급하는 기능을 수행한다.

(다) 자궁

자궁은 태아가 착상하여 발육 성장하는 곳으로 2개의 자궁각과 자궁체, 자궁경으로 구성되어 있다. 돼지의 자궁각은 길고 구불구불하게 발달되어 있어 여러 마리가 동시에 임신하기 적당한 구조이며 임신을 하게 되면 새끼가 충분히 그 속에서 성장할 수 있을 정도로 크고 잘 발달되었다가 분만하게 되면 다시 원래의 크기로 돌아간다. 임신하지 않은 돼지의 자궁 크기는 자궁각이 40~65cm, 자궁체 5cm, 자궁경 10cm 정도다.

자궁의 주요한 기능은 태아의 착상 발육 이외에 발정시 수축 운동으로 정자가 난관으로 올라가는 것을 돕고 분만시에는 강한 수축력으로 태아를 체외로 만출시킨다. 또한 자궁 내의 자궁선 분비액은 정자의 수정능 획득에 필요한 환경 조성을 하고 착상할 때까지 배의 영양 공급작용을 한다.

한편 돼지의 자궁경은 발정기와 분만시를 제외하고는 항시 주의의 관략근에 의해 오무라져 있으며 자궁경관 내의 점막은 많은 점액 분비세포로 되어 있어 다량의 점액을 분비하는데 이 점액은 발정기와 임신 직전에는 묽어져 밖으로 흘러내리나 그 밖의 시기에는 아교같이 되어 자궁경관을 막고 있어 외부 전염성 물질의 침입을 막는다.

(라) 질

질은 자궁경에서 외음부까지 연결하는 교미기관으로 분만시에는 새끼가 통과할 수 있을 정도로 늘어날 수 있다. 한편 질에는 요도가 개구되어 있어 돼지의 인공수정이나 교배시에 정액 주입기나 음경 선단이 이 부위를 자극하게 되면 상처에 의한 염증이 발생될 수 있으므로 주의해야 한다.

(마) 음부

음부는 음순과 질전정, 음핵, 전정선 등으로 구성되어 있는 배뇨 생식 기동의 말단으로서 발정이나 분만시 종창, 충혈되므로 발정이나 분만 징후를 예측하는데 도움이 된다.

(2) 난자

난자는 암컷의 생식 세포로써 다량의 세포질과 난황이 들어 있어 가축의 체세포나 정자에 비해 대단히 크며 주위에 투명대로 둘러 싸여 있다. 투명대를 제외한 돼지 난자의 크기는 $120\sim170\mu$ 정도다. 난자도 감수분열 과정을 거쳐 생성되므로 체세포의 반인 19개의 염색체를 보유하며 정자의 두부와 결합되는 부분은 난자의 핵으로써 핵내에 핵산을 보유하고 있다. 돼지는 한꺼번에 18~25개의 난포가 파열되어 배란이 일어나게 되는데 배란된 난자는 약 10~21시간 정도 수정능력을 보유하며 수정되지 못한 난자는 자궁 내에서 흡수된다. 한편 배란 후 시간이 많이 경과된 난자는 노화되어 수정되더라도 착상하지 못하며 착상이 되는 경우에도 정상 분만까지 이르지 못하게 된다.

3. 발정과 교배

가. 발정

발정은 난포가 발육하여 일정한 크기에 이르면 분비되는 난포 호르몬의 영향을 받아 암컷이 성욕이 일어나고 교미를 원하는 징후를 보이며 생식 기관이 교미와 수태에 적합한 상태로 변화된 것을 일컫는 것으로 아래와 같은 징후를 보인다.

① 외음부가 붉어지고 종대된다.
② 음문으로부터 유백색의 점액이 분비된다.
③ 심리적으로 불안정해지고 식욕이 감소한다.
④ 돼지의 허리를 누르거나 올라타면 가만히 서 있는다.

특히 마지막 징후는 발정의 가장 확실한 증세로 발정이 오지 않는 암돼지는 도망가는데 반하여 발정이 온 돼지는 버티고 서서 흡사 수돼지가 승가하는 것을 허용하는 자세를 취하게 되는 것이다.

한편 발정에는 발정 징후가 경미하거나 나타나지 않고 수컷을 승가시켜도 도망가는 둔성 발정 또는 미약 발정도 있는데 이때도 배란은 일어나며 암돼지를 고정시켜 교미를 시키면 임신이 된다. 둔성 발정은 운동 부족이나, 과비의 경우 발생할 수 있으며 여름철에 특히 많이 발생한다.

또한 암돼지가 임신을 한 경우에도 다음번 발정 주기에 경미한 발정 징후가 나타나기도 한다.

나. 발정 주기와 지속 시간

임신하지 않은 돼지는 평균 21일을 주기로 연중 발정을 되풀이하게 되는데 임신하게 되면 발정이 중단된다. 발정 주기는 경산돈이 미경산돈보다 약간 길어 경산돈의 경우 평균 22.2일, 미경산돈의 경우 20.4일을 주기로 한다.

돼지의 발정 지속 시간은 평균 58시간 정도이며 경산돈이 미경산돈보다 길다.

한편 분만한 암돼지는 젖을 떼면 다시 발정이 오는데 이에 소요되는 일수는 포유기간, 포유두수, 어미 돼지의 영양 상태, 건강 상태에 따라 달라질 수 있으나 보통 이유 후 4~7일 이내에 발정이 오게 된다. 한편 돼지의 자궁이 분만 이후에 다시 수태 가능 상태로 회복되는데는 약 20일 전후가 소요되며 포유 중에는 그 기간의 장단에 관계 없이 발정이 오지 않으므로 이유는 분만 후 20일 이후에 자돈의 상태에 따라 되도록 일찍 실시함으로써 다음 번 임신까지의 시일을 단축하여 연간 보다 많은 분만을 시킴으로써 모돈의 생산성을 높이는 것이 바람직하다.

다. 배란

배란은 황체 형성 호르몬의 작용을 받아 성숙한 난포가 파열됨으로써 난포액과 난자가 배출되는 것으로 암돼지가 수컷을 허용한 후 평균 31시간(25.5~33.5시간) 후에 일어나며 18~25개의 난자를 배출하는데는 약 2시간이 소요된다.

한편 돼지의 배란수는 품종, 연령 또는 산차, 영양 상태에 따라 다른데 일반적으로 미경산돈은 12개월령까지 발정 횟수가 증가함에 따라 배란수도 증가하며, 경산돈은 4산차까지 증가하다가 그 이후에는 감소한다. 또한 영양 상태가 불량하면 배란수가 감소하게 된다.

라. 교배 적기와 교배 횟수

교배 적기는 배란이 이루어지는 시기에 정자가 난관 팽대부에 이미 도착하여 있으며 정자의 수정 능력 보유기간 이내에 모든 배란이 일어나고 수정이 되도록 할 수 있는 때라 할 수 있으며 지금까지 살펴본 바를 정리하면 〈그림 4-3〉과 같다. 한편 사정 또는 주입된 정자는 15~17시간 이후에 수란관에 대부분 도달하게 된다.

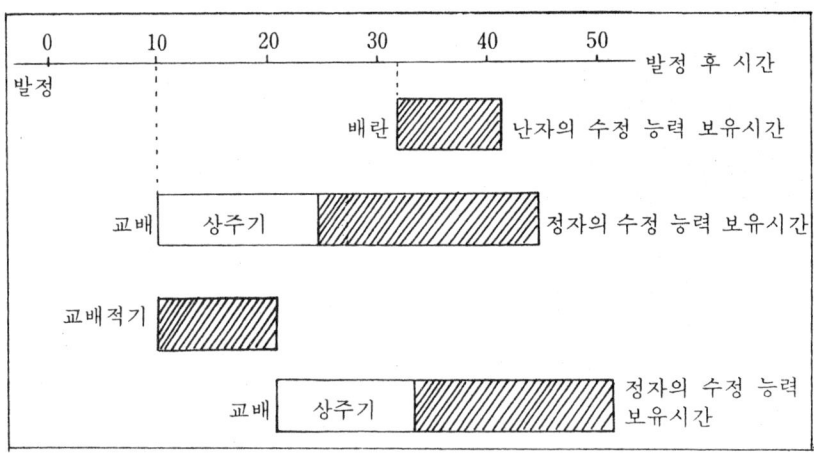

〈그림 4-3〉 교배 적기

<표 4-1> 교배시간과 수태율

발정 개시에서 종부까지의 시간	10시간 이내	10~25.5	25.6~36.5	36.6~48	48.1이상
수태율	81.25	100	46.2	50.0	0
비고		종부적기	배란기		

〈그림 4-3〉과 〈표 4-1〉과 같이 돼지의 교배 적기는 발정 개시 후 10~26시간 이라는 것을 알 수 있다.

그러나 실제적으로 교배 적기를 정확하게 판단하기 위해서는 정확한 발정 개시 시간을 알아야 하지만 이를 정확하게 확인하는 것은 매우 곤란하며 외음부의 상태와 종합하여 경험적으로 판단하여도 오류가 발생할 소지가 많다. 따라서 현실적으로는 오전과 오후에 각기 발정을 확인하고 발정이 온 암돼지는 오전에 확인되면 오후에, 오후에 확인되면 다음날 오전에 교배하고 다시 한나절 이후에 2차 교배를 실시하는 방법이 바람직하다. 한편 미경산돈의 경우에는 2회 교배보다 3회 교배가 산자수가 많으므로 가능하다면 3차까지 교배시키는 것이 좋다.

참고로 외음부 상태에 따른 교배 적기 판정은 붉게 종창되었던 외음부가 약간 오무라 들면서 탈색되기 시작하고 점액이 묽은 상태에서 약간 진해지면서 그 양이 적어져 말라가는 상태가 되나 과신하지 않는 것이 좋다.

마. 교배 방법

교배 방법으로는 자연교배와 인공수정으로 크게 구분할 수 있으며 인공수정은 다시 정액의 희석과 저장 방법에 따라 액상 정액 인공 수정과 냉동 정액을 이용한 인공수정으로 구분할 수 있다.

(1) 자연 교배

자연 교배는 발정이 온 암돼지에 수돼지를 직접 교미시켜 수정이 되게 하는 방법으로 암돼지에 따라 수돼지를 선택 교배시키는 선택교배와 암컷 여러 마리에 수컷을 넣어 발정이 온 암컷을 수컷이 식별하여 자유스럽게 교배가 이루어 지게 하는 자유 교배 방법이 있는데 국내 여건으로는 선택교배가 바람직하며 미국등지에서 조방적으로 사육할 때 자유교배를 시키기도 한다. 자유교배시는 미임

돈 암컷 10두 이내에 수컷 1두를 1개월 동안 동일 장소에 방사하여 교배가 이루
어지도록 하며 1개월 후에는 암수를 분리하고 수태되지 않은 암컷은 도태하거나
다시 교배시키게 된다. 선택 교배의 방법은 아래와 같다.

〈선택 교배 방법〉

① 발정이 온 암컷에 적당한 수퇘지를 선정한다. 이때 고려해야 될 사항으로는
   암수의 체중, 체격(수퇘지가 약간 큰것이 좋고 너무 과대하면 지제 부상 등
   의 사고 위험이 있고 너무 작으면 승가가 이루어지지 않는다), 능력, 품종,
   수컷의 전교미 일시 등으로 후대를 생산하고자 하는 목적에 맞게 선정한다.

② 교배방이 따로 마련되어 있다면 먼저 수퇘지를 이동시키고 나중에 암퇘지를
   넣어준다.

③ 교배방이 따로 없을 때는 암컷을 수컷의 방에 넣어 준다.

④ 교배 전에 암퇘지의 외음부와 수퇘지의 포피 부분을 깨끗한 물로 잘 세척하
   여 주고 수컷의 요루를 짜주어 교미시 이물질이 들어가 질병이 발생하지 않
   도록 한다.

⑤ 수퇘지는 승가 전에 코로 암퇘지의 몸체나 음부를 문지르고 냄새를 맡는 등
   의 행동을 보이는데 이는 암퇘지의 배란을 촉진시킬 수 있다.

⑥ 무리하게 승가 시키려고 독려하지 말고 때리거나 차지 말 것이며 수퇘지가
   자연스럽게 승가할 수 있도록 기다린다.

⑦ 수퇘지가 암퇘지의 등에 승가하려하면 이를 필요시 약간 보조해 준다.

⑧ 수컷의 음경이 발기하여 돌출되면 이를 암컷의 음부에 잘 맞추어 주는 등의
   보조를 해주어 원할한 교배가 이루어 지도록 한다.

⑨ 완전한 결합이 이루어지면 필요시 수퇘지의 꼬리를 위로 들어 주어 수컷이
   뒤로 미끌어지거나 주저 않는 경우를 방지하고 암컷이 작거나 허약할 경우
   수컷의 앞발을 들어 주어 무리한 체중이 가해지지 않게 하는 등의 보조를 하
   면서 완전한 사정이 이루어지고 수컷이 스스로 내려올 때까지 대기한다.

⑩ 교배가 끝나면 암수를 각기 정해진 장소로 이동시키고 안정을 취하게 한다.

⑪ 교배시 지나치게 독려하거나 시간이 많이 경과되었다고 강제로 내려오게 하
   면 완전한 교배가 이루어지지 않을 뿐 아니라 수컷이 난폭해지고 차후 교배
   시 수컷의 승가 불능 등을 초래할 수 있으므로 주의한다.

⑫ 교배시 수컷은 체중이 크고 주위 환경이 산만하거나 관리자가 지나치게 독

려하면 난폭해질 수 있으므로 사고에 대비하여 주의한다.

⑬ 암컷이 발정이 오기는 했으나 징후가 미약할 때는 암컷을 보정하고 교배를 실시할 수도 있다. 암컷의 보정은 코를 기둥 등에 묶어 주면 간단히 고정된다.

⑭ 암수의 체중 차이가 크거나 암컷의 다리가 허약할 때는 교배틀을 사용 하거나 인공 수정하는 것이 바람직하다.

(2) 인공 수정

인공수정은 정액을 채취 보존하였다가 암돼지의 교배 적기에 다시 주입하는 기술로 정액의 보존 방법에 따라 원정액을 그대로 또는 희석시켜 영상 이상의 온도에서 보관하였다 사용하는 액상 정액 이용과 극저온으로 동결시켜 반영구적으로 보존이 가능하게 하여 장기간 보존하였다 이용하는 동결 정액 이용의 두가지로 나눌 수 있다.

(가) 인공수정의 필요성

인공수정은 정액의 보존기간의 장단은 있으나 일단 채취한 정액을 보존하였다가 사용할 수 있고 1회 채취한 정액으로 다수를 수정시킬 수 있으므로 다음과 같은 장점과 필요성이 있다.

① 수돼지의 이용 효율을 높일 수 있다.

적은 수의 수돼지로 다수를 수정시킬 수 있으며 채취한 정액을 보관하였다 가장 적합하고 필요한 시기에 사용할 수 있음으로 해서 암돼지의 수에 비해 적은 수의 수돼지로도 적절한 수정이 가능하며 우수한 수돼지의 정액을 널리 보급함으로써 개량의 효과를 증대할 수 있다.

② 전염병 전파의 예방

정액 채취를 하는 수돼지의 선발 과정과 정액 검사 과정에서 철저한 위생검사를 실시함으로써 어느 정도 질병 발생 여부를 판단할 수 있고 암돼지와 직접 접촉함으로써 수돼지가 전염병을 전파시키는 것을 예방할 수 있어 외부 혈액의 유입을 통한 개량이나 외부 수돼지를 사용하여 수정을 시키고자 할 때 질병이 같이 전파되는 것을 예방할 수 있다.

③ 동결 정액의 경우 필요한 정액을 반영구적으로 보관할 수 있으므로 수돼지의 사후에도 유전자를 전달할 수 있다.

④ 자연교배가 불가능한 지제가 허약하거나 수돼지에 비해 체구가 작은 암돼지도

수정시킬 수 있다.

(나) 인공수정의 문제점

돼지 인공수정이 상기와 같은 장점에도 불구하고 널리 보급되지 못한 이면에는 아래와 같은 문제점이 있기 때문이다.

① 정액의 보존성이 낮다 : 액상 정액의 경우에는 보존 방법과 온도, 시간에 따라 차이는 있겠으나 비교적 수태율이 높고 거의 자연교배와 비슷한 수준까지 수태율과 산자수를 증가시킬 수 있으나 동결 정액의 경우에는 수태율이 40%전후로서 매우 낮고 산자수도 적다.

이렇게 정액의 보존성이 낮은 이유는 돼지의 정자가 저온 충격에 약해 동결시 대다수의 정자가 사멸하거나 손상을 입어 융해시 정자의 생존율과 활력이 나쁘기 때문이다.

② 인공수정시 1회 주입량이 많다 : 돼지의 인공수정시 정액 주입량은 50mℓ ~100mℓ 로서 많은 양을 1회에 주입하여야 하므로 그에 따라 조작의 효율성이 낮고 저장과 사용시 불편한 점이 많다. 또한 1회 채취한 정액으로 수정시킬 수 있는 두 수가 소에 비해 적기 때문에 그 효율성도 낮다.

③ 정액 중의 정자 농도가 낮고 정액의 성상도 개체간은 물론 채취시마다 달라 일정한 결과를 얻을 수 없다.

(다) 인공수정 방법

● 정액의 채취

정액을 채취하기 위해서는 돼지가 승가할 수 있는 의빈대와 인공질, 정액을 받고 보관할 수 있는 정액병 등이 필요하며 채취 방법은 먼저 수돼지를 의빈대에 승가시킨 다음 인공질을 사용하거나 손으로 음경 끝부분을 쥐고 압력을 가하면 사정하게 되므로 사정되는 정액을 정액병에 받으면 된다.

한편 돼지의 사정은 3단계로 구분되며 끝부분에 사정된 정액은 정자수가 적고 교질물이 많으므로 취하지 말고 처음 이차에 사정되는 것만 취하는 것이 좋다. 또한 정액병은 정액이 냉해를 입지 않도록 체온과 비슷하게 가온하여 사용하는 것이 좋다.

● 정액의 보존

정액의 보존 방법은 원정액을 교질물만 여과하여 그대로 보존하는 방법과 희석액을 제조하여 희석한 다음 보존하는 방법 및 냉동정액 제조 방법 등이 있으며,

냉동정액 이외의 보존 방법은 시간이 경과될수록 정자의 생존율과 활력이 저하되므로 보존기간이 너무 장기화 된 것은 사용하지 않는 것이 좋다. 정액 보존 방법의 세부적인 내용은 상당한 기술과 기구 및 재료가 필요하므로 여기서는 생략하고 다른 문헌을 참고하기 바란다.

● **정액의 주입**

보관된 정액은 액상 정액인 경우에는 그대로 또는 희석하여 냉동 정액의 경우에는 융해시켜 주입하게 되는데 주입 방법은 아래와 같다.

① 정액을 준비한다.

② 정액 주입기를 질내에 삽입하는데 이때 질내의 요도구에 자극을 주어 상처를 입히지 않도록 처음에는 약간 위로 향하게 하여 주입한다.

③ 정액 주입기가 10~15cm 깊이 이상 진입하면 수평으로 조금씩 회전시키면서 계속 주입한다.

④ 주입기가 자궁 경관 부위에 이르르면 잘 들어가지 않는데 이때는 힘을 주어 좌우로 회전시키면서 주입하면 2~3개의 자궁 경관의 추벽을 지나는 것을 느낄 수 있다.

⑤ 자궁 경관의 2~3개 추벽을 지난 상태가 되면 정액을 서서히 주입한다.

인공수정시 정액 주입도 자연교배와 동일하게 교배 적기에 주입시키는 것이 중요하며, 특히 인공수정시는 정자의 생존율과 활력이 상당히 저하된 상태이므로 적기에 주입하는 것이 더욱 중요하다. 보통 인공수정시 적기는 자연 교배보다 약간 늦은 경향이 있다.

4. 수정과 난자의 발육 및 착상

가. 수 정

수정이란 수컷의 생식세포인 정자가 암컷의 생식세포인 난자에 침입하여 서로 합쳐짐으로써 본래의 염색체수를 가진 새로운 생명체인 접합체가 만들어지는 현상으로 유전적인 면으로 수컷의 유전물질이 난자에 운반된다는 점과 수정이란 자극에 의해 난자가 활성화되어 난할과 배발육을 거쳐 새로운 개체로서 탄생한다는 점에서 그 중요한 의의가 있다.

수정은 난관 상단부에서 이루어지며 수정란은 난관을 통해 자궁까지 난관 내의 섬모운동으로 이동하게 된다.

한편 수란체의 흡수작용에 이상이 생기면 난자는 난관 내로 **흡수**되지 못하고 수정란이 복막에 착상할 수 있고 난관에 이상이 있으면 수정란이 자궁까지 도달하지 못하고 난관에 착상하는 수가 있는데 이러한 경우를 수정란의 자궁외 착상이라고 한다.

수정은 다음과 같은 과정으로 이루어진다.

(1) 정자의 난자에로의 접근

돼지의 자궁경관 내에 사정된 정액은 자궁과 난관의 근육 운동에 의한 도움으로 가장 **빠른** 것은 15분 이내에 난관에 도달되며 수정에 필요한 충분한 정자가 난관 팽대부에 도달하는 것은 15~17시간 후다.

(2) 정자와 난자의 회합

난관 내에서 정자는 올라가고 난자는 내려가서 난관 팽대부에서 서로 만나게 되며 난자는 정자를 유도하는 물질을 분비하여 정자를 응집시킨다.

(3) 정자의 난자 내 침입

난자 주위에 몰려든 정자는 첨체의 도움을 받아 난자의 투명대를 통과하고 이어서 난막에 접촉하였다가 이것마저 통과한다. 정자가 난자에 접촉하면서부터 난자의 세포질 속으로 완전히 침입하는데는 30분 정도 소요된다.

(4) 배우자 융합

난자의 세포질 내로 침입한 정자는 핵이 노출되고 이것은 난자의 핵과 결합하게 되어 완전한 한쌍의 염색체를 이루게 되며 이것으로 수정은 완료되는 것이다.

한편 난자는 주위에 많은 수의 정자가 접근하여 침입하려고 해도 최초로 침입한 정자 외에는 통과시키지 않는데 이를 난자의 다정자 거부라 하며 이상이 생겨 여러 개의 정자가 침입하면 그 수정란은 발생하지 못하고 사멸하게 된다.

나. 난자의 발육

수정이 끝난 수정란은 그 자체의 크기에 큰 변동없이 새포 분열을 하게 되며 이

를 난할이라고 한다. 난자는 난할을 거듭하여 여러 개의 세포가 되며, 이 난할이
진행됨에 따라 나중에는 고무공처럼 중앙에 빈 장소가 생기고 바깥쪽으로 세포가
배열된 배가 되고 이때를 포배기라 하며 이 배(胚)를 포배라 한다. 포배기에서
2~3일이 경과되면 장차 태아를 형성할 세포군과 태막을 구성할 세포군으로 구분
되어 발달을 계속하게 된다.

한편 수정란은 난관액에 부유하여 난관 내부 섬모의 유동 운동과 난관의 수축
운동에 의해 자궁으로 이동하게 되는데 통과 시간은 44~74시간 정도 소요된다.
난관 부위에 따른 통과 시간은 난관 팽대부와 협부 이전까지는 빨라 보통 1시간
정도면 통과하나 협부에서 장기간(약 3일, 70시간) 체류하다가 난관과 난관 접합
부가 교미 후 3일째 열리게 되면 난관 내에 고여있던 난관액과 함께 난자가 자궁
으로 흘러 들어가게 된다.

난자가 배란에서부터 착상하기 전까지 발육하는데 있어 가장 중요한 환경은 난
관액과 자궁액으로 이들은 정자나 난자의 수송, 보호, 영양소 공급 등의 기능을
수행함으로써 배발생 초기에 중추적인 역할을 수행한다.

다. 착 상

자궁에 도달한 배는 포배가 되면 지금까지 자궁액에 부유하여 자궁강을 배회하
던 것을 그치고 자궁벽에 부착하여 새로운 발육을 준비하게 되는데 이것을 착상
이라 한다.

자궁도 배의 착상 전에 자궁 내에 혈관과 혈액 공급이 늘어나며 자궁상피가 비
후해지고 자궁선이 발달하는 등 준비를 갖추게 되는데 이를 자궁 적응이라 한
다.

돼지는 배란 후 12일경부터 24일경까지 착상 과정이 진행되는데 한꺼번에 여러
개의 배가 착상되어 발육하면서도 양쪽 자궁각에 고루 분산되어 착상되며 이는
배가 4~7일 정도 자궁 내에서 자궁액에 부유하면서 자궁의 부분적 수축 운동으
로 이동되면서 고루 분산되기 때문이다.

돼지에 있어 착상기는 매우 불안정한 단계로서 자궁의 상태가 불량하다던가 외
부적으로 스트레스를 받으면 착상이 불량해지고 그에 따라 결국은 산자수가 적어
지므로 안정을 취하도록 하는 것이 좋다.

5. 임 신

가. 돼지의 임신기간

임신이라 함은 배가 모체의 자궁 내에서 발육하는 상태를 일컫는 것으로 일반적으로 임신기간이라 하면 교배에서부터 분만까지의 기간을 말한다.

돼지의 임신 기간은 평균 114일로 경산돈이 초산돈보다 1일 정도 짧으며 개체별로 약간의 차이가 있고 품종에 따라서도 차이가 있으나 보통 112~117일 정도가 된다.

나. 임신 진단

암퇘지가 임신을 하게 되면 21일마다 반복되는 발정이 오지 않기 때문에 이를 기준으로 임신 여부를 판정하는 것이 일반적인 방법이며 그밖에 초음파를 이용한 진단 방법이 근래 보급되어 활용되고 있는데 초음파 진단의 정확도는 기종이나 진단 일령, 숙련 정도에 따라 다를 수 있겠으나 보통 90~95%의 정확도가 있는 것으로 알려져 있다. 초음파를 이용한 진단은 자궁 동맥의 맥동을 확인하는 방법과 양수의 존재 유무를 확인하는 방법 두가지가 일반적이다.

다. 태막, 태반의 기능

돼지의 태막은 양막, 맥락막, 요막, 난황낭의 4가지가 있으며, 그 중 양막은 태아를 둘러싼 막으로 안에 양수가 차 있고, 그 속에 태아가 부유한다. 양수의 기능은 태아를 부유시키고 외부의 기계적 충격을 완충하며 태아의 운동을 원활하게 하고 태동시 모체에 미치는 영향을 적게 하며 분만시 산도를 미끄럽게 하여 태아의 만출을 쉽게 한다.

맥락막은 융모가 발생하여 자궁 점막과 밀접하게 결합하여 태반을 형성하는 태막의 가장 외부에 있는 막이며, 요막은 태아의 방광과 연결되어 태아의 오줌을 보관하고 난황낭은 난황을 보관하여 태아의 영양분을 공급하지만 난황이 흡수 이용되면 소멸된다.

돼지의 태반은 6겹의 상피 융모성 태반으로 모체와 태아간의 영양소와 노폐물의 상호 교환 작용을 수행하나 특이한 구조 때문에 모체 혈액 내의 항체가 태아에게 전달되지 않는다. 또한 모체의 혈액 내에 바이러스나 세균 등의 전염성 병원체도 태아에게 이행되지 않으므로 이러한 현상을 이용하여 S.P.F. 돼지*¹ 작출을 쉽게 할 수 있다.

라. 태아의 영양

발육 중인 태아의 영양은 조직 영양과 혈액 순환 영양으로 구분될 수 있으며 조직 영양은 착상 전의 배가 난자 주위의 투명대와 난관액으로부터 공급받는 것과 착상 초기에 조직액과 자궁유로부터 투과작용에 의해 공급받는 것이 있고 혈액 순환 영양은 난황으로부터 영양을 얻는 것과 태반을 통해 모체로부터 영양을 공급받는 것이 있다.

조직 영양과 혈액 순환 영양의 뚜렷한 한계는 없으며 조직 영양이나 난황으로부터 난황낭 순환에 의해 공급받는 영양은 초기에 그치고 태아의 주된 영양원은 태반을 통한 영양소의 공급과 노폐물의 배출 기능에 의한다.

마. 태아의 발육

출생 전 태아의 발육은 3기로 구분하는데 제1기는 수정시부터 난할을 하면서 자궁에 착상할 때까지로 난자기라고도 하며, 제2기는 착상된 배가 각 기관과 몸의 각 부분 원기(原基)를 형성하는 시기로 배아기라 하며, 제3기인 태아기는 형성된 원기의 성장과 몸의 조화를 이루는 시기다.

돼지 태아의 발육이 가장 왕성하고 그 중량이 급격히 늘어나는 시기는 제3기인 태아기 후반으로서 특히 임신 후기 1개월간에 거의 모든 증체 및 성장이 이루어지므로 이때는 모돈의 사료 급여시 증량 급여하여 태아의 급격한 발달에 필요한 충분한 영양소를 공급하는 한편 분만 후 포유기간 중 모돈 체력 손실에 대비하여 적정한 영양소의 축적이 이루어질 수 있도록 하여야 한다.

---

*1 S.P.F 돼지(특정 질병 부재돈) Specific Pathogen Free 의 약자로 돼지의 경제 능력을 저하시키는 만성 호흡기 질병 등의 특정 병원균이 전혀 감염되지 않은 돼지를 일컫는다.

제5장 분만 및 포육관리

돼지의 분만은 모돈에게나 태아 모두 아주 커다란 생리적 변화를 가져온다. 즉, 모돈은 지금까지 체내에서 기르던 태아를 분만 과정을 거쳐 외부로 내보내 체외에서 자돈을 양육하게 되면서 이에 적합하도록 신체 구조 및 기능면에서 큰 변화를 가져오고, 한편으로는 다음번 임신을 위한 준비 과정이 포유 중에 일어나게 되며, 태아는 모체 내에서 거의 완벽에 가까운 조건에서 발육하다가 외부로 노출되면서 내부 변화와 함께 환경 조건에 적응하고 성장하기 위한 힘겨운 출발을 하게 되는 것이다.

본장에서는 이와 같이 모체와 자손에게 커다란 변화를 수반하는 분만과 포육 기간 중의 기본 생리와 관리 방법에 대해 살펴보기로 한다.

1. 분만 전 준비

임신한 암돼지의 분만 예정일이 가까워지면 분만 예정일 1주일 전에 임신돈을 임신돈방에서 분만실이나 분만틀에 이동시켜 환경에 적응시키며 혹시 있을지 모르는 조산에 대비하게 되는데 이 기간 이전에 준비해야 될 사항으로는 다음과 같은 것이 있다.

① 분만실이나 분만틀의 수세 소독 : 분만 예정돈이 전입되기 1주일 이전에 깨끗이 수세하고 석회석이나 소독약으로 소독한 후 비워둔다.

② 보온 상자의 준비 : 보온 상자는 한복 새끼가 적어도 2주일 정도는 그 안에서 모두 수용되어 휴식을 취할 수 있는 충분한 크기로 제작하며 미리 소독하여 둔다.

③ 자돈용 보온 기구의 준비 : 신생 자돈의 적온은 약 37℃ 정도로 매우 높으며 일령이 지날수록 차츰 낮아진다. 따라서 갓 태어난 자돈은 하절기라도 보온 상자 내에서 보온을 하여 37℃ 전후의 환경 조건을 맞추어 주어야 한다. 자돈용

보온 기구로는 전기를 이용한 보온등과 가스를 이용한 것이 있는데 일반적으로 전기 보온등을 많이 사용하며 다양한 종류가 보급되어 있다.

④ 깔짚 또는 깔판의 준비 : 보통 분만방이나 분만틀은 시멘트나 철망, 플라스틱 등으로 자돈이 바닥으로 과도한 체열을 손실하는 것을 방지하기 위해서 고무 깔판이나 볏짚, 밀짚, 야건초, 대패밥, 톱밥 등의 자리깃을 준비하여 깔아 주어야 한다. 이러한 깔판이나 자리깃은 불량한 바닥 조건 때문에 발생할 수 있는 자돈의 상처나 사고를 예방하는 기능도 한다.

⑤ 모돈용과 자돈용 급이기의 별도 준비 : 모돈과 자돈은 체격과 급여하는 사료의 종류와 질이 다르므로 각기 적합한 형태의 별도의 급이기를 준비하여야 한다. 자돈의 사료 급이는 보통 10일령 전후부터 시작하게 된다.

⑥ 조산 기구의 준비 : 마른 걸레, 견치 절단기, 단미기, 소독약, 제대 결속용 실, 이각기, 저울, 항생제, 분만 촉진제 등.

2. 분만 대기돈 관리

분만 1주일 전에 분만 장소로 이동된 암퇘지는 육체적으로나 정신적으로 매우 불안정한 상태이므로 환경이 바뀜으로 해서 오는 스트레스를 최소화 할 수 있도록 안정된 분위기에서 사육하여야 하며 이동시부터 분만까지 아래와 같은 관리가 수행되어야 한다.

① 이동전 돈체의 수세 소독 : 분만 예정돈을 분만 장소로 이동시키기 전에 돈체를 수세하고 소독함으로써 오물과 피모에 붙어 있는 병원균을 제거하여 분만 장소의 오염을 억제한다.

② 개체 현황판의 기록 : 분만 대기돈의 내역을 기록한 현황판을 분만방에 비치하고 수시로 변동사항을 기재함으로써 관리에 참고로 한다.

③ 사료 급여량의 조정 : 분만 대기돈은 분만 예정일이 가까워지면서 식욕이 감퇴되므로 이에 따라 급여량을 조절하여 약간 감량 급여하는 것이 좋다. 한편 분만 예정일 수일 전부터 인위적으로 감량 급여하는 것을 권장하는 경우도 있는데 필자로서는 바람직하지 못한 것으로 사려된다.

④ 수시로 이상 유무와 분만 징후가 나타나는가 관찰하여 분만에 대비한다.

3. 분만 징후

암돼지의 분만 징후로는 아래와 같은 것이 있으므로 그 징후에 맞게 분만에 대비한 준비를 하여 조산에 차질이 없도록 하여야 한다.

① 외음부가 붉어지고 커지며(발정시와 비슷) 음부가 밑으로 늘어진다(분만 10일 전).

② 유방의 확장이 뚜렷해지고 붉은색이 돌며 손을 대보면 열을 느낄 수 있다. 젖을 짜보면 물과 같이 묽은 액체가 나오기도 한다(분만 4~5일 전).

③ 젖을 짜면 줄줄 나오며 자리깃을 물고 둥지를 만들기 시작한다(분만 12시간 전).

④ 외음부에서 점액이 흘러 나온다(분만 2~4시간 전).

⑤ 이상의 순서를 거치게 되면 진통이 오고 이어서 분만을 하게 되며 분만이 완료되면 후산을 배출하게 된다.

4. 분만과 조산

돼지는 분만이 시작되면 대체로 5~30분마다 한마리씩 새끼를 낳으며 한배 모두 분만하는데는 보통 2~3시간이 걸린다. 돼지는 어미의 체격에 비해 작은 새끼를 분만하므로 태아의 자세에 관계없이 순산하는 경향이 있으나 가끔 난산이 일어나는 경우가 있다.

난산의 원인으로는 진통이 미약하거나 자궁 경관의 확장이 덜되거나 태아가 큰 경우 또는 두마리 이상이 한꺼번에 분만하려다 경관 등에 끼이는 경우 등이 있는데 진통이 미약한 경우는 oxytocin을 주사하여 진통을 촉진하고 새끼가 끼어 분만하지 못하는 경우는 손이나 조산기구로 끌어내야 한다. 분만이 지체되어 장기간 경과되면 자궁 속의 태아까지 사망하는 경우가 있어 분만 간격이 30분 이상 지체될 때는 손을 넣어 확인해 볼 필요가 있다.

질내로 손을 넣어 확인할 때는 손과 팔을 깨끗이 소독하거나 수술용 비닐장갑(어깨까지 오는 긴 것)을 끼고 실시함으로써 오염을 방지하고 분만시는 산도가 매우 연약하므로 상처를 입히지 않도록 주의해야 한다. 그러나 손을 자주 넣어보는 것은 좋지 않으므로 삼가하는 것이 좋다.

정체된 태아를 끌어내는 방법은 손으로 태아의 윗턱을 잡거나 조산기구로 이 부분을 고정하여 진통에 따라 서서히 끌어내면 된다. 한편 태아가 정상 위치가 아닐 경우는 이를 회전시켜 위와 같은 방법으로 실시하고 회전시키기 곤란한 경우는 정체된 태아를 손실하더라도 잡히는 부위를 잡고 끌어내도록 한다.

돼지도 정상적으로 분만하는 것이 곤란한 경우는 제왕절개 수술을 실시할 수 있으며 제왕절개 수술은 S.P.F돈의 작출시에도 사용된다. 분만된 자돈을 조산하는 방법은 아래와 같다.

① 자돈이 만출되면 탈지면 등으로 코, 입, 몸통의 순서로 양수를 닦아준다.

② 태줄은 배꼽에서 3cm 정도 부위에서 실로 꼭 매주고 5cm 부위에서 잘라준 후 소독한다.

③ 견치를 2/3정도 잇몸과 수평으로 절단한다.

④ 필요시 미추 세째마디 정도에서 꼬리를 자르고 지혈시키고 소독한다. 꼬리를 자르는 것은 성장하면서 발생할 수 있는 식미벽을 예방하기 위해서 실시한다.

⑤ 분만된 새끼는 보온 상자와 보온등으로 37℃ 정도의 따뜻한 상태에서 양수가 완전히 마르게 하여 되도록 빨리 초유를 빨게 하는 것이 좋다. 한편 신생자돈은 적온이 높고 이보다 낮은 온도에서는 급격한 체력 손실로 활력이 떨어지거나 심하면 사망하게 되므로 보온에 유의한다.

⑥ 후산은 나오는 대로 바로 치운다. 후산을 모돈이 먹게 되면 식체, 소화불량에 걸릴 염려가 있으며 식자벽을 유발할 수도 있다.

5. 신생 자돈의 특수 관리

가. 인공 호흡

새끼 돼지가 분만 직후에 호흡을 하지 못하는 경우가 있는데 이때는 인공호흡을 시켜주어야 한다.

인공호흡은 우선 코와 기도에 점액이 막혀 있나 확인하여 점액이 있으면 뒷다리를 잡고 흔들어 주어 점액을 제거하고 코와 입 주위를 잘 닦아 준 다음 그래도 호흡을 하지 않으면 입을 막고 코에 입을 대고 불어주던가 앞뒷다리를 양손에 잡고 오무리면서 눌러주고 다시 펴는 동작을 반복하여 호흡을 도와주면 된다.

갓 태어난 새끼 돼지가 호흡을 하지 않는 상태에서 죽은 것인지 생존한 것인지 확인하는 방법은 맥박의 유무로서 가능하며 가장 쉽게 맥박을 촉진할 수 있는 방법은 태줄의 맥동을 확인하는 것이다. 그러나 태줄의 맥동은 분만 후 시간이 경과되면 없어지게 된다.

나. 새끼 돼지의 보온

새끼 돼지의 적온은 〈표 5-1〉과 같이 매우 높다. 새끼 돼지의 적온이 높은 이유는 털, 피부조직 등이 미숙하고 피하지방층이 얇으며 체중에 비해 체표 면적이 커서 보온 기능이 약하기 때문이다.

〈표 5-1〉 돼지의 적온 및 적정 습도

일령	온도(℃)	습도(%)
출생당일	35	60~80
2일령	33	60~80
3일령	31	60~80
4일령	29	60~80
5일령	27	60~80
6일령	25	60~80
7일령	23	60~80
8일령~이유전	21	60~80
이유시	25~26	60~80

새끼 돼지가 저온에 노출되어 스트레스를 받으면 체온 유지를 위해서 대사가 증가하게 되며 그 결과 혈당량이 감소하고 체온이 떨어지게 된다. 새끼 돼지의 체온이 30℃에 이르게 되면 혼수상태에 빠지며 25℃가 되면 사망한다. 따라서 새끼 돼지는 보온 상자와 보온등을 이용하여 적온에 가깝게 환경 온도를 유지시켜 주어야 하며 그러지 못할 경우에는 위와 같은 극한 상황으로 진행되던가 성장지연, 포유 불량, 설사, 호흡기 질병 등을 초래하게 된다.

다. 초유의 중요성

돼지는 6겹의 상피융모막 형태의 태반 구조로 모돈의 항체가 태아에게 전달되지 못하여 갓 태어난 자돈은 항병력이 전혀 없다. 그에 따라 모돈의 항체를 자돈에게 전달하는 것은 초유를 통해서 이루어지며 자돈이 초유 내의 항체를 흡수할 수 있는 능력은 시간이 경과함에 따라 저하되고 다른 이물질을 섭취했을 때는 이 능력이 더욱 저하되기 때문에 출생 후 되도록 빨리 초유를 섭취하게 하여 항병력을 지니게 하여야 한다.

또한 돼지 젖의 성분도 〈표 5-2〉에서 보는 바와 같이 초유와 상유의 성분이 틀리며, 특히 초유 중의 면역 단백질 함량은 시간이 경과함에 따라 급속히 감소하여 초유 개시 6시간 후에는 50% 이하가 된다.

초유는 이와 같이 자돈에게 항체를 전달하고 영양분을 공급하는 이외에 자돈의 태분을 배설시키게 한다.

〈표 5-2〉 **돼지의 초유와 상유의 성분 비교**(단위 %)

구 분	수 분	고형물	단백질	지방	유당	회분
초유	71. 10	28. 90	19. 85	4. 78	3. 59	0. 68
상유	81. 23	18. 77	5. 11	7. 37	5. 52	0. 78

라. 철분의 공급

자돈은 출생 당시 체내에 약 47mg 정도의 철분을 저장하고 있으나 출생 후 1일 7mg 정도의 소모가 일어나고 젖을 통해 공급받을 수 있는 양은 약 1mg 정도밖에 되지 않아 외부적으로 철분을 공급해 주지 않으면 빈혈을 초래할 수 있다.

자돈의 철분 부족에 의한 빈혈은 생후 약 1~2주일 정도 되어 젖살이 올라 통통하고 건강해 보일 때 발생하기 시작하여 초기에는 피부가 희게 보이고 가시점막이 붉은기가 없으며 호흡이 증가하는 등의 빈혈 증상을 보이다가 계속 철분이 공급되지 않고 빈혈이 장기화 되면 원기가 없어지고 피부가 늘어지면서 발육이 저하되고 빈혈성 설사를 동반하게 된다. 자돈의 철분 결핍성 빈혈이 일어나면 혈중의 적혈구 수가 감소하여 호흡에 지장을 초래하므로 조직이나 기관의 산소 결핍증을 일으켜 물질대사가 저하되어 그에 따라 활력과 발육 속도의 저하 및 손모

의 증가를 초래하는 것이며 그밖에 조직세포의 철 함유 효소의 감소에 따라 소화
기능이나 항병력의 저하 등도 초래하게 된다.

자돈에게 철분을 인위적으로 공급하는 방법은 생후 3일령과 10일령 2차에 걸쳐
각기 철분 주사제 1ml(철분 함량 100mg)를 근육 주사하거나 토양 중의 철분을 섭
취할 수 있게 하여주고(흙바닥 사육, 부식토 공급 등) 철분 주사는 1차만 실시하
여도 된다. 자돈이 생후 3주 이상되면 사료 등을 통해 철분을 흡수 이용하게 되
므로 인위적인 공급은 필요 없게 된다.

마. 선천성 진전 및 다리가 벌어지는 자돈의 관리

신생 자돈이 태어나면서 춤을 추듯이 떠는 선천성 진전이나 다리가 벌어져서
기립하지 못하는 벌어진 다리 (splay leg) 증상이 나타나는 경우가 간혹 있다.

선천성 진전은 바이러스 감염이나 영양 부족, 유전적 결함 등이 원인이 되며
여러가지 종류와 증세의 경중 등이 있을 수 있으며, 머리와 다리를 춤을 추듯이
떨기 때문에 포유하지 못해 폐사하게 된다. 선천성 진전의 발생은 한복 전체 또
는 한복 중에서도 한 두 마리만 발생하기도 하며 일단 생산된 자돈은 인위적으로
자돈의 머리를 잡고 젖꼭지를 물려주어 포유하게 하여 약 1주일 정도 생존시키면
증세가 호전되어 정상적으로 성장한다. 그러나 가끔 회복되지 못하거나 포유량이
부족하여 굶어 죽는 경우도 있으므로 이러한 자돈을 많이 생산하는 모돈이나 웅
돈은 도태시키는 것이 바람직하다.

다리가 벌어져 일어서지 못하는 스프레이 레그인 경우에는 끈으로 적당한 넓이
로 묶어 주면 기립하는 경우도 있으며 몇일간 포유시 보조해 주면 회복된다. 그
러나 스프레이 레그 증상이 있는 자돈은 보행이 불가능하거나 불량하여 압사하는
경우와 포유하지 못해 아사하는 경우가 많으므로 세심한 보조 관리를 하여야 하
며 다리가 옆으로 벌어지지 않고 앞, 뒤 방향으로 뻗치거나 증세가 심한 경우는
거의 폐사하게 된다. 이러한 증상의 원인은 영양이나 유전등 다양한 요인이 작용
하며 한복 전체가 발병하거나 발병하는 경우가 잦은 모돈은 도태하는 것이 바람
직하다.

바. 거세

거세란 수퇘지의 정소를 제거하는 것으로 거세를 하게 되면 성질이 온순해져 암수 공동 사육이 가능해지고 100㎏이상 비육시켰을 때 생기는 고기에서 웅취가 나는 것을 제거할 수 있어 수퇘지를 크게 키워 출하할 수 있으며 수출용 규격돈은 거세를 하여야만 한다. 그러나 거세를 하게 되면 거세를 하지 않는 수퇘지보다 증체 속도나 사료 효율이 나빠지고 등지방도 두꺼워지므로 출하 방법에 따라 신중히 검토하여 실시하여야 한다.

거세를 실시하는 시기는 생후 2~3일만 경과하면 아무때나 가능하지만 돼지를 다루기 쉽고 고환이 별로 크지 않아 수술시 출혈이 많이 생기지 않는 생후 2~3주 정도에 많이 실시하는데 되도록 이유 1주일 이전에 실시하는 것이 좋다.

(1) **준비물**:수술용 칼, 가위, 실, 탈지면, 소독약 등

(2) **수술 방법**

① 자돈을 보정한다. 자돈을 보정하는 방법은 〈그림 5-1〉과 같다. 이때 왼손으로는 뒷다리를 잡고 엄지로 고환이 잘 튀어나오도록 눌러주는 한편 몸통이나 머리는 다리 사이에 끼고 요동을 하지 못하게 한다. 자돈의 거세 수술용 보정틀을 제작 사용할 수도 있으나 포유 자돈기는 보정틀 없이도 혼자 충분히 작업할 수 있다.

② 수술칼로 튀어나온 고환 부위를 1~2㎝ 정도 절개하고 정소를 압출시킨다.

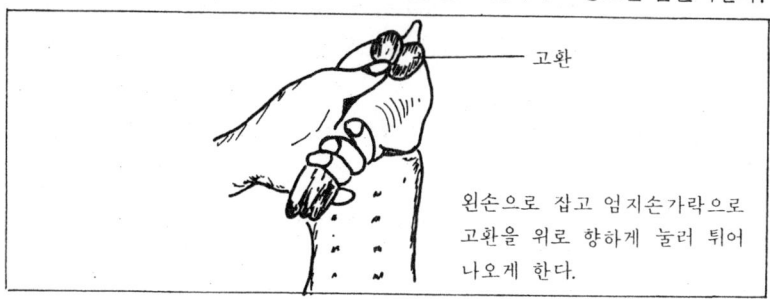

── 고환

왼손으로 잡고 엄지손가락으로 고환을 위로 향하게 눌러 튀어 나오게 한다.

〈그림5-1〉 거세시 자돈 보정 방법

③ 정소와 같이 딸려 나오는 제환근을 손끝으로 눌러 끊고 정소를 제거한다. 돼지가 크면 실로 제환근을 묶은 다음 절단하여 출혈이 없게 하여야 하나 어린 돼지는 눌러 끊어도 출혈이 많지 않다.

④ 절개 부위를 소독하고 어린 돼지는 봉합할 필요 없이 그대로 두면 된다.

6. 포유 관리

가. 돼지젖의 비유

돼지 젖은 분만 후 6~12시간까지는 자돈이 포유하면 계속 분비되지만 그 이후에는 〈표 5-3〉에서와 같이 일정한 간격을 두고 비유하게 되며 젖을 분비할 때는 독특한 꿀꿀거리는 소리를 낸다. 즉 모돈이 누워 젖을 분비하기 전에 잦은 꿀꿀 소리를 내면서 자돈을 부르는 듯한 소리를 내며 비유 중에는 간격이 조금 길고 안정된 꿀꿀 소리를 내다가 비유가 끝나면 소리를 내지 않게 된다.

〈표 5-3〉 돼지의 표유 간격 및 회수

구 분	분만~6시간	1주일차	2주일차	3주일차
포유 간격	수시	55분	71분	73분
1일 포유 회수	—	25회	20회	19회

모돈의 비유량은 분만 후 급격히 증가하여 분만 후 3주경에 최고에 달하고 그 후 차츰 감소하게 되며 비유량은 산자수와 포유 두수가 많으면 증가하고 품종, 개체의 능력, 산차, 영양 상태, 질병 유무 등에 따라서도 차이가 있다.

어미돼지가 젖을 먹이는 시간은 평균 5.5분 정도지만 실제 젖이 나오는 시간은 15~30초 정도밖에 되지 않으며 분만 후 시일이 경과할수록 짧아지는 경향이 있다.

한편 같은 모돈에서도 〈표 5-4〉에서 보는 바와 같이 비유량이 젖꼭지 별로 다르다.

〈표 5-4〉 유두의 위치와 비유량

※ 앞쪽부터 번호를 정함

구 분	1	2	3	4	5	6	7
1회 비유량(g)	36.86	35.58	33.64	31.64	26.98	24.98 이하	
비유량 지수(%)	117	113	106	100	85	79	79이하

나. 포유 관리 요령

새끼 돼지는 처음에는 아무 젖꼭지에서나 포유하게 되지만 3~4일이 경과하면 각 개체마다 자기 젖꼭지를 정하여 그것만 포유하게 되며 전술하였듯이 모돈의 젖꼭지 위치별로 비유량이 다르다. 따라서 앞 젖꼭지를 결정하여 포유한 자돈은 견실하게 잘 자라지만 뒷 젖꼭지를 포유하던 것은 처지게 된다. 그러므로 처음 며칠간 젖꼭지를 결정하는 시기에 강건한 새끼는 뒤로 허약한 새끼는 앞쪽으로 유도하는 것이 바람직하다. 그러나 새끼 돼지는 본능적으로 앞 젖꼭지를 좋아하며 젖꼭지를 차지하기 위한 경쟁을 하게 되어 강건한 놈이 앞 젖꼭지를 선점하기 때문에 지속적으로 포유 위치의 조정 및 유도를 실시하여야 한다.

한편 모돈 두당 포유 두수는 비유 능력이 우수한 경우 10~12두도 가능하지만 초산돈이나 비유 능력이 낮은 모돈에게는 8~10두 정도에서 상태에 따라 조절하고 나머지는 다른 모돈에게 위탁 포유시키는 것이 좋다.

위탁 포유할 때는 한 배에서 강건한 놈을 이동시키는 것이 좋고 이때도 초유는 섭취한 다음 비슷한 시일에 분만한 모돈에게 옮기도록 하며 전입된 자돈이 기존 자돈보다는 약간 일령이 많거나 강건한 것이어야만 잘 적응한다. 또한 이동시 새끼에 전입받는 모돈의 오줌이나 젖을 바르거나 보온상자에 기존 자돈과 같이 넣었다가 포유시킴으로써 모돈이 전입된 자돈을 냄새로 구별하여 수유를 거부하거나 물어 죽이는 일이 없도록 하여야 한다.

7. 포유 모돈의 관리

가. 자궁 세척

분만이 끝나면 후산이 정상적으로 배출되는가 확인하고 후산이 배출된 다음 자궁을 세척하여 남은 불순물을 배출시키고 소독을 실시하여 생식기 내의 염증이 발생하는 것을 예방하는 것이 바람직하다. 그러나 정상적으로 분만하고 후산이 잘 배출된 것은 자궁 세척을 실시하지 않아도 되며 난산이거나 후산이 잘 배출되지 않은 개체는 2~3일간 1일 2회 정도 세척하는 것이 좋다.

자궁 세척은 옥도나 항생제를 증류수에 희석하여 1두당 500~1000ml 정도 자궁 내에 주입한 후 흘러내리게 하거나 단순히 생리 식염수로 세척하여도 된다.

〈표 5 - 5〉 모돈의 신체상태 육안 판별 기준

몸 상태및 점수	갈 비 뼈	등 심(Loin)	등 뼈 (척추)	좌골돌기
몹시 여윈 상태 0	• 갈비뼈 하나하나가 구별되어 보임.	• 등폭이 매우 좁고 척추의 횡돌기가 매우 튀어나왔음. • 옆구리가 움푹하게 매우 들어가 있다.	• 척추의 극돌기가 매우 뚜렷하고 날카롭게 솟아 있다.	• 미근부 둘레가 움푹 패여 골을 형성하고 좌골 돌기가 툭 튀어나와 있다.
여윈 상태 1	• 갈비뼈 하나하나는 보기 어려우나 갈비를 전체 윤곽은 보임	• 등폭이 좁고 옆구리가 움푹 들어갔으며 횡돌기상에 살이별로 없음.	• 척추가 뚜렷하다.	• 살은 좀 붙어 있으나 좌골돌기는 분명히 튀어나왔고 미근부 주위에 골이 있음.
보통 상태 2	• 갈비뼈 위에 적당량의 살이 붙어 있으나 손으로 만지면 갈비뼈를 감지할 수 있다.	• 횡돌기 끝 부위가 둥그스럼하게 살이 붙어 별로 두드러지지 않음.	• 어깨 부위에서 척추를 볼 수가 있다.	• 좌골 돌기는 분명치 않고 툭 튀어나오지도 않았다.
양호한 상태 3	• 갈비뼈 하나하나를 감지하기가 어렵다.	• 횡돌기 양끝은 손으로 눌러야만 가능하고 옆구리는 가득차 있다.	• 손으로 강하게 눌렀을 때만 척추를 감지할 수 있다.	• 좌골 돌기는 손으로 압박해서 감지할 수 있고 미근부 둘레에 골은 없다.
살찐 상태 4	• 갈비뼈 위에 두터운 살이붙어 갈비뼈를 감지하는 것은 불가능	• 옆구리는 가득차고 둥글다. • 등심 부위에서 뼈를 감지할 수 없다.	• 등뼈 하나하나를 감지할 수 없다.	• 미근부 주변이 두꺼운 지방으로 덮여 있고 좌골 돌기는 감지할 수 없다.
몹시 살찐 상태 5	• 갈비뼈 위로 살은 물론 비계가 많이 붙어 있다.	• 더 이상 비게가 붙을 수 없을 정도. 등심이 매우 두껍고 옆구리는 가득 차 있음.	• 등뼈의 정중선이 주변의 두꺼운 지방에 가려 꺼져 있다.	• 좌골 돌기 및 미근부 둘레에 두꺼운 지방층이 울퉁불퉁해 보인다.

* Source : University of Minnesota, adapted from the Royal Agricultural Society of England

그러나 난산이었거나 후산이 잘 배출되지 않은 개체의 자궁 세척시는 되도록 소독약이나 항생제를 섞어서 사용하고 항생제의 주사와 병행하는 것도 좋다. 자궁 세척 대신 자궁 내 염증을 방지할 목적으로 삽입시키는 약제도 있으므로 자궁 세척이 곤란할 때는 이러한 약제를 자궁에 삽입하여도 된다.

한편 부적절한 자궁 세척은 오히려 자궁 내부를 오염시켜 발병을 촉진하므로 주의한다.

나. 질병의 예방 및 치료

분만 전후에 걸리기 쉬운 질병으로는 후산 정체, 산욕열, 무유증, 자궁염, 유방염 등이 있으며 후술할 질병편을 참고하여 예방 및 진단, 치료를 실시한다.

다. 사료 급여

암퇘지는 분만 직전부터 식욕이 감소하여 분만시에는 거의 사료를 섭취하지 않다가 분만이 끝나면 즉시 많은 양의 사료를 섭취하는 개체도 있으나 보통 채식량이 서서히 증가하게 된다. 따라서 사료 급여도 모돈의 식욕에 따라 분만시는 절식하였다가 분만이 끝나면 서서히 급여량을 증가시켜 분만 후 5일 정도가 되면 정상적인 양을 섭취할 수 있도록 관리해야 한다.

정상 급여량은 모돈의 산자수, 개체의 건비상태, 비유량 등에 따라 다르며 기준은 아래 공식에 의해 산출할 수 있다.

$$급여량(kg) = 1 + 산차 \times 0.1 + 0.45 \times 포유\ 자돈수$$

그러나 실제적으로 위 공식에 의해 산출한 양만큼 급여해도 모돈은 이유시 야위게 되며 고도로 개량이 이루어짐에 따라 산자수 및 포유 두수가 많고 비유량도 증가하여 모돈의 사료 급여량을 6~8kg까지 급여하여야 정상적인 비유와 체력 유지가 가능한 경우도 있어 급여량을 결정함에 있어서는 모돈과 자돈의 상태에 따라 조정하여야 하며 일반적인 경우에는 거의 무제한에 가깝게 1일 3회 하루 6kg 이상 급여해야 한다.

모돈은 사료로부터 섭취하는 영양소보다 비유나 유지에 필요한 영양소의 양이 많은 것이 보통이며 부족한 영양소는 체내에 축적된 것을 분해하여 비유하게 된다. 따라서 분만 전에 적당한 영양소 축적이 이루어질 수 있도록 관리하여야 하며 비유기간 중 너무 체력 손실이 많지 않게 충분히 급여함으로써 이유 후 차기 번식에 차질이 없도록 하여야 한다. 이유시 모돈의 적당한 상태는 〈표 5-5〉에서와 같이 갈비뼈나 좌골돌기가 보이지 않는 부드러운 체형을 유지하는 상태로 급여량을 결정함에 있어 이유시 이러한 체력 상태를 유지할 수 있도록 관리해야 한다.

8. 포유자돈 관리

국내 양돈장의 일반적인 경우 돼지는 태어나면서부터 출하시까지 여러가지 원인에 의해 약 10% 정도 폐사하며 그 중 70~80%가 이유 전에 폐사하고 이유 전 폐사의 80~90%, 전체의 약 60~70%가 분만시부터 4일령 이내에 발생한다. 따라서 포유기간 중 특히 4일령 이전에는 가장 많은 시간과 노력을 경주하여 세심하게 관리함으로써 폐사율을 감소시키고 건강하게 성장할 수 있도록 관리해야 한다.

가. 초유 급여 방법

분만이 끝나면 조산 과정을 거쳐 새끼의 피모가 건조되면 초유를 급여하게 되는데 자돈을 포유시키기 전에 모돈의 유방을 세척하여 오물을 제거하고 옥도 등으로 소독한 후 포유시키도록 하며 분만 후 되도록 빨리 실시하는 것이 좋다.

나. 개체 표식

종돈으로 사용하고자 하는 자돈 또는 특별한 목적으로 개체를 구별할 필요가 있을 때 개체 표식을 하게 되는데 자돈기에는 대개 귀를 절단하는 방법으로 이표 표식을 실시하게 된다. 이표 표식 이외에도 개체 표식 방법으로 Ear tag(귀표) 입묵 방법도 등의 있으나 Ear tag는 자란 후에도 가능하며 입묵 방법은 돼지의 경우는 많이 사용되지 않는다.

이표 표식은 이각기로 〈그림 5-2〉와 같이 절단하고 소독하여 주면 된다.

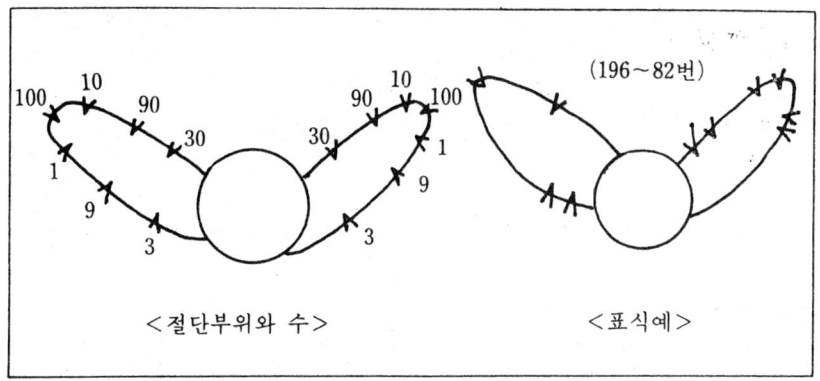

<그림 5-2> 이표 표식 방법

다. 압사 방지

자돈의 압사는 보통 5일령 이내에 많으며 자돈 폐사 중 가장 큰 비중을 차지한다. 압사가 많이 발생할 수 있는 요인과 대책은 아래와 같다.

① 모돈의 사료 섭취, 배분 등에 수반되는 행동 중에 밟히거나 누울 때 깔릴 수 있으므로 분만틀을 사용하여 모돈의 행동 반경을 줄여준다.

② 지제에 이상이 있거나 과비된 경우, 허약한 경우 등에는 모돈이 평소 조심해서 눕는 것과는 달리 급작스럽게 누울 수 있으며, 이때 압사가 증가하므로 모돈 관리에 유의한다.

③ 모돈의 비유가 불량할 때 자돈이 계속 젖꼭지 근처에 몰려 있어 압사가 증가한다.

④ 돈사 온도가 낮고 따로 자돈용 보온 장소가 없을 때 모돈의 체열을 이용하고자 모여 들어 압사가 증가하므로 자돈용 보온 장소를 따로 준비하여 이곳에서 휴식을 취하게 한다.

⑤ 돈사가 무더우면 아무데서나 자돈이 휴식하게 되고 모돈에 깔려 압사하는 경우가 많아지므로 하절기 돈사 온도 및 환경을 잘 관리한다. 이런 경우는 특히 건강한 자돈에서 압사가 많다.

⑥ 자돈이 허약한 경우 모돈이 천천히 조심스럽게 누워도 미리 도망가지 못해 압사가 발생한다.

⑦ 모돈 자체의 모성 본능이 부족한 경우 압사가 증가한다. 모성 본능이 강한 모돈은 항시 행동에 주의하여 자신에 의해 새끼가 다치지 않도록 보호함으로써 사고가 적다.

라. 철분 공급

3일령, 10일령 2회 철분 주사제 1ml(철분100mg) 근육 주사

마. 음수 관리

포유 중인 새끼 돼지는 따로 물을 먹일 필요가 없으나 입질 사료를 급여하면서 부터는 급수를 해주어야 한다

자돈에게 물을 공급하지 않으면 입질 사료 섭취가 불량해지며 불결하거나 모돈과 같이. 사용하는 급수시설은 발병의 원인이 될 수 있다.

포유 자돈용 급수기는 워터컵(water cup)이나 니플(Nipple)을 사용할 수 있는데 워터컵은 자주 청소해 주지 않으면 불결해지기 쉽기 때문에 니플이 적당하다. 니플은 어린 자돈용으로 작고 압력이 세지 않는 것을 사용하여 바닥에서 10cm 정도 높이에 설치하면 된다.

바. 보온 관리

보온등과 보온상자, 자리깃 등을 이용하여 모돈이 닿지 않는 정도의 거리를 두고 적당한 장소에 휴식 장소를 마련하여 적온을 유지시켜 준다. 근래의 현대식 분만 돈사에서는 보일러를 사용하여 바닥을 덥혀 주는 경우도 있다.

한편 모돈과 자돈의 적온이 다르므로 전체 돈사의 온도는 20℃ 전후로 유지하는 것이 모자 모두에게 큰 무리가 없으며 전체 온도가 20℃ 전후가 되더라도 자돈용 휴식 장소는 따로 자돈의 적온을 유지할 수 있도록 한다.

사. 입질 사료 급여

(1) 자돈의 소화 흡수 기능의 발달

자돈의 소화 흡수 기능은 〈표5-6〉에서 보듯이 초기 돈유의 소화 흡수에 적합한 상태에서 점차 고형사료의 소화 흡수가 용이하도록 변화되는데 고형사료의 소화 흡수 기능이 충분히 발달하려면 약 5주 정도 소요된다. 따라서 이보다 어린 일

령에 사료를 급여하려면 돈유와 비슷한 성분의 사료를 급여하여야 하며 그렇지 않을 경우는 소화 흡수가 잘 안되거나 설사를 유발할 수 있다. 특히 식물성 단백질을 어린 일령에 급여하면 설사와 발육 저하를 초래한다. 그러나 미량의 고형사료를 일찍부터 급여하면 소화 흡수 기능의 발달을 촉진할 수도 있다.

〈표 5-6〉 자돈의 소화 흡수 기능 발달

구 분	1 - 7일령	8 - 35일령	35 - 60일령
지방의 흡수	고	고	고
탄수화물의 흡수			
락토스(유당)	고	높으나 점차 감소	저
다 당 류	저	점차 상승	고
단백질의 흡수			
카제인(유단백질)	고	고	고
식물성 단백질	저	점차 상승	고
식세포 현상	저	저	무

(2) 입질사료 급여 방법

입질사료는 10일령 전후부터 급여하기 시작하는데 이유 일령이 빠를수록 일찍 급여하는 것이 좋다. 입질용 사료는 배합사료 제조 업체에서 생산된 갓난 돼지용을 그대로 또는 대용유나 포도당을 적당량 첨가하여 급여하면 된다. 입질사료를 급여하는 이유는 영양소를 공급한다는 의미보다도 21일령 이후 자돈의 영양소 요구량보다 비유량이 적을 때부터 원활한 고형사료의 채식이 가능하도록 고형사료를 먹는 버릇을 기르고 소화 흡수 기능의 발달을 촉진하여 이유 전까지 모유의 부족한 영양분을 보충하고 이유 후 고형사료를 잘 섭취하고 소화할 수 있도록 하는데 의의가 있다.

한편 너무 어린 일령에 소화 흡수가 잘 안되는 성분이 많은 입질사료를 급여하면 설사를 일으킬 수 있으므로 어린 일령에 급여할 때는 대용유의 비율을 높여 소화 흡수가 잘 되게 하고 과식하지 않도록 하는 것이 좋다. 그리고 입질사료 급여가 설사를 유발한다면 오히려 역효과만 초래하므로 이 경우에는 입질사료 급여 일령을 늦추는 것이 바람직하며 이러한 이유로 2주령 이후에 입질사료를 급여하는 것도 충분한 효과가 있으며 오히려 바람직할 때도 있다.

입질 사료 급여 방법은 처음에는 바닥에 약간 뿌려 주어 호기심을 유발한 다음 바닥이 낮고 편편한 입질 사료용 급이기에 조금 뿌려 주고 다먹은 다음 다시 뿌려 주는 것을 계속하면서 급이량을 점차 늘려간다. 입질 사료 급여 횟수는 1일 3회 이상 실시하고 더러워진 것은 버리고 다시 급여한다. 입질 훈련이 어느 정도 달성되면 이유 후 급여하는 사료통에 급여하여 이유 후에 사료통 변경에 따른 혼선과 섭취 불량을 예방한다.

9. 이유

가. 이유 일령의 결정

이유 일령을 결정할 때는 자돈과 모돈의 상태, 환경조건 및 관리 능력을 고려하여 결정하여야 하며 통상적으로 3주령(21일령)에서 5주령 사이에 실시하게 된다. 이유 일령 결정시 고려해야 할 사항으로는 다음과 같은 것이 있다.

① 자돈의 상태 : 고형사료에 충분히 적응할 수 있고 체중이 6kg 이상은 되어야 한다.

② 모돈의 상태 : 모돈의 생식기관이 회복되어 차기 번식에 들어가려면 분만 후 최소 3주일 정도 경과하여야 한다. 그러나 모돈이 지나치게 허약해지면 이유 일령을 단축하는 것이 좋다.

③ 이유 후 급이할 수 있는 사료의 품질 : 이유 일령에 충분히 소화 흡수할 수 있고 영양소 함량이 충분한 사료가 준비되어야 하며 그렇지 못할 경우에는 포유 기간을 연장한다.

④ 환경 조건 : 돼지가 이유하게 되면 상당한 스트레스를 받기 때문에 이에 적응할 수 있는 충분한 체력이 자돈에게 있어야 함은 물론 이 스트레스를 줄일 수 있는 환경 조건을 갖추어야 한다.

⑤ 분만방의 수급 상황

⑥ 모돈의 생산성 : 이유 일령이 지나치게 늦으면 그만큼 모돈의 체력 손실이 심해 차기 번식에 지장을 초래하며 연간 생산 복수도 줄어 모돈 두당 생산성이 저하된다.

나. 이유 방법

① 모돈의 사료 급이량을 이유 1~2일전 정도부터 점차 감량하여 이유 당일 오전은 절식시킨다(비유량 감소 및 건유를 위함).

② 모돈을 분만방에서 이유 모돈사로 이동시킨다.

③ 자돈은 이유 스트레스를 받아 심신이 불안한 상태이므로 안락한 환경 조건을 조성해 둔다. 특히 이유 자돈의 적온은 25~26℃로 높으므로 이유할 때는 보온등을 가동하여 주는 것이 좋다.

④ 이유된 자돈은 1주일 정도 분만방에 계속 수용한 상태에서 스트레스를 회복하고 고형사료에 순치한 후에 자돈사로 이동시킨다.

⑤ 이유 후 1주일 정도는 기존 급여하던 사료를 계속 급여하며, 이유 후 당분간은 채식량이 저조하다가 하루, 이틀 경과하면 급격히 증가하여 과식에 의한 소화불량, 설사 등이 발생할 수 있으므로 약간 제한 급여하는 것이 좋다.

제6장 자돈의 관리

돼지의 발육 단계를 일반적으로 포유 자돈기, 자돈기, 육성기, 비육기로 구분하기도 하며 자돈기와 육성기를 합쳐 육성기로 하여 3단계로 구분하기도 하는 바여기서는 자돈기와 육성기를 구분하여 본장에서는 새끼 돼지가 이유된 다음 25~30kg. 생후 60~80일령까지를 자돈기라 하여.이 기간 중의 관리방법에 대해 살펴보기로 한다.

자돈기의 가장 중요한 특성은 지금까지 모돈의 보호아래 성장하다가 모돈에서 떨어져 나와 외부 환경에 적응하는 능력이 급속히 신장되는 시기로 자돈기가 지나면 외부 환경에 대한 적응력이 상당히 높고 체중 증가도 급속히 이루어지게 된다.

1. 자돈기의 특징

자돈기는 서언에서 언급하였듯이 환경 적응 능력이 급속히 발달하는 시기로 다음과 같은 특징이 있다.

① 고형사료 소화 흡수 능력의 발달 : 모유를 소화하기 적당한 소화기관 상태에서 외부 고형사료를 소화 흡수할 수 있도록 소화액과 소화기관의 발달이 급속히 이루어져 5주령 정도 되면 어느 정도 고형사료를 섭취 흡수할 수 있으며, 자돈기 후반에는 완전히 고형사료만으로도 성장이 가능해진다.

② 체온 조절 기능의 발달 : 자돈기의 적온은 20℃ 전후이나 후반기는 적온이 점차 낮아져 자돈기가 지나면 16℃ 정도가 되며, 온도에 대한 적응 범위도 점차 넓어진다. 그러나 적온에서 너무 높거나 낮으면 생존에는 큰 문제가 없으나 성장 둔화, 사료 효율 감소 등 경제적인 손실이 있으므로 적온을 유지하는 것이 바람직하다.

③ 항병력의 발달 : 〈그림 6-1〉에서 보듯이 자돈의 항병력은 최초 모돈의 초유

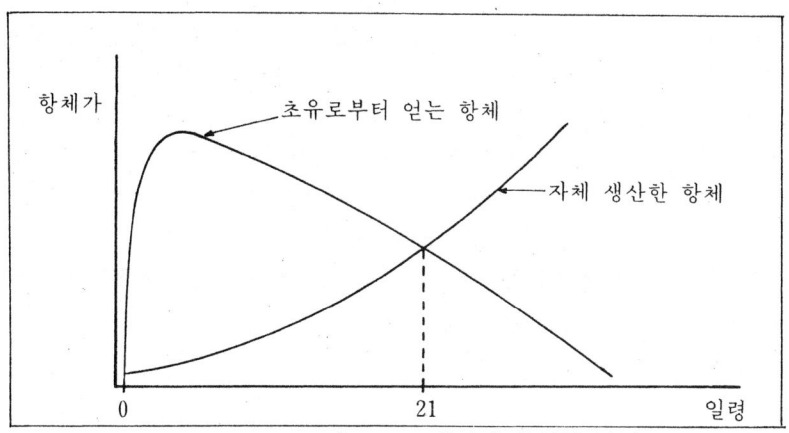

< 그림 6-1 > 돼지의 항병력 발달

로부터 항체를 공급받아 형성되지만 점차 자신이 항체를 생산하여 21일령 이후에
는 자체 생산 항체가 초유로부터 받은 항체보다 많게 된다. 또한 자돈기에는 콜
레라나 돈단독 등의 예방 접종을 실시하여 항병력을 증강시킨다.

④ 골격 및 머리의 급속한 발달 : 〈그림 6-2〉에서 보는 바와 같이 돼지는 골격
및 머리가 우선 급속히 발달하며 그 다음 체장과 근육이 발달하고 마지막으로 체
폭과 지방 조직이 발달하게 된다.

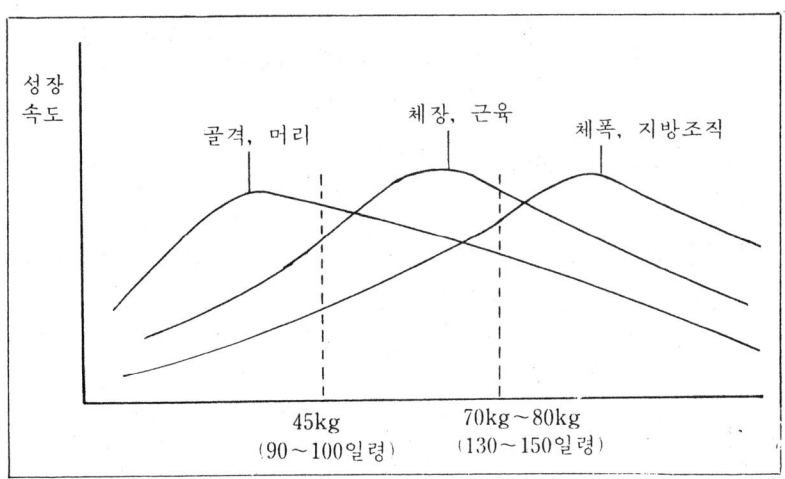

< 그림 6-2 > 돼지의 부위별 성장속도

따라서 자돈기는 골격과 머리가 급속히 발달하는 육성 비육기의 급속한 체중 증가에 대비한 준비 기간으로서 이때의 불량한 관리에 의한 성장 지연 정도가 심하면 육성 비육기 중의 성장도 불량하게 된다. 그러나 특별한 신체적 이상을 수반하지 않은 약간의 성장 지연은 관리가 양호해지면 보상되어지는 경우도 있다. 이렇게 일시적인 성장 지연에 의해 그 이후의 성장이 더욱 가속화되는 것을 보상 성장이라고 하며 보상 성장을 하여도 정상적으로 성장한 것보다 앞지를 수는 없으므로 성장 지연없이 최대한의 성장이 계속될 수 있도록 하는 것이 경제적이다.

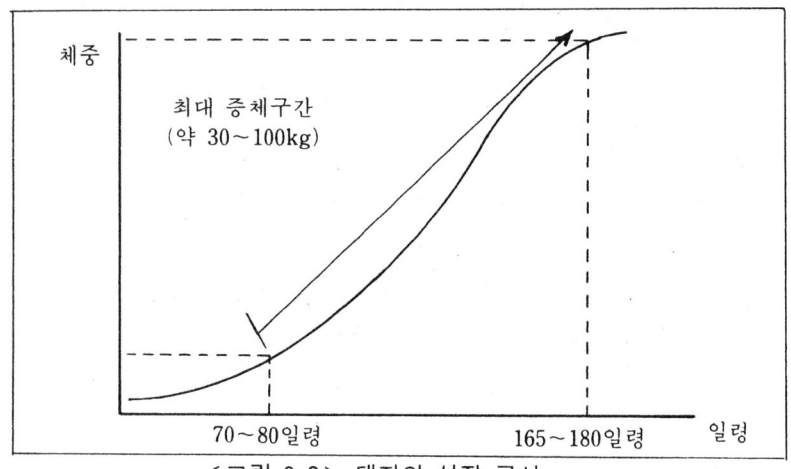

<그림 6-3> 돼지의 성장 곡선

2. 비육용 자돈 구입 방법

비육용 자돈을 자체 생산하지 않고 외부 자돈 전문 생산 농장에서 구입하여 사육하는 경우 좋은 자돈을 구입하는 방법은 아래와 같다.

① 구입 대상 농장을 일정한 곳으로 선택한다. : 구입 농장이 여러 곳이거나 수집된 자돈을 구입하면 각 생산된 농장별로 감염되어 있는 질병이 다르고 그 동안의 관리 방법도 다르기 때문에 질병 전파의 위험성이 높아지고 돼지의 적절한 관리 방법에 차이가 있을 수 있어 관리가 어렵게 된다.

② 이유 스트레스가 어느 정도 회복된 것을 구입한다. 이유 즉시 구입하면 이

유 스트레스와 이동 스트레스가 겹쳐 사고율이 높아지게 된다.

③ 부모의 능력과 품종을 알 수 있는 농장 또는 자돈의 성장 발육 상태가 확인되어 구입된 자돈의 능력을 알 수 있는 것을 구입한다. 돼지의 성장 속도와 육질은 유전력이 높기 때문에 능력이 낮은 개체를 구입했을 때는 아무리 관리를 잘한다 하더라도 경제성이 낮다.

④ 질병 발생이 적은 농장에서 구입한다.

자돈을 구입할 때는 아래 항목을 점검한다.

① 정상 발육 여부 : 일령과 체중을 대조하여 정상적으로 발육한 것인가 확인한다.

② 질병 발생 여부 및 병력 : 구입 당시 질병에 감염되어 있지 않나 확인하고 지금까지 사육 중에 특별한 질병이 발생하였는지 여부를 점검하여 건장한 자돈을 구입한다.

③ 지금까지의 사육 관리 방법 및 경력 등을 조사하여 구입하고자 하는 자돈의 선발 및 차후 관리에 참고한다.

④ 피모 및 영양 상태

⑤ 체형 : 장방형으로 충실하고 외부적인 기형이 없으며 지제가 튼튼할 것.

⑥ 자돈의 활력 및 식욕

3. 자돈의 이동 및 돈사 수용

가. 이동

이유 자돈의 이동은 돈사의 수급 사정에 따라 달라질 수 있겠지만 이유 후 1주일 정도 지나서 분만방에서 이동시키는 것이 바람직하며 이동 전에 자돈을 수용할 돈사와 돈방을 미리 수세 소독하고 급이기, 급수기 및 부대시설 등의 이상 유무를 확인한 후 이동시킨다. 이동시는 너무 춥거나 더운 시간은 피하고 이동 스트레스를 최소화 하기 위해 몰이판을 사용하고 때리거나 차지 말 것이며 이동 거리가 먼 경우에는 리어카나 차량을 이용하도록 한다.

나. 돈사 수용.

(1) 수용 두수 : 다시 전출될 때의 예상 체중에 기준하여 수용 두수를

결정하여야 하며 25~30kg 정도에서 전출되는 경우에는 일반적으로 평사는 평당 7두 내외, 케이지를 사용하거나 분뇨가 바닥 아래로 빠지게 시설이 된 경우에는 10~12두 정도가 적당하다. 자세한 내용은 후술할 돈사 시설편을 참고하기 바란다.

(2) 수용 방법

① 암·수 구분 : 암컷과 수컷은 성장 속도가 다르고 어린 일령에도 승가욕이 있는 등 여러가지 요인에 의해 동시 사육하면 성장 속도나 사료 효율이 떨어지게 되므로 자돈사부터 구분 사육하는 것이 좋다.

② 강약 구분 : 일령과 체중이 비슷한 것끼리 수용하여 위축돈 발생을 억제한다.

③ 위축, 허약돈은 별도 수용 특별 관리 한다.

④ 배분 장소 결정 : 돼지가 새로 전입되면 배분 장소를 결정하게 되며 일단 결정되면 교정하기 어려우므로 처음부터 배분 장소를 원하는 자리로 유도한다. 배분 장소의 시설 방법은 돈사 시설편을 참고하고 전입시는 배분 장소를 물로 적셔주고 다른 곳은 깔짚을 깔아 주며 전입 후 30분 정도 배분 장소에 수용한 후 풀어 주면 유도가 잘 된다.

4. 사료 급여

이유 후 1주일 정도의 고형사료 순치 기간을 지나면 자돈의 섭취량은 계속 증가하며 이유 직후 이동에 따른 스트레스에 의해 발육이 약간 저하되고 피모가 거칠해진 것이 회복되어 소위 젖살이 빠지고 사료에 의한 증체가 이루어진다. 그러나 이유 직후의 1주일 성장 정체는 출하 일령을 10일 정도 지연시키므로 성장 정체가 일어나지 않도록 이유 직후의 사료 급여에 만전을 기해야 한다. 이 기간에 충분한 사료 섭취를 하기 위해서는 입질 사료 급여가 잘 수행되어야 하며 급여 사료도 고영양, 고단백질 사료를 급여하고 소화불량과 설사를 예방하기 위한 영양제, 유산균제, 소화제 등을 첨가하는 것도 효과적이다.

자돈기의 사료는 아직 고형사료에 완전히 적응하지 못한 상태이기 때문에 고영양, 고단백질 사료로서 소화 흡수가 잘되는 것이 좋으며 입질 시기 및 이유 직후에 급여하였던 사료를 교체하여 자돈용 사료로 급여하는 시기가 일반적으로 40일령 전후이므로 사료 교체시 사료 급변에 따른 스트레스를 줄이는 관리가 수행되어야 한다. 자돈기의 사료 급여는 이유 직후 1주일 정도 제한 정량 급이 이외에 전기간에 걸쳐 무제한 자유 채식시키는 것이 일반적이다.

5. 일반 관리

가. 급수

니플을 이용한 급수가 일반적이며 설치 높이는 30cm 전후가 적당하다.

나. 환경 관리

자돈사는 되도록 보온 설비를 하여 동절기에도 20℃ 전후를 유지하는 것이 바람직하며 체중에 비해 호흡량이 많고 활발한 운동으로 먼지 발생량이 많으므로 환기에 유의한다. 자돈기의 환기 불량은 육성기 50~60kg 정도에서 호흡기 질병의 만연을 초래할 수 있으며 온도 급변도 소화기 장애 및 호흡기 질병의 원인이 된다.

다. 식미벽 예방

식미벽은 자돈기 후반 20~30kg 전후에서 특히 많이 발생하며 다양한 원인에 의한 스트레스가 이를 발생, 증가시키므로 이러한 원인을 되도록 제거하고 별도의 예방 대책을 실시하여야 한다.

(1) 식미벽을 증가시키는 요인
① 과밀 사육
② 영양 부족
③ 소음, 진동 등 환경 조건에 의한 스트레스
④ 관리자의 잦은 자돈사 방문, 쥐, 고양이, 개 등에 의한 스트레스
⑤ 환기 불량
⑥ 부적절한 온도 관리, 조명 등 제반 스트레스 요인 등

(2) 예방
① 자돈사의 정숙 유지

② 과밀 사육 금지
③ 적절한 환경 관리(온도, 환기, 약간 어두운 조명)
④ 호기심을 자극할 수 있는 기구의 공급 : 헌타이어, 쇠사슬, 고무공 등.
⑤ 신생 자돈에 단미 실시

라. 환돈의 격리 및 도태

돈방 내에서 질병이 발생한 돼지나 위축된 돼지는 다른 빈 돈방으로 격리시켜 적절한 치료를 하거나 도태시킴으로써 기존 돈방의 다른 돈군에 전파되는 것을 미연에 방지하고 효과적인 치료를 받을 수 있도록 하여야 한다.

마. 예방 접종

자돈기에 실시하는 예방 접종은 콜레라와 돈단독 등이 있다.

제7장 번식용 암퇘지 관리

1. 육성기간 중 관리

번식용 암퇘지의 관리도 육성 기간 중까지는 일반 육돈관리와 거의 유사하나 다음 몇가지 사항에 대한 좀더 세심한 관리가 필요하다.

가. 개체 표식 및 육성기간 동안의 성장 상황 파악

번식용으로 사용하고자 생산된 자돈은 조산 관리시 개체 표식을 하고 부모의 성적은 물론 성장기 동안의 동복 및 개체의 성장 속도, 육질, 질병 발생 유무, 유전적 결함 유무, 기타 성장 기간 동안의 참고 사항을 기록 유지하여 선발에 참고한다.

나. 운동

번식돈이 계속 종돈으로 사용되지 못하고 도태되는 이유 중 약 30% 이상이 지제 불량에 의한 것이 일반적인 추세다. 이와 같은 번식 성적의 불량 요인 이외에 도태 사유가 많게 되면 번식돈의 이용 효율이 저하됨은 물론 번식 성적에 의한 도태로 번식 성적 향상을 도모할 수 없게 되어 번식돈군의 능력 개량을 어렵게 한다. 따라서 번식돈으로 사용하고자 하는 돼지는 충분한 운동을 시킴으로써 지제 강건성을 높이고 신체 각 부분의 균형적 발육을 도모하여야 하며 운동은 성 성숙의 촉진과 내장 기관 및 신체 조절 기능의 강화 등의 부수적인 효과도 있다.

따라서 번식용 육성돈은 돈방당 수용 두수를 약간 줄여주고 돈방에 연속하여 운동장을 설치하여 주는 것이 바람직하며 후보돈은 충분한 운동을 할 수 있도록 방목장에서 사육하는 것이 좋다.

다. 고단백 사료의 급여

비육돈과 달리 육성기간 후반에도 고단백질 사료를 급여함으로써 신체 각부위의 발달을 촉진하는 것이 좋다. 고영양 사료에 의한 과비로 문제가 발생될 수 있으면 비육 후반기(약70kg 이상)에서 약간 제한 급이를 하는 것이 저영양 사료에 의한 사육보다 효과적이며 대개의 경우 90kg 정도에서 선발 이동되므로 이 시기까지는 큰 문제가 되지 않는다.

2. 선발 및 후보돈 관리

선발은 90kg, 5~6개월령에 1차 실시하고(자돈기에 1차 선발이 되면 2차 선발) 초교배전 최종 선발하게 된다. 선발 방법은 돼지의 품종편과 돼지의 개량편을 참고하고 여기서는 후보돈 관리 요점에 대해 살펴보기로 한다.

가. 사료 급여

후보돈의 사료 급여시는 과도한 지방 축적을 방지하고 신체의 건전한 발육을 도모할 수 있도록 하는 수준에서 개체별 제한 급이하는 것이 일반적이며 급여량 결정시에는 예상 초교배 시점 또는 목표 시점에 120~130kg 정도가 될 수 있도록 그동안의 일당 증체량을 계산하여 급여하는 것이 좋다.

급여량 결정시 고려사항은 아래와 같다.

① 온도 : 기온이 낮으면 체온 유지에 필요한 영양소 요구량이 증가하므로 증량 급여하여야 한다. 제한 급이시 혹한기는 하절기에 비해 500g 정도 증량 급여하는 것이 일반적이다.

② 운동량 : 방목장 사육시는 운동량이 많기 때문에 증량 급여해야 한다. 보통 후보돈의 방목장 사육시 급여 방법을 무제한에 가깝게 급여하여도 돼지가 적정량 채식하고 과비에 의한 문제가 발생되는 경우는 적다. 방목장에 사육하면서 혹한기일 때는 1일 3kg 정도까지 급여해야 한다.

③ 기타 개체 특성, 사료의 품질, 건강 상태 등에 따라 가감한다.

나. 운동

가능하면 방목장을 설치하여 1차 선발시부터 교배 직전까지 약 2~3개월간 방목하는 것이 좋으며, 그렇지 못한 경우는 군사 돈방에 평당 1~2두 정도 수용하고 주기적으로 운동을 시켜 주는 것이 좋다.

다. 예방 접종

후보돈기에 실시해야 하는 예방 접종은 일본뇌염, 파보바이러스 예방 접종 등이 있다.

라. 초발정 유도

초발정은 암퇘지의 성 성숙이 되었다는 것을 의미하며 초발정 시기는 여러가지 요인에 의해 영향을 받는바 인위적으로 초발정을 유도하여 초발정 일령을 단축하는 것이 좋다. 초발정 유도 방법은
① 돈사, 돈방이 이동(이동 스트레스에 의한 자극)
② 사료 교체
③ 웅돈 접촉 등이 있으며, 특히 웅돈 접촉 방법이 가장 효과적이다.

(1) 웅돈 접촉에 의한 초발정 유도
① 실시 일령 : 체중 90~100㎏ 정도로서 순종 170, 잡종 160일령 전후
② 대상 웅돈 : 웅취가 잘 나고 온순한 것으로 연령이 많은 것일수록 효과가 좋다.
③ 방법
  • 1일 30분 정도 후보돈과 직접 접촉시킨다. 즉 방목장이나 군사 돈방에 수퇘지를 넣어 주어 암퇘지와 접촉하게 하는 것이 가장 효과적이며 이러한 방법이 불가능할 경우는 옆 돈방이나 통로에 수용하여 냄새와 시각, 수퇘지의 소리에 의한 청각 등의 자극을 유발시킨다.
  • 웅돈의 여유가 있으면 매일 수퇘지를 바꿔 실시하는 것이 효과가 좋다.
  • 1주일 정도 접촉으로 충분하며 너무 어린 일령부터 시키면 효과가 적으므로 시기를 잘 선택해야 한다.

〈표 7-1〉 초산돈의 발정 횟수별 배란수

(단위 : 개)

조 사 자	초 발 정	2 차발정	3 차발정	4 차발정
Robertson등	11.0	12.4		
Warnick등	10.0	10.8	11.9	12.0
Macpherson등	7.9	9.7	11.0	—

(2) 초발정 유도의 효과

① 초발정 일령을 단축함으로써 초교배 시점에서 경과된 발정 횟수를 많게 한다. 발정 횟수가 증가하면 생식기관의 발달 상태도 좋아지고 배란수도 많게 되어 초산돈의 산자수가 증가한다. 한편 초산돈의 체중에 따른 산자수의 변화는 상관 관계가 적다.

② 정확한 예상 초교배 일시를 예측할 수 있어 강정 사육이 가능하다.

③ 초발정을 확실히 오게 하여 미약발정, 무발정 등을 예방하고 생식기관에 이상이 있는 것의 조기 도태가 가능하다.

④ 한돈군이 비슷한 시기에 발정이 오게 하여 집중적인 번식 관리가 가능해진다.

⑤ 초교배 일령을 단축하여 후보돈 관리 비용을 절감할 수 있다.

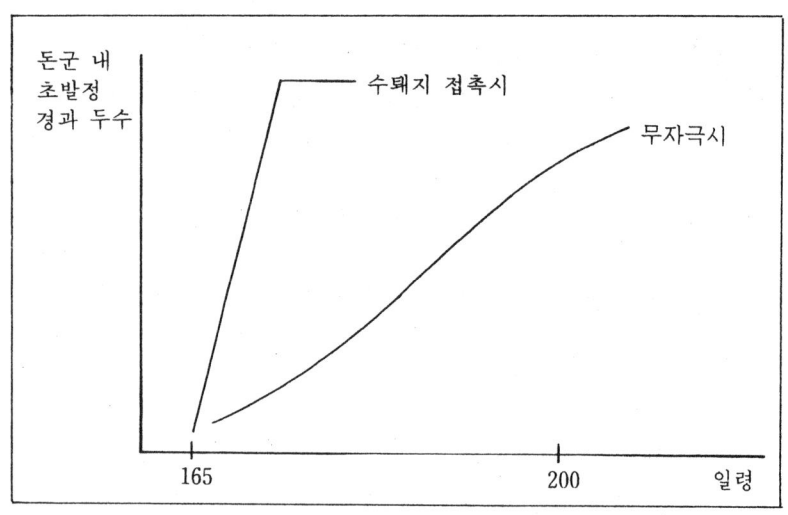

〈그림 7-1〉 수퇘지 접촉에 의한 후보돈 발정 촉진 및 동기화 효과

마. 돈방 전입

후보돈은 초교배 시점 1~2주 전쯤하여 방목장에서 교배사 등 돈사 내로 전입 시키게 되는데 전입시는 최종 선발을 하고 선발된 후보돈은 내외부 기생충을 구 제한 다음 돈체를 약욕시켜 오물을 제거하고 소독한 후 돈사 내로 전입시키도록 한다.

바. 강정 사육

초교배전 1주일부터 1일 약 0.5kg 정도 증량 급여하여 영양 상태를 좋게 하는 것을 강정 사육이라 하며 배란수를 많게 하는 효과가 있다.

그러나 강정 사육 효과는 마른 돼지에서 크며 영양 상태가 좋은 돼지는 효과가 적으므로 꼭 실시할 필요는 없다.

사. 후보돈의 교배

후보돈의 초교배는 발정이 2~3회 경과한 상태로 체중 120~130kg 이상에서 실 시하는 것이 바람직하다. 번식 성적은 발정 횟수에 따라 좌우되는 경향이나 교배 시에는 체격도 어느 정도 크기 이상이 되어야 하며 체격이 너무 작으면 임신 및 분만시에도 체력이 약해 사고가 발생할 수 있을 뿐더러 자돈의 생시 체중도 작고 포유 중 과도한 체력 손실로 도태되는 경우가 많다.

한때 번식돈의 소형화로 유지 사료 절감을 통한 생산성 향상 방안도 활발히 논 의되고 실제 실시되었으나 모돈의 체력이 약해 생시 체중, 산자수, 포유 능력 등 이 저하되고 사고율도 높아 지금은 거의 실시되지 않고 있으며 후보돈 관리시부 터 적정 수준으로 계속 성장되도록 충분한 사료를 급여하는 것이 일반적 추세 다.

3. 모돈 관리

가. 번식 단계별 관리 요점

모돈의 번식 주기는 임신기, 포유기, 이유에서 교배 전까지 기간의 3가지로 크 게 구분되고 임신기는 임신 초기, 중기, 말기의 3단계 또는 임신 전기, 후기의 2

단계로 구분하는 것이 일반적이다.

모돈의 이러한 번식 주기는 그 단계별로 고유한 생리적 특징과 변화를 수반하므로 이러한 특징과 변화 과정에 적합한 관리가 수행되어야만 모돈의 생산성을 향상시킬 수 있다.

모돈의 생산성을 나타내는 지표로는 여러가지가 있을 수 있겠으나 기본적인 것은 번식 주기를 단축하여 연간 회전수를 높이는 것과 번식 주기당 생산성을 향상시키는 것이다. 번식 주기를 단축할 수 있는 방법으로는 생리적으로 고정된 임신 기간을 제외한 포유 기간과 이유에서 수태까지의 기간을 포함한 공태기를 단축시키는 것이다. 그 중 포유 기간은 자돈의 성장과 모돈의 수태 가능한 상태로 자궁 및 기타 신체기관이 회복되는 것을 고려할 때 3주 이내로 단축하는 것은 바람직하지 않아 한계가 있으며, 결국 관리의 중점은 공태 기간 중 이유에서 재발정까지의 기간을 단축하는 것과 수태율과 분만율을 높임으로써 발정재귀에서 분만까지 재발정, 미임, 유산, 기타 사고에 의한 분만 실패 등 비생산적인 기간을 단축 또는 제거하는 것이다.

번식 주기당 생산성을 향상시키는 것은 산자수와 이유 육성률을 향상시키는 것으로 이유 육성률은 포유 기간 중의 관리뿐 아니라 생시 건강하고 체중이 크며 균일한 자돈을 생산하는 것도 중요하다. 산자수는 모돈의 품종, 산차 및 웅돈에 의해서도 영향을 받지만 교배 방법 및 시기, 모돈의 영양 상태를 포함한 건강 상태, 임신 기간 중의 관리, 분만 전후의 관리 및 조산 방법 등에도 큰 영향을 받는다.

이와 같이 모돈의 생산성을 향상시키려면 전기간 어느 하나 중요치 않은 것이 없으므로 번식 단계에 따른 적절한 관리가 수행되어야만 한다.

(1) 임신 기간 중 관리

임신 기간은 크게 전기와 후기 또는 전기, 중기, 말기의 3단계로 구분할 수 있으며, 생리적으로 수정란이 착상되고 안정화되며 착상된 태아의 성장이 이루어지는 시기로서 여기서는 전기와 후기의 2단계로 구분하여 설명코자 한다.

(가) 임신 전기

수정란의 착상과 안정적 성장 기반을 구축하는 시기로서 수정란이 분만하기까지는 약 40% 정도가 손실되는데 그 중 대부분이 임신 30일령 이전에 손실되기 때문에 교배와 임신 전기 관리가 산자수를 좌우한다 하여도 과언이 아니다. 따라서 임신 전기에는 수정란의 안정적 착상과 성장 기반 구축을 위한 최선의 관리가 수행되어야 한다.

① 과비의 방지 : 모돈이 과비되면 생식기관 내에도 지방 축적이 많아져 수정
란의 착상이 불량해진다. 한편 과도하게 위축되어도 생식 기관에 영양 공급
이 원활치 않아 착상이 불량해지거나 태아의 사망을 초래할 수 있으므로 적
정 수준의 영양소 공급이 이루어질 수 있도록 한다.

② 스트레스 방지 : 태아 착상 및 발육 초기 단계에서는 스트레스에 매우 민
감하여 태아 사망의 원인이 될 수 있으므로 과도한 운동이나 장거리 이동은
금물이며 예방 접종도 실시하지 않는 것이 좋다. 특히 임신 전기에 분리 사
육되던 모돈을 합사하거나 방목하면 투쟁으로 착상 불량이나 유산을 초래할
수 있다.

또한 하절기 고온 스트레스도 태아의 착상 불량 원인이 되므로 단열과 방서
대책을 마련하여 고온 스트레스를 최소화하여야 한다.

④ 임신의 확인 및 이상 유무 관찰 : 교배가 이루어진 후에도 임신이 되지 않
을 경우에는 다시 발정이 오므로 계속 관찰하여 재발정이 오는가 확인하여야
한다. 임신이 되지 않으면 21일 후, 42일 후 등 발정 주기에 따라 다시 재발
정이 오지만 발정 주기가 일정한 것이 아니며 배란된 난자가 수정이 되었다

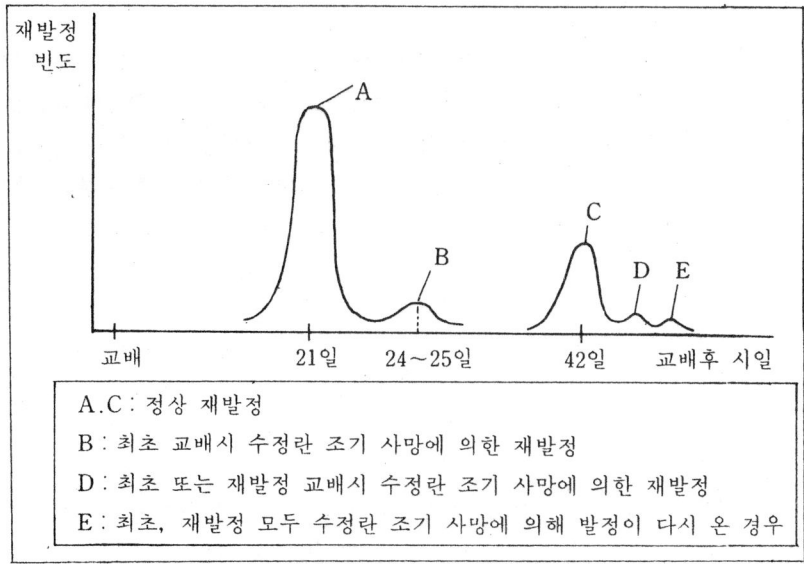

<그림 7-2> 재발정의 형태

가 초기에 정상적으로 착상 발육하지 못하고 사망하게 되면 외부적 이상 없이 발정 주기보다 늦게 발정이 오기도 하므로 교배 후 50일 정도까지는 계속 관찰하여 임신 여부를 확인하여야 한다.

임신 여부를 확인할 수 있는 다른 방법으로 초음파를 이용한 임신 진단이나 호르몬 변화를 측정하는 방법도 있으며, 초음파를 이용한 방법은 자궁 동맥의 맥동 상태나 양수의 존재 유무로 판별하게 되는데 비교적 조작이 쉽고 정확도도 90% 이상이 되므로 사용해 봄직도 하다.

(라) 임신 후기

착상된 태아가 급속히 성장하는 시기로 28일령 1~1.5g, 50일령 50g 정도 되던 태아가 70일령 220g, 90일령 600g, 분만시 1.2~1.5kg 정도까지 급속히 성장하게 된다. 한편 태아의 성장과 함께 태막, 자궁 등도 급속히 커지므로 임신 후기에는 모돈의 체중 증가가 많게 되며 분만 후 포유 기간 동안의 비유에 대비하여 체내 영양소 축적도 이루어져야 한다.

① **사료의 증량 급여** : 태아의 성장 및 그에 따른 생식기관의 발달에 필요한 충분한 영양소의 공급은 물론 비유에 대비한 영양소 축적을 위해 증량 급여한다.

② **자돈 생시 체중 증가를 위한 관리** : 생시 체중이 큰 자돈이 건강하고 잘 자라므로 자돈의 생시 체중을 균일하고 크게 하는 것도 중요한 관리 항목이 된다. 자돈의 생시 체중은 품종과 산자 수에 따라서도 달라 요크셔의 자돈이 작고 랜드레이스나 유색종의 자돈이 큰 경향이 있으며 산차에 따라 증가하나 4산차 이상에서는 오히려 생시 체중의 편차가 심해지기도 한다.

한편 모돈의 영양 상태도 생시 체중에 영향을 미친다. 일반적으로 생시 체중은 임신기간 중의 총 사료 섭취량 또는 영양소 섭취량에 비례하는 경향이 있으나 적정 수준 이상에서는 증가폭이 낮아 비경제적이고 급여량을 무작정 늘릴 수도 없으며 생리적 단계에 따라 관리 요령이 달라 임신 전에는 과도한 영양 공급은 오히려 착상에 악영향을 끼치므로 생시 체중 증가를 위해서는 임신 후기 특히 임신 80일령 이후에 증량 급여하는 것이 일반적이다.

③ **예방 접종 및 기생충 구제** : 임신 말기에 초유를 통한 항체의 전달을 증가시키기 위해서 T.G.E(전염성 위장염) 예방 접종과 호흡기 질병에 대한 예방 접종을 실시하는 것이 좋고 내외부 기생충을 구제함으로써 자돈에 전염

되는 것을 예방한다.

④ 운동 : 임신 후반기에는 급속한 체중 증가로 지제가 허약해져 사고를 유
발할 수 있으므로 군사방이나 방목장에서 운동시키는 것이 좋다. 특히 임신
후기에 운동을 시키면 체력이 튼튼해지고 신체 각 기관의 생리적 기능도 원
활해져 난산을 비롯한 사고율도 감소시킬 수 있다. 그러나 현실적으로 모돈
을 전기간 스톨(stall) 사육하는 것이 증가하는 추세이며 그에 따라 운동 부족
에 따른 지제 불량이나 허약 등의 사고가 증가하고 있는 추세로 최소한 허약
하거나 지제가 불량한 모돈이라도 따로 격리하여 운동을 시킬 수 있도록 하
여야 한다.

⑤ 분만시 난산 방지를 위한 관리 : 적절한 사료 급이로 과비를 방지하
며 운동을 시켜 체력을 튼튼히 한다.

(2) 포유기간 중 관리

분만 직후에는 생식기 질병에 감염되기 가장 쉬운 기간이며 기타 소화기 질병
이나 식욕 감퇴 등을 비롯한 각종 질병에 감염되기 쉬우므로 질병 예방과 함께 고
영양 사료를 충분히 급여하여 비유량을 많게 하고 과도한 체력 손실을 방지하여
차기 번식에 대비한다. 기타 세부적인 내용은 제 8장 분만 및 포육관리나 질병편
을 참조하기 바란다.

(3) 이유에서 교배까지 기간의 관리

모돈이 이유되면 번식 성적과 상태를 확인하여 차기 번식에 지장을 초래할 수
있거나 성적이 불량한 개체는 도태하고 강정 사육을 하여 교배 및 임신에 대비하
게 된다.

(가) 강정 사육

포유기간 중의 체력 손실을 조기에 회복하고 배란수와 수태율을 높이기 위해
이유 후부터 교배 1~2주 후까지 고영양 사료를 증량 급여하는 것을 강정 사육이
라 하며, 모돈의 상태에 따라 1일 3~4kg 정도까지 급여하고 강정 사육 기간도 모
돈 체력이 어느 정도 회복되는 시기까지 계속한다. 그러나 교배 후에도 장기간
강정 사육하면 착상이 나빠지므로 교배 후 1~2주 정도로 그치고 이 이후에는 모
돈 상태에 따라 급여량을 조절하여 서서히 적정한 영양상태로 개선해 나가는 것
이 바람직하다.

(나) 발정 재귀 일령의 단축

발정 재귀 일령에 영향을 미치는 요인과 대책은 아래와 같다.

① **산차** : 산차가 많을수록 빠르다.

② **품종** : 순종보다 잡종이 빠르다.

③ **이유시 일령** : 이유 일령이 늦을수록 빠르나 3주 이후는 큰 차이가 없으며 분만에서 다음 수태까지의 기간 즉 공태기를 줄이기 위해서는 너무 늦게 이유하는 것이 비경제적이기 때문에 3주령 내지 4주령 사이에 이유하는 것이 적당하다. 한편 3주 전 이유는 자궁 회복이 완전치 않아 수태율과 산자수가 저조하다.

④ **포유 기간 중 체력 손실** : 포유 기간 중 과도한 체력 손실이 있게 되면 발정 재귀가 지연되거나 사고가 발생할 수 있으므로 단백질을 비롯한 고영양 사료를 충분히 급여한다. 이유시 영양제와 대사 촉진제의 주사도 도움이 될 수 있다.

⑤ **온도** : 하절기에는 고온 스트레스 때문에 발정 재귀 일령이 가장 늦다. 따라서 고온 스트레스를 받지 않도록 환기와 단열 처리를 잘하고 방서 대책을 강구하도록 한다.

⑥ **운동 실시** : 운동(군사 또는 방목) 등도 효과가 있으며 필요시 발정 촉진용 호르몬제를 사용한다. 한편 군사 또는 방목을 할 경우에는 먼저 발정온 것이 다른 것을 승가하거나 투쟁으로 인하여 사고가 발생할 수 있으므로 적정 기간 사육하고 발정이 오면 즉시 개별 사육한다.

〈표 7-2〉 포유 기간별 발정 재귀일과 수태율

포유 기간	발정 재귀일	분만에서 발정 까지의 기간	수태율
2	10.1	12.1	68.0
13	8.2	21.2	92.0
24	7.1	31.1	100
35	6.8	41.8	100

나. 모돈의 사료 급여

모돈의 사료 급여량 기준은 〈그림 7-3〉과 같으나 이것은 한 예일 뿐 다음 여러가지 사항을 고려하여 적절히 증감하여야 한다.

   ① 온도 : 혹한기 체온 유지를 위한 증량 급여(10% 전후)

           하절기 감량 급여(5~10%)

   ② 운동량 : 군사 또는 방목장 사육시 증량 급여

   ③ 개체 특성 : 체중, 소화율, 활동량 기타

   ④ 사료 품질

   ⑤ 건강 상태

그 외에 초임돈은 계속 성장 과정 중이기 때문에 체중에 비해 사료 급여량이 많아야 하며, 4산차까지는 산차당 자기 체중 증가가 동일한 기준 시점에서 10~15kg 정도 되어 5산차 이상 성돈의 이유시 평균 체중이 180kg 정도 되는 것이 적당하다.

한편 모돈의 연간 급여량은 1000~1100kg정도가 일반적으로 적당한 수준이며 사료의 교체는 분만 1주 전부터 이유시까지는 고영양 사료를 급여하고 나머지 기간은 약간 영양 수준이 낮은 사료를 급여하거나 전기간 고영양 사료로 급여량을 가감하는 방법이 일반적이다.

모돈 사료 급여 관리상의 가장 중요한 점은 전기간에 걸쳐 모돈의 체력이나 영양 상태가 급속히 변동되지 않고 과비나 위축을 초래하지 않는 수준에서 임신 기

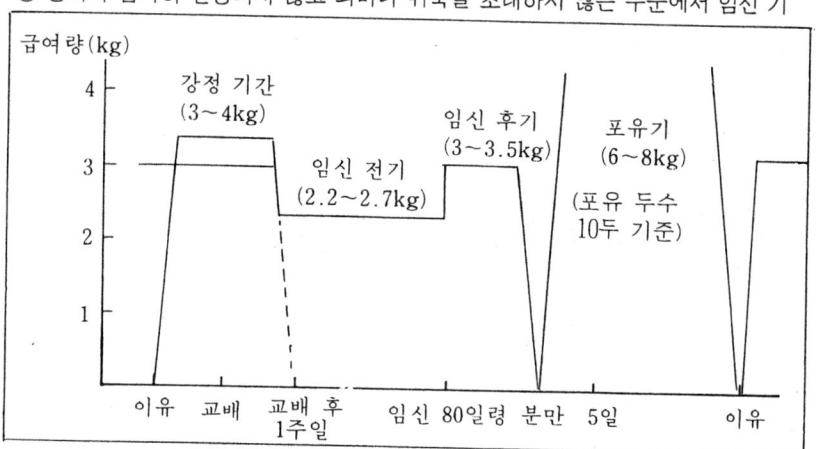

〈그림 7-3〉 생활사적 모돈 사료 급여량 기준

간 중 점차 체중이 증가하였다가 분만과 포유 기간 중에 약간 감소하며 다시 점차 증가하는 것을 반복하는 것으로 특히 포유 기간 중의 급속한 체력 손실과 임신 기간 중의 과비 방지가 주된 관리 항목이 된다.

다. 모돈의 도태 및 교체

모돈의 연간 도태 갱신되는 비율은 약 30~40% 정도로서 도태 갱신율이 낮으면서 번식 성적도 우수한 것이 가장 좋겠으나 갱신율이 낮으면 모돈이 고령화되어 번식 성적이 저하되는 것이 일반적이고 갱신율이 과도하게 높은 것은 그 자체가 벌써 모돈 관리상 문제가 있다는 것이며, 후보돈의 보충 두수가 많음으로 해서 초산차 분만 비율이 높아지고 그에 따라 번식 성적이 낮은 것이 일반적이다.

한편 모돈이 도태되는 사유도 지제 불량, 질병 등의 원인이 많으면 번식 성적 불량돈의 도태가 어려워지므로 이러한 요인에 의한 도태가 적도록 사양 관리상 만전을 기해야 하며 도태는 성적에 의해 실시되도록 모돈의 번식 성적을 기록 유지하여 참고한다.

일반적인 모돈의 도태 기준은 아래와 같다.

① 번식 성적 불량 : 산자수, 생시 사고율 및 종류, 기형 및 허약 자돈 분만 여부, 포육 성적 등을 종합적으로 고려하되 성적이 불량한 7산차 이상 고령돈은 성적이 다시 회복되는 비율이 낮으므로 도태하는 것이 바람직함.

② 수태 불량 : 3회 이상 재발정, 무발정, 미임 등은 도태.

③ 분만 실패 : 유산, 난산, 태아 사망 등으로 분만 실패한 모돈은 도태한다.

④ 지제 불량, 질병 등으로 번식이 곤란하거나 능력이 낮을 것으로 예측되는 모돈은 도태한다.

⑤ 후대에 유전적 결함이 나타나거나 육성 비육 성적이 극히 저조한 자돈을 생산한 부모는 도태한다.

라. 모돈의 발굽 관리

모돈 사육이 스톨(stall) 내에서 이루어지면서 활동 부족에 의해 발굽이 닳지 않아 길어지고 그에 따라 보행이 불편해지고 보행 자세가 불량해져 지제 사고의 원인이 되기도 하므로 발굽이 지나치게 성장한 모돈은 발굽을 손질해 주어야 한다.

발굽을 손질하는 방법은 특수하게 제작된 발굽 손질용 칼이나 작은 낫 또는 손 그라인더로 길게 자란 부위를 적당히 잘라 주고 다듬어 주면 된다. 손질할 때 주의할 점은 발굽이 자라게 되면 그에 따라 신경이나 내부 조직도 같이 길어지므로 과도하게 잘라 피가 나지 않도록 발굽의 각질화 부분만 잘라내도록 하여야 한다. 일단 과도하게 잘라 출혈되면 그 부위로 세균이 침투하여 감염되며 계속 불결한 바닥에 닿게 되어 치료가 곤란하다.

어디까지가 각질 부분인지 식별하기 어려울 때는 조금씩 손질해 나가면서 각질 부분이 연해지면 즉시 중지하고 마무리해야 한다.

4. 번식 성적 향상을 위한 관리 항목

모돈의 번식 성적을 향상시키기 위해서는 첫째, 이유 후 발정 재귀가 빨라야 하며 둘째, 정확한 발정의 확인이 되어야 하며 세째, 적기에 효율적인 교배를 실시함으로써 수태율과 배란된 난자의 수정률을 높여야 하며 네째, 임신 중 사고와 분만시 사고를 최소화시켜 산자수를 많게 해야 한다. 그 이외에 이유 육성률도 모돈의 관리와 밀접한 관계가 있으나 이 부분은 제4장을 참고하고 위 네단계 구분에 따라 번식 성적 향상을 위해 꼭 필요한 관리 항목을 보면 아래와 같다.

가. 발정 재귀 일령의 단축

① 포유 기간 중 균형된 영양소의 충분한 공급
② 포유 기간 중 모돈의 과도한 체력 손실 방지
③ 이유시 안락한 환경 조건의 제공
④ 이유 후 강정 사육
⑤ 웅돈 접촉에 의한 자극
⑥ 발정 전까지 군사방이나 방목장에서 운동을 시킨다.
⑦ 필요사 발정 촉진제 사용
⑧ 교잡종 모돈 사용

나. 정확한 발정 징후의 확인

① 군사가 개체 사육보다 발정 확인이 용이하다.
② 이유 모돈은 매일 2회 이상 발정 여부 확인
③ 발정이 온 암돼지를 확인하는 수컷의 운영 (시정 웅돈의 운영).
④ 모돈과 웅돈의 근접 사육
⑤ 미약 발정돈은 수돼지를 교체해 가며 확인한다.

다. 정확한 교배

① 건강 상태 유지 (특히 생식기 질병 예방)
② 웅돈의 정액 검사로 이상 유무 확인
③ 성욕이 왕성한 수돼지의 사용
④ 웅돈의 고온 스트레스 방지
⑤ 적절한 웅돈 관리로 최상의 상태 유지
⑥ 청결하고 조용하며 교배시 미끄러지지 않을 교배방 준비
⑦ 전 교배 과정의 관찰로 정확한 교배 및 사정 유도
⑧ 수돼지의 적정 사용 횟수 유지
⑨ 2회 이상 교배

라. 산자수 증가를 위한 관리

① 모돈의 건강 상태 유지
② 교잡종이나 하이브리드 모돈 사용
③ 초산돈의 2~3회 발정 경과 후 교배
④ 강정 사육
⑤ 적기 교배, 2회 이상 교배
⑥ 임신 초기의 안정
⑦ 임신 초기에 과도한 운동이나 장거리 이동, 군사시 돈군 재편성에 따른
   투쟁 등 스트레스 요인 제거
⑧ 적절한 개체 급이로 모돈의 적당한 건비 상태 유지
⑨ 하절기 고온 스트레스 예방
⑩ 조기 이유 금지

⑪ 적절한 도태 및 갱신

한편 지금까지 살펴본 모돈 관리 방법은 일반적인 기준이며 모돈 관리에서 가장 중요한 항목은 철저한 개체 관리로서 동일한 관리가 수행되어도 개체별로 차이가 있어 그 개체에게는 최선의 상태, 최선의 관리가 될 수 없다.

따라서 모돈을 비롯한 종돈의 관리는 철저한 관찰과 경험을 통한 기술 축적으로 종돈 한마리 한마리마다 가장 적합한 관리가 수행될 수 있도록 주의와 노력을 게을리하지 않을 때 가장 좋은 성적을 올릴 수 있는 것이다.

제 8 장 수돼지 관리

수돼지는 여러 마리의 암돼지를 상대로 많은 후손을 생산하므로 번식 성적과 후대의 산육 능력에 미치는 영향이 매우 크다. 따라서 수돼지의 선발은 철저한 능력 검정 과정과 심사 과정을 거쳐 우수한 개체를 선발 사용하여야 하며 최상의 상태를 유지할 수 있도록 세심하게 관리하여야 한다.

수돼지의 선발 방법은 제3장 돼지의 품종편과 제4장 돼지의 개량편을 참조하고 본장에서는 수돼지의 관리 방법에 대해 살펴보기로 한다.

1. 사료 급여

수돼지는 능력 검정이 종료되었거나 체중이 100kg 이상 되면 제한 급이로 성장 속도를 조절하는 것이 좋다. 1일 사료 급여량은 봄, 가을 기준 2.5~3kg 내외로서 번식 적령기인 8개월 정도면 130~140kg 정도 되는 것이 적당하며 그 이후에도 계속 성장이 되지만 성장 속도는 둔화된다. 수돼지의 사료 급여시 고려 사항은 아래와 같다.

① 과비 방지 : 수돼지가 과비되면 자신의 지제 사고 원인이 됨은 물론 종부시에도 활동이 원활치 않으며, 모돈에 과도한 부담을 주게 되어 좋지 않다.

② 적정 영양 상태 유지 : 웅돈이 위축되어 갈비뼈나 등뼈가 드러나 보이는 상태는 적당치 않으며 피모에 윤기가 있어야 한다.

③ 조악한 사료의 다량 급여보다는 조단백질 함량이 14% 이상 되고 균형된 고영양 사료를 제한 급이하고 청초나 건초, 엔실리지 등을 보충 급여하여 공복감을 없애는 것이 좋다. 청초는 비타민 공급제로서도 좋다.

④ 교배 횟수가 많을 때는 증량 급여하고 영양제나 부족되기 쉬운 비타민 A, D_3, E 등을 주기적으로 근육 주사하는 것도 좋다.

⑤ 교배 횟수가 적으면 감량 급여하여 과비를 방지한다.

2. 사용 개시

수퇘지는 7개월령 정도부터 훈련을 시작하여 8개월령 정도에 사용 개시하는 것이 적당하며 처음 교배 시기에 훈련 방법 및 교배 방법은 아래와 같다.

① 초교배 전에 암퇘지가 사육되고 있는 곳으로 몰고 다니면서 성적 자극을 유발시키고 이동 훈련을 한다.

② 사용 중인 웅돈의 교배 장면을 보여 주어 성적 자극과 승가 방법을 터득케 한다.

③ 초교배시는 웅돈보다 체구가 작고 발정이 잘 온 암컷을 골라 교배시킨다.

④ 초교배 실패는 차후 계속적인 승가 불능의 원인이 될 수 있으므로 끈기를 갖고 완전히 교배가 이루어질 수 있도록 한다.

⑤ 승가를 잘 안한다고 지나치게 독려하거나 때리면 오히려 승가가 어려워지고 차후에도 승가 불능의 원인이 될 수 있으며 난폭해진다.

⑥ 승가 중 장시간 지체되었다고 강제로 내려오게 하지 않는다.

⑦ 초교배 실패시는 다른 원인이 있나 재검토하고 처음부터 다시 시도해 보며 그래도 승가가 안되고 성욕이 부족할 경우는 도태한다.

⑧ 수퇘지의 성격은 관리자에 의해 결정된다. 부드럽고 자연스럽게 다루면 성격도 온순해지며 관리자를 잘 따르게 된다.

3. 적정 사용 빈도

〈표 8-1〉 웅돈의 적정 사용 빈도

구 분 \ 월 령	8~9개월령	10~12개월령	13개월령이상	비 고
연속 최대 교배 횟수	1 회	2 회	3 회	교배 간격 : 12시간 ~ 1일 이내시
적정 최소 휴식 간격	7 일	7 일	4 일	
적정 최대 휴식 간격	-	14일	14일	
월간 적정 교배 횟수	4	8	10	

웅돈의 적정 사용 수준은 〈표 8-1〉과 같다.

〈표 8-1〉에서 연속 최대 교배 횟수는 교배 간격이 하루 이내이면서 정액의 성상에 큰 영향 없이 가능한 교배 횟수이며 교배와 교배 사이의 간격은 적정 최소, 최대 휴식 간격 사이로 최소 간격보다 짧으면 미처 체력이 회복되지 못하고 정액도 농도가 낮은 상태에서 교배가 되어 좋지 않으며, 최대 간격보다 길게 되면 신진대사가 정체되어 오히려 번식 성적이 저하되는 결과를 초래한다.

한편 수퇘지의 일령과 수태율 및 산자수는 정비례 관계로 일령이 많을수록 수태율과 산자수가 좋다. 그러나 수퇘지를 장기간 사용하게 되면 체중이 너무 커서 교배가 곤란하거나 활력이 떨어지고 종부 시간도 오래 걸리며 새롭게 육종 개량된 우수한 수퇘지의 사용 기회를 지연시켜 능력 개량 속도가 늦게 되므로 사용 기간 2년, 연령 3세 정도 이하에서 도태하는 것이 바람직하다.

4. 수퇘지의 도태

다음의 경우는 수퇘지를 도태하는 것이 좋다.
① 승가 의욕이 없는 것
② 정액 성상이 좋지 못한 것
③ 체형이나 능력이 좋지 못한 것
④ 관절이나 지제가 불량하거나 질병 감염으로 사용 곤란시
⑤ 후대 검정 결과 능력이 나쁜 것(수태율, 산자수, 후손의 능력 등)
⑥ 너무 늙고 체격이 커서 교배가 곤란한 것

5. 일반 관리

가. 고온 스트레스 방지

수퇘지가 고온 스트레스를 받게 되면 정소의 기능에 특히 심각한 타격을 주어 정자의 생성이 중단되거나 기형 정자의 생성이 많아지며 부고환에 저장되었던 정자가 사용되고 새로 생성된 정자가 배출되는 1개월 후에는 정액 중에 고온 스트레스에 따른 정자수 감소와 기형 정자 증가 현상이 나타나게 된다. 따라서 하절기에 수퇘지가 고온 스트레스를 받지 않도록 대책을 강구하여야 한다.

나. 안전 사고 예방

수퇘지는 체중이 크고 난폭해지기 쉬워 사고의 위험성이 항시 도사리고 있으므로 관리시 주의하며 사용 중인 수퇘지끼리 만나게 되면 격렬한 투쟁을 하기 때문에 교배를 위한 이동시나 기타 어떠한 경우에라도 서로 만나게 하거나 같이 수용하는 경우가 없도록 한다.

다. 운동 및 일광욕

운동을 통해 지제의 강건성을 유지하고 신진대사를 촉진하며 일광욕을 시켜 줌으로써 비타민 D의 체내 합성을 촉진하는 것이 좋다.

라. 기록 관리

수퇘지의 사용일자, 교배 대상돈, 번식 성적 등의 기록을 유지하여 적정 사용 수준을 준수하고 성적 불량돈의 조기 도태에 활용할 수 있도록 한다.

마. 정액 검사

(1) 정액 검사시기
① 후보돈의 최초 사용 전

② 하절기 고온 스트레스 여부 확인을 위한 검사 〈9월초〉

③ 수태율, 산자수가 저조한 수퇘지

④ 이동, 질병 감염 회복 후, 기타 필요시

(2) 정액 검사 방법
정자의 검사에는 기형 정자의 검사, 정자 농도의 검사, 정자의 활력과 생존율 검사, 정자의 생사 감별, 정자의 MRT 검사 등 여러가지가 있으며 각 검사마다 그 방법이 다양하나 여기에서는 각 검사 항목별로 나누어 간단한 몇가지 시약과 현미경만으로써 시행할 수 있는 것만을 설명하기로 한다.

(가) 기형 정자의 검사
정자 형태상의 이상, 즉 기형은 두부, 중편부, 미부 등에서 발생하며 이러한 이상은 정자의 전진운동을 저해함으로써 수태율을 떨어뜨린다. 질이 좋은 정액의 정자 기형률은 5% 이하이며, 10~15%의 기형 정자를 내포하고 있는 것이 보통이다.

이와 같은 원칙적인 기형 외에도 정자를 동결하는 과정이나 보존하는 과정에서 또는 융해하는 과정에서 형태상의 기형이 발생하며 이러한 것들이 수태율을 떨어뜨리는 요인이 된다.

본 장에서는 정자를 염색하여 그 형태를 관찰함으로써 각종 기형 정자의 종류와 그 비율을 계산하는 방법을 소개하도록 한다.

● 재료 및 기구

본 검사를 위해서는 아래와 같은 재료와 기구가 필요하다.

① 원정액

② 완충액(phosphate buffer 등장액)

③ 염색액

  (Rose-Bengal Stain)　　Rose Bengal 분·················3g
  　　　　　　　　　　　　증류수·························99ml
  　　　　　　　　　　　　40% 포르말린 용액··········1ml

④ 슬라이드 글라스와 카바 글라스

⑤ 백금이

⑥ 현미경(400~1000×)

● 검사 방법

위의 재료 및 기구가 갖추어진 상태에서 다음의 순서에 의하여 실시한다.

① 충분히 세척하여 지방을 완전히 제거한 슬라이드글라스의 한쪽 끝에 백금이를 이용하여 2~3 방울의 완충액을 떨어뜨린다.

② 완충액에 1방울의 정액을 떨어뜨려 완충액과 충분히 혼합한다.

③ 카바글라스를 이용하여 슬라이드글라스 전면에 균등하게 도말한다.

④ 도말된 슬라이드글라스를 풍건한다―자연풍

⑤ 미리 준비된 염색액이 들어있는 염색조에 도말 건조된 슬라이드글라스를 넣어 5분간 염색한다.

⑥ 염색이 끝난 슬라이드 글라스를 들어내어 5~10분간에 걸쳐 풍건한다.

⑦ 건조가 끝난 슬라이드글라스를 다시 증류수에 침적하여 여분의 염색액을 제

거한다.

⑧ 물기가 완전히 제거될 때까지 풍건한다.

⑨ 현미경으로 정자의 형태를 검사한다.

●결과의 검토

① 조작이 끝난 슬라이드글라스를 현미경을 사용, 400~1000배로 확대하여 정자 하나하나의 형태를 면밀히 검사한다.

② 대개 333개의 정자를 무작위로 선정 검사하여 다음과 같이 기형률을 검사한 다.

$$\left(\frac{333개 \ 중 \ 확인된 \ 기형 \ 정자의 \ 수 \times 3}{10} = 기형 \ 정자율\right)$$

● 참고사항

① 완충액은 반드시 Phosphate buffer가 아니더라도 정액과 등장액이며 pH가 정액과 같아 정자에 대하여 유해하지 않는 것이면 어느 것을 사용해도 좋다. 예컨대 5~6%의 포도당 용액도 사용이 가능하다.

② 염색액은 꼭 Rose─Bengal 염색이어야 하는 것은 아니다.

다음의 Blom 씨액도 사용될 수 있다.

Blom 씨액 : Sodium Carbonate·······························10

1% Methyl Violet 용액·······················90

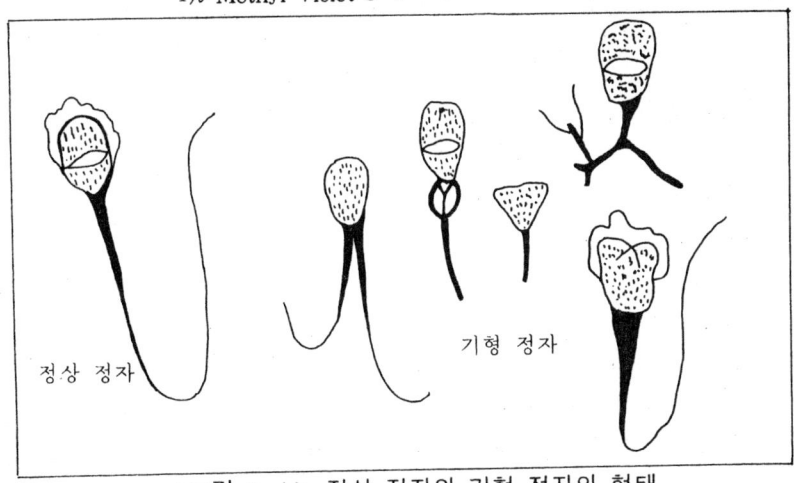

<그림 8 -1> 정상 정자와 기형 정자의 형태

③ 정자가 염색되기 전 저온 충격을 받거나 희석액의 삼투압이 정액의 그것과 등
   장이 아닐 경우 미부만곡을 비롯한 기형 정자의 발생이 많으므로 조작에 유의
   하여야 한다.

(나) 정자의 농도 검사

인공수정의 일상 업무에서는 정자의 농도를 산정할 적에 대략의 정자 농도를
산정하여 희석 배율을 결정한다. 그러나 고배율 희석을 할 때나 실험적 목적으
로 정확한 정자 농도를 계산할 필요가 있을 때에는 혈구 계산판이나 광전비색계
를 사용하여 계산한다.

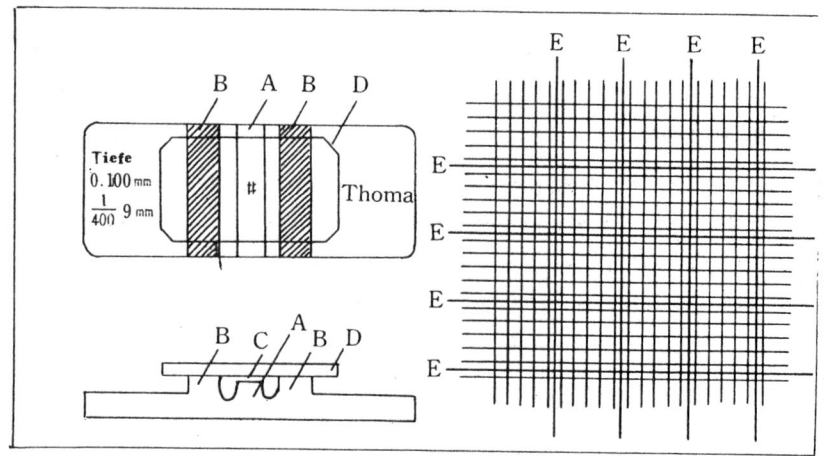

<그림 8-2> Thoma의 혈구 계산판(왼쪽)과
계산실의 확대도(오른쪽)

여기서는 혈구 계산판을 사용하여 정액의 정자 농도를 정확하게 계산하는 방법
을 설명하고자 한다.

● 재료 및 기구

① 정액

② 3%의 식염수

③ 혈구 계산판 ── 위의 그림에서 보는 계산판 외에도 여러가지가 있는데 위의
   그림을 중심으로 설명하자면 다음과 같다. 이 계산판의 중앙에는 그림에서와
   같이 계산실이 있다. 한변의 길이가 1mm인 정사각형으로 각변은 다시 20등분

되어 있다. 따라서 계산실은 총 400개의 작은 계산실로 구분되어 있다.

이 계산실이 있는 A 부위는 양쪽의 홈을 경계로 하여 조금 높은 B 부위와 구분된다. B 부위가 A 부위보다 조금 높기 때문에 Cover glass 를 B 부위에 밀착시키면 A 부위와 Cover glass 사이에는 $\frac{1}{10}$㎜의 공간 C 가 생긴다. 따라서 큰 정사각형의 용적은 $\frac{1}{10}$ ㎣가 된다.

④ Cover glass
⑤ Melangeur, (적혈구용과 백혈구용)
⑥ 사례
⑦ 현미경 (400~600×)

● 검사 방법

① 계산판에 정액을 첨가하기 전에 혈구용 피펫(melangeur)으로 정액을 희석한다. 백혈구용은 10~20배로 희석할 경우에 사용하고 적혈구용은 100~200배로 희석할 경우에 사용한다. 이때의 희석 배율은 정액의 농도에 따라 임의로 조정하되 반드시 기록하여야 한다.

② 사전에 희석한 정액이나 원정액을 일정한 눈금(적혈구용은 1까지, 백혈구용은 0.5까지) 흡입한 다음, 다시 백혈구용 피펫을 사용할 경우에는 11눈금까지, 적혈구용 피펫을 사용할 경우에는 101눈금까지 3% 식염수를 흡입한다.

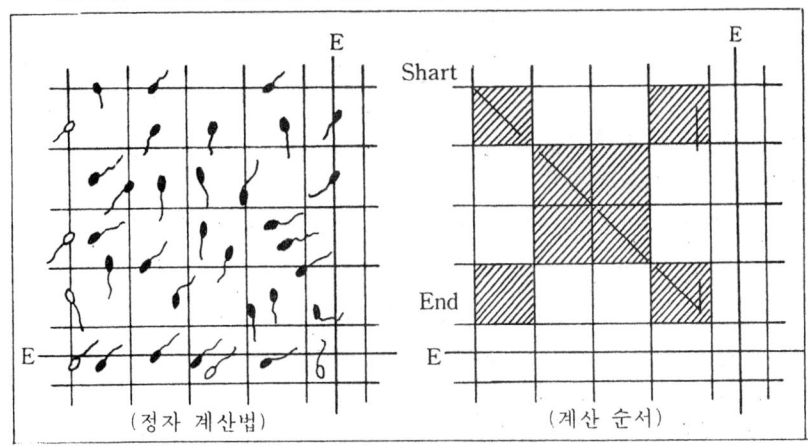

(정자 계산법)   (계산 순서)

<그림 8-3> 계산실에 분산된 정자

③ 흡입이 끝나면 피펫의 선단을 누르고 2~3분간 흔들어 정액을 균등하게 부유
시킨다.

④ 피펫의 모세관부에 있는 2~3방울의 정자 부유액을 버린 다음 Newton 링이
형성되도록 치밀하게 부착시킨 카바글라스와 혈구 계산판의 A 부위 사이에
정자 부유액을 침입시킨다.

⑤ 2~3분간 정지하여 정자의 유동을 방지한다.

⑥ 현미경하에서 400-600배로 확대하여 정자수를 계산한다.

⑦ 계산판은 다음의 그림과 같이 400개의 소정방형이 다시 16개의 중정방형으로
구분되어 있으므로 그림에서와 같이 점선으로 표시된 8개의 중정방형 속에 두
부가 들어온 정자만을 계산한다. 또 획선상의 정자는 한 정방형의 두 변에 한
하여 계산에 넣는다.

⑧ 가능하면 같은 시료를 2~3번 반복하여 계산하고 평균을 내어 그 정액의 정자
농도를 확정한다.

● **결과의 계산**

전 구획의 $\frac{1}{2}$, 즉 8개의 중정방형을 조사했을 때의 계산 방법은 다음과 같다.

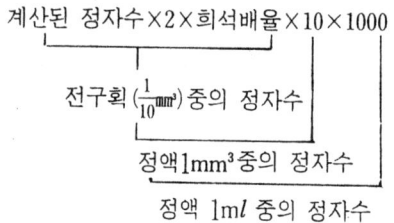

$$계산된\ 정자수 \times 2 \times 희석배율 \times 10 \times 1000$$

전구획($\frac{1}{10}$mm³) 중의 정자수

정액1mm³ 중의 정자수

정액 1ml 중의 정자수

예컨대 200배로 희석한 정액을 8구 계산한 정자수가 650이었다면, 그 정액의
정자 농도는 다음과 같다.

$650 \times 2 \times 200 \times 10 \times 1000 = 26 \times 10^8$ 즉, 1ml 당 26억이라는 계산이 된다.

　　　참고 사항——희석액으로 3%의 식염수를 사용하는 것은 정자를 죽여
　　　　　　움직이지 않도록 하는데 그 목적이 있다. 따라서 이러한
　　　　　　목적만 달성된다면 반드시 식염수가 아니어도 무관하다.

(다) 정자의 활력과 생존율 검사

정자의 활력과 생존율은 그 정자의 수정 능력과 밀접한 관계가 있다. 생존율이

지나치게 낮거나 생존율 자체는 높아도 활력이 너무 나쁜 정자는 그만큼 수태율도 낮아진다. 따라서 가능하면 생존율과 활력을 동시에 평가할 수 있는 방법이 요청된다. 이를 위한 방법은 지역이나 국가에 따라 다른데 여기에서는 가장 합리적이라고 생각되는 생존 지수법을 소개한다.

● 재료 및 기구

① 정액
② 희석액
③ 백금이
④ 가온판

< 그림 8-4 > 정액 성상 검사판(S부위는 C면 보다 50μ정도 낮다.)

⑤ 정액 성상 검사판 : 정액성상 검사판은 그림과 같이 그 중앙에 정자를 일정한 두께로 저류시킬 수 있는 함몰부가 있다(그림의 S 부위). 이 S 부위에 1~2방울의 정액을 첨가한 다음 카바글라스로 덮으면 여분의 정액은 S와 C 사이로 흘러가고, S부위에는 항상 일정한 양의 정액이 저류하게 되어 가시정액량의 차이에 기인하는 오차를 줄일 수 있게 되어 있다.
⑥ 카바글라스
⑦ 현미경(400~600×)

● 검사 방법
① 37℃로 가온된 가온판을 현미경의 재물대에 싣는다.
② 가온판 위에 정액성상 검사판을 얹어 2~3분간 방치하여 가온한다.
③ 1~2방울의 검사용 정액을 정액성상 검사판의 S 부위에 떨어뜨린 다음 카바글라스를 덮어 1~2분간 방치한다.
④ 400~600배의 현미경하에서 정액의 생존율과 활력을 조사한다.
⑤ 이때에는 현미경의 재물대 조정 나사를 사용, 가온판을 전후 좌우로 움직여 가급적 넓은 범위에 걸쳐 시료 전체를 검사함과 동시에 미동나사를 상하로 조절하여 전층의 시료를 빠짐없이 관찰함.

● 검사 결과의 표기법
정자의 생존율과 활력을 동시에 표기하여야 한다. 정자의 활력은 다음과 같이 5단계로 나누어 표기한다.

卌 ----- 매우 활발한 전진 운동

卄 ----- 활발한 전진 운동

$+$ ----- 완만한 전진 운동

$\pm$ ----- 선회 또는 진자운동

$-$ ----- 운동하지 않음(전멸)

　실제로 정액을 검사할적에 우선 卌에 해당하는 운동을 하는 정자가 전체의 몇%인가를 확인하고 만일 30%라면 卌 30로 표시한다. 이어서 卄에 해당하는 것이 얼마인가를 확인하여 20%라고 할 경우 卄 20라고 표시한다. 만일 30 卄와 20卄 이외에 다른 것에 해당하는 정자가 없다면 그 정액의 정자 생존수와 활력은 $\binom{30\ \text{卌}}{20\ \text{卄}}$로 표시하고 이 정액의 정자 생존율은 50%이며 그 중 30%는 卌의 활력을 가지고 있고, 20%는 卄 활력을 가지고 있다고 해석한다.

　정자의 활력을 나타내는 부호($\text{卌} \sim -$)에 대하여 일정한 계수를 부여하면 활력의 정도를 수치로 나타낼 수 있다.

즉, 卌 : 100　　$\pm$: 25

卄 : 75　　$-$: 0

$+$: 50

라는 식으로 계수를 부여하여 각 부호에 해당하는 생존율과 계수를 곱한 수치를 합하여 100으로 나누어 그 정액의 정자의 생존 지수로 삼는다. 예로서 어떤 정자의 검사 결과과 (50 卌, 10 卄, 10 $+$)이라면 이 정액의 정자의 생존지수는

$$\left(\frac{50 \times 100 + 10 \times 75 + 10 \times 50}{100} = 62.5 \right) \text{이다.}$$

제 3 편

사육 시설 및 질병관리

제1장 환경 조건과 돼지

돼지의 환경조건이란 돼지의 생활공간에서 돼지에게 영향을 주는 〈표 1-1〉과 같은 제반 환경 요인들에 대한 종합적인 개념으로 돼지는 환경 조건에 영향을 주

〈표 1-1〉 환경 요인의 종류

구 분	환 경 요 인	부적합시 특징적으로 발생하는 질병 또는 증상
기후적 요인	온 도	열사병, 동사, 사료 이용성 저하, 번식 장애 등.
	습 도	과습시 소화기 질병, 건조시 호흡기 질병 발생 증가
	풍 속	공기 유통 속도가 빠를 수록 체감 온도 저하. 호흡기 질병 발생.
	복 사 열	고온시 열사병
화학적 요인	공기의 조성	호흡수 증가, 질식사.
	유해 가스 농도	호흡기 질병 발생 증가, 질식사, 중독증.
	소독제의 잔류	
생물적 요인	부유 세균수	호흡기 질병 발생 증가.
	바닥의 오염도	소화기 질병 발생 증가. 기생충 감염.
	유해곤충 동물	전염병 전파. 스트레스 요인
물리적 요인	공기 중 먼지 농도	호흡기 질병 발생 증가
	바닥 면적 및 형상	투쟁, 지제사고, 식미벽 증가
	돈방 구조	돈방 오염도 증가에 따른 질병 발생, 성장 지연, 사고율 증가
	빛, 소음	스트레스 증가에 따른 성장 지연, 식미벽 증가
사회적 요인	돼지	돼지간 스트레스 요인 증가
	관리자	부적절한 관리에 따른 생산성 저하

어 이를 변화시킴과 동시에 환경 조건에 대처하기 위한 적응 행위를 하는 매우 동적인 관계로 환경 조건은 생산성을 좌우하는 중요한 요인이므로 경제성을 고려하여 인위적으로 돼지에게 적합한 상태를 유지하여야만 한다.

1. 온도

가. 생리적으로 중요한 온도의 종류 및 개념

돼지는 38.2~39.8℃ 정도의 일정한 체온을 유지하여야만 정상적인 생명 활동을 수행할 수 있는 정온동물로 자체 체온 조절 기능이 있어 외부 기온에 적응하여 체온을 유지한다. 돼지가 일정한 체온을 유지하는 것은 열의 공급과 손실이 균형을 이루는 상태로 열의 공급은 대사열과 유지에너지의 소모에 의해서 수행되고 열의 손실은 체온과 환경 온도의 차이에 의한 복사, 대류, 전도 및 증발열에 의하여 이루어지는 바 이러한 열의 공급과 손실량을 조절하는 것이 체온 조절

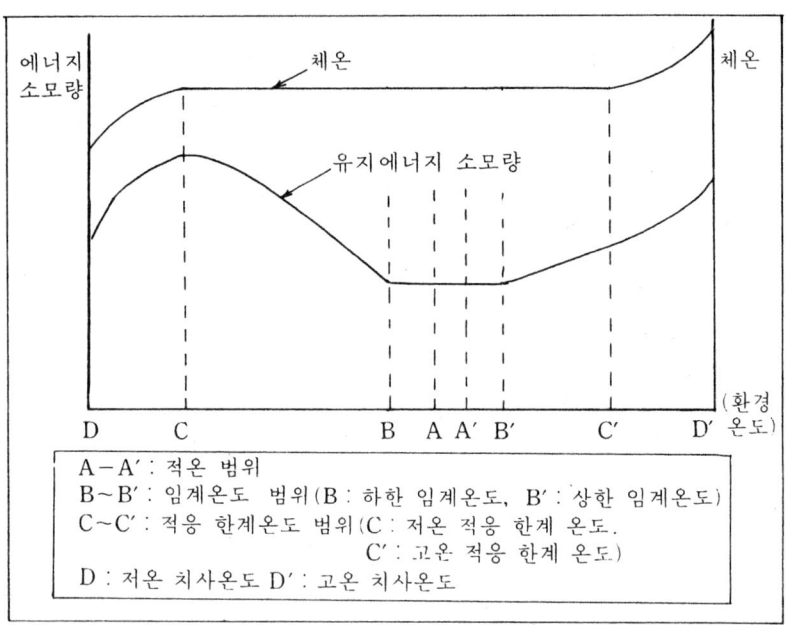

<그림 I-I> 환경온도 변화에 따른 돼지의 체온 조절을 위한
에너지 소모량 및 체온 변화

기능이다. 그러나 〈그림 1-1〉에서 보듯이 돼지의 체온조절을 위해서는 기본적으로 유지에너지가 소모되며 일정한 온도 범위를 벗어나 온도가 낮거나 높아지면 에너지 소모가 증가하게 된다. 또한 극단적으로 온도가 낮거나 높아지면 적정 체온을 유지하지 못하고 폐사하게 되는데 이렇게 생리적으로 변환점이 되는 기준 온도의 개념은 아래와 같으며 이 기준 온도는 돼지의 일령, 체중, 체온 조절 기능의 발달 상태에 따라 변동된다.

① **치사온도** : 체온 조절 기능을 수행할 수 있는 한계온도를 벗어난 환경 온도 때문에 체온의 상승 또는 하강을 초래하여 돼지가 폐사할 수 있는 온도로서 저온 치사 온도, 고온 치사 온도로 구분하며 경제적 중요성보다는 생존 자체에 관련된 온도다.

② **적응 한계온도** : 정상 체온을 유지할 수 있는 체온 조절 기능 범위 내의 온도로 최소한 유지되어야 할 한계다.

③ **임계온도** : 체온 조절을 위한 과다한 에너지 소모 없이 정상 체온을 유지할 수 있는 온도로 하한 임계온도 이하일 때는 열 공급량을 늘이기 위한 유지 에너지 소모가 증가되며 체온 손실을 줄이기 위한 생리적 변화가 수반되고 상한

〈표 Ⅰ-2〉 돼지의 적온   (단위 : ℃)

일령 또는 체중	적온 범위	최적 온도
출생 직후	36~40	37
1일령		35
2일령	30~35	33
3일령		31
4일령		29
5일령	25~30	27
6일령		25
7일령		23
8일령~이유전	20~25	21
이유시	25~30	26
이유후~45kg	20~25	21
45~90kg	18~23	20
90kg 이상	13~20	15~18
성돈	10~15	13
포유 모돈	15~20	16

임계온도 이상일 때는 체열 손실을 증가시키기 위한 생리적 변화 즉 돼지의 경우 호흡수 증가 현상이 있게 되어 유지에너지 소모가 증가한다.

④ 적온 : 가장 경제적으로 생산활동을 할 수 있는 온도로 돼지의 적온은 〈표 1-2〉와 같다.

나. 돼지의 체온 조절 기능의 특징

돼지는 성장할수록 지방층이 잘 발달되며 체중 대비 체표 면적이 적게 되어 체열 발산을 억제하므로 저온 적응 능력은 점차 향상되나 고온 환경하에서는 이러한 것이 오히려 체열 발산을 효과적으로 수행할 수 없게 하여 고온 적응 능력은 감소한다. 따라서 어린 돼지일수록 고온에 잘 적응하며 적온도 높으나 성장할수록 고온 적응 능력이 낮아지고 적온도 낮으며 저온에는 잘 적응하게 된다. 돼지의 환경 온도에 따른 온도 적응 행위는 아래와 같다.

(1) 저온 환경하에서의 적응 행위

① 음수량 감소 및 채식량 증가 : 찬물에 의한 체열 손실을 최소화하기 위해 생리적으로 필요한 최소의 음수만 하며 체온 유지에너지 소모의 증가에 대비하기 위해 채식량이 증가하게 된다.

② 근육 경련 : 저온시 몸을 떠는 것은 근육운동으로 열 생산량을 증가시키기 위한 것이다.

③ 몸을 움추리거나 밀집한다 : 몸을 움추리고 쪼그려 눕는 자세를 취하는 것은 공기중 및 바닥과 접촉하는 체표 면적을 최소화하여 체열 손실을 최대한 줄이고자 하는 행위이며 밀집하는 행위 역시 노출되는 체표 면적을 최소화하고 다른 돼지와 상호 체온을 교류하여 열 손실을 최소화 하기 위한 행동이다.

(2) 고온 환경하에서의 적응 행위

① 맥박수 및 호흡수 증가 : 호흡시 배출되는 수증기를 통해 증발열을 발산함으로써 열 발산량을 증가시키기 위해 호흡수가 증가하며 체열 발생이 많은 부위의 열을 각 부분으로 확산하여 체내 온도 상승을 방지하기 위해 맥박수가 증가한다.

② 음수량 증가 및 채식량 감소 : 수분 손실을 보충하고(호흡 등) 체열을 희석시키고자 음수량이 증가하며 생리적 반응 및 소화, 흡수 등의 대사 과정중의 대사 열 발생을 줄이기 위하여 채식량이 감소한다.

③ 공기중 노출되는 체표 면적을 넓게 하기 위해 몸을 편 자세를 취하거나 서성 거리는 시간이 많아진다.

④ 습지나 땅을 파고 그 속에 들어가는 등 온도가 낮고 체열 발산이 많아지는 장 소를 찾거나 몸에 물을 묻혀 증발열 및 찬물에 의한 직접적인 체열 발산을 촉진 하기 위한 행동을 한다. 특히 급수기가 니플인 경우 코를 대고 물이 뿜어지도록 하여 몸에 물을 적시는 행동이 증가하여 그에 따라 하절기 누수량이 급증하기도 한다.

다. 환경 온도와 생산성

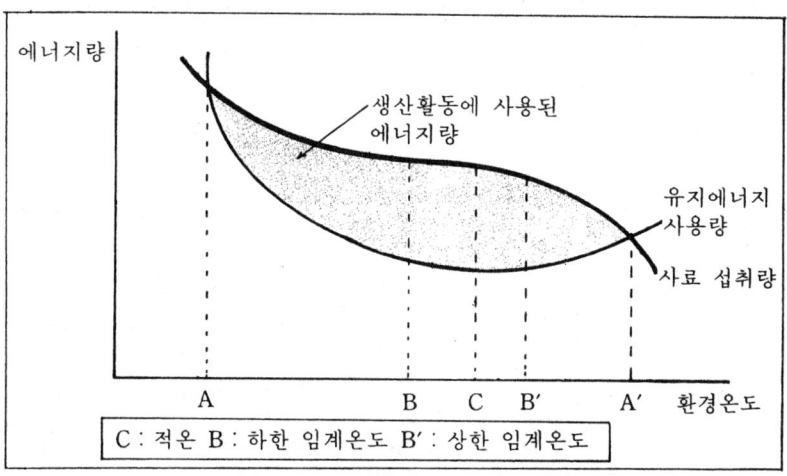

<그림 Ⅰ-2> 환경온도와 사료이용 효율

(1) 환경 온도와 사료 이용성

〈그림 1-2〉에서 보듯이 환경 온도가 낮을수록 사료 섭취량은 증가하며 일정 수준 이상 온도가 상승하면 섭취량이 급속히 감소하는 반면 임계 온도 범위에서 벗어나면 체온 유지에 소모되는 에너지가 증가하게 된다. 따라서 사료 이용성이 가장 좋은 지점은 B~B′ 사이의 구간 즉, 임계 온도 범위 내에서 결정되며 증체 량과 사료 효율을 고려하여 가장 경제적인 온도가 최적 온도가 되는 것이다.

한편 A 지점과 A′ 지점을 지나게 되면 사료로 섭취된 영양소보다 체온 유지에 필요한 에너지 소모량이 많게 되어 체력 손실이 일어나며, 특히 신생 자돈은 체 내 축적된 영양소가 적고 체온 조절 기능도 미약하여 저온 스트레스를 받게 되면 체력 손실이 크며 회복이 어렵고 폐사에 이르기까지 한다. 육성, 비육돈의 환경 온도에 따른 증체율과 사료 효율은 〈표 1-3〉과 〈표 1-4〉와 같은 경향이 있다.

(2) 환경 온도와 번식 능력

성돈은 지방층이 잘 발달되어 있어 저온 적응 능력이 높고 일반적인 경우 혹한 기에도 특별한 보온 장치 없이 단열만 잘 되어 있어도 돼지 체온에 의해 돈사 내 온도가 영상을 유지하므로 저온에 의한 번식 능력의 저하를 초래하는 경우는 거의 없다. 그러나 적온 이하의 온도에서는 유지에너지 소모량이 증가하게 되고 그에 따라 사료 급여량을 증가시켜 주어야만 정상적인 체력과 생산활동을 할 수 있으므로 경제성을 고려하여 적절한 수준의 보온 설비를 할 필요성이 있다.

한편 고온하에서는 돼지의 적응 능력이 낮아 번식 능력을 현저하게 저하시키게 되어 하절기에 교배된 것의 번식 성적이 저조하게 된다. 수퇘지의 경우 30°C 이상 고온 상태가 지속되면 체온 상승과 함께 정소의 온도도 상승하게 되어 정소의 기능이 저하되거나 중지됨으로써 저장된 정자가 모두 소모되는 1개월 후에는 정액 내에 정자수가 감소하고 기형 정자수가 증가하며 정자 활력, 생존율도 감소하게 된다. 또한 고온 스트레스는 식욕 감소, 승가욕 감퇴도 수반하게 되어 번식에

〈표 Ⅰ-3〉 환경 온도와 돼지의 증체율 (단위 kg/두 1일)

온도(°C) 평균체중(kg)	5	10	15	20	25	30	35
45		0.63	0.71	0.87	0.90	0.73	0.40
68	0.58	0.67	0.79	0.95	0.87	0.64	0.22
91	0.55	0.72	0.85	0.99	0.84	0.55	0.03
113	0.52	0.76	0.92	0.96	0.78	0.45	−0.15
136	0.50	0.80	1.00	0.95	0.72	0.35	−0.36
159	0.47	0.86	1.05	0.93	0.67	0.26	−0.55

(자료 : J. E. Turnbull, N. A. Bird, Confinement swine housing 캐나다 p. 5)

〈표 Ⅰ-4〉 환경 온도와 돼지의 사료 요구율 (단위 : 배)

온도 체중	5	10	15	20	25	30	35(°C)
32~65kg	4.8	4.4	3.7	2.8	2.6	5.5	7.8
75~118kg	10.0	5.1	3.7	4.0	4.2	9.0	

차질을 초래하게 된다.

암돼지의 경우에도 하절기 고온 스트레스를 받게 되면 식욕 감퇴와 함께 발정 재귀의 지연, 수태율 감소, 태아 생존율 감소 및 포유 중인 모돈의 비유량 감소 등을 초래하며 체력이 급속히 저하된다.

라. 적온 유지와 체감 온도

지금까지 살펴본 바와 같이 온도는 돼지의 중요한 환경 조건으로서 온도에 따라 생산성은 물론 생명까지 좌우될 수 있다. 그러나 실제적으로 돼지에게 중요한 온도는 온도계로 측정한 환경 온도보다는 돼지가 느끼는 체감 온도로서 돼지의 체열 손실 또는 체열 발산 양이나 효율은 환경 온도보다는 체감 온도와 직접적인 관련이 있다.

따라서 체감 온도를 적온에 가깝게 유지하는 것이 실제적인 온도 관리의 기준으로 체감 온도는 환경 온도 이외에 다양한 요인이 영향을 미치므로 환경 온도와 체감 온도에 영향을 미치는 다양한 요인들을 동시에 적절히 관리하여야 한다.

또한 돼지는 체감 온도에 따라 그에 적절한 온도 적응 행위를 하기 때문에 돼지 상태를 세심히 관찰하면 체감 온도가 적온인지 판별할 수 있으므로 돈사 온도가 적온이라 하더라도 돼지의 상태를 관찰하여 돈사 온도를 조절하거나 적절한 체감 온도 유지를 위한 조치를 취해야 한다.

특히 포유 자돈기에는 보온등 아래서 편안한 상태로 휴식을 취하는 상태가 가장 적당하며 체감 온도가 낮으면 보온등 아래서 포개어 있으므로 보온 조치를 강화해야 하고 보온등 아래가 고온이면 널리 퍼져 있다가 압사하는 경우가 증가하므로 유의한다.

환경 요인에는 돼지의 체감 온도에 영향을 미치는 아래와 같은 것이 있으므로 돈사 온도와 함께 적절한 관리를 하여야 한다.

① **습도** : 습도 역시 중요한 환경 조건의 하나이지만 체감 온도에도 영향을 미쳐 습도가 높을수록 체감 온도를 상승시킨다.

② **풍속** : 돼지 체표의 공기 유통 속도가 빠를수록 체감 온도를 떨어뜨린다. 따라서 하절기에 송풍기 등을 이용하여 돈사의 공기 유통 속도를 빠르게 하여 주거나 돼지에게 직접 바람을 불어주는 방법도 효과적이다.

③ **체표의 물기** : 체표에 물기가 있으면 수분 증발에 따른 증발열로 체감 온도를 낮추므로 하절기에 돼지 체표에 물을 뿌려 고온 스트레스를 방지하는 방

법이 효과적이다.

④ **바닥 재질** : 철망이나 콘크리트 등 열 전도율이 높은 재질은 체감 온도를 떨어뜨리며 깔짚 고무깔판, 나무판자 등은 보온 효과가 있다.

⑤ **바닥 상태** : 바닥이 습하면 체감 온도를 크게 저하시키므로 동절기에는 바닥이 건조하도록 유지하는 것이 좋으며, 철망, 말목 등 바닥이 뚫린 구조는 체감 온도를 저하시키므로 분만사, 자돈사의 경우 케이지 또는 전체 슬랏 구조이면 자돈의 휴식 공간 만큼이라도 깔판을 깔아 주는 것이 좋다.

⑥ 기타 동료 돼지의 체열을 이용하는 경우나 햇빛 등도 보온 효과가 크다.

2. 습도

돼지에 알맞는 적정 상대 습도는 포유 자돈 60~80%, 자돈기 50~70%, 육성 비육돈 및 성돈 40~60% 정도로서 습도는 돼지에게 직접 영향을 미치는 것은 물론 돈사 내 먼지 발생량과 직접 관련이 있어 적정 습도를 유지하는 것이 좋다. 일반적으로 돈사 내의 온도가 외부 기온보다 높은 경우에는 습도가 낮아 적정 습도 유지를 위해 돈사 통로나 돼지가 없는 바닥에 물을 뿌려 주어 습도를 높여 주어야 하며, 하절기에는 습도가 높아 문제가 되는 경우가 많아 환기를 잘 시켜 습도를 낮추도록 노력해야 한다. 특히 분만사와 자돈사는 동절기에도 20℃ 정도 고온을 유지하여야 하기 때문에 습도가 매우 낮고 어린 일령일수록 습도가 낮을 때 문제가 발생할 소지가 많으므로 돈사 내 습도 조절에 주의해야 한다.

습도가 돼지 및 환경 조건에 미치는 영향은 아래와 같다.

가. 상대 습도가 낮을 경우

① 먼지 발생량 증가 ;
- 호흡 기관에 직접 자극을 준다.
- 공기중 부유 세균수 증가   } 호흡기 질병 발생 증가
② 저습에 따른 호흡기관 자극 증가
③ 화재 위험성 증가

나. 상대 습도가 높을 경우

① 사료의 부패 촉진
② 세균 증식에 좋은 조건 ⎬ ⇒ 소화기 질병 및 전염성 질병 발생 증가.
③ 하절기 체감 온도의 상승

3. 환기 상태

환기 상태란 돈사 내의 오염된 공기를 배출하고 외부의 신선한 공기를 유입, 혼합시키는 동적 과정인 환기의 결과로서 온도, 습도를 비롯한 부유 중인 먼지 및 세균, 유해가스, 냄새 등을 포함하는 종합적인 돈사 내 공기 상태를 일컫는 것으로 가장 중요한 환경 조건의 하나이면서 관리하기가 어려운 고도의 전문지식과 설비가 필요한 부분이다.

가. 환기의 필요성

환기의 필요성은 아래와 같은 기능을 수행함에 있다.

(1) 산소 공급

돼지는 호흡으로 공기 중 산소를 소모하게 되며 그에 따라 외부 공기를 유입하여 산소를 공급함으로써 공기 중 적정 수준의 산소 농도를 유지하여야 한다. 특히 동절기에 돈사 내에서 보온을 위해 연탄이나 가스, 유류 등을 연소하게 되면 산소 소모가 많게 되어 외부 공기 유입량을 증가시켜 산소 공급을 늘려야 한다.

(2) 공기 중 오염 물질의 제거

돈사 내의 공기를 오염시키는 것으로는
① 돼지의 호흡에 의해 발생하는 이산화탄소(CO_2), 습기, 세균
② 분뇨에서 발생하는 암모니아 가스, 메탄 가스, 유화수소 등 유해가스 및 냄새.
③ 기타 부유하는 먼지 및 세균 등으로 이들을 배출함으로써 돈사 내 공기의 청정도를 높인다. 유해가스의 허용 한계치는 〈표 1-5〉와 같으나 실제로는 이보다 훨씬 낮은 수준으로 유지시켜야만 지장이 없다.

〈표 Ⅰ-5〉 유해가스의 허용 한계치

유해가스	허용 한계치
NH_3	20ppm
H_2S	5ppm
CO_2	0.5% 이하
CH_4	5% 이하

(3) 온도 조절

돈사 내 온도가 적온 이상일 경우에는 환기량을 늘려 돈사 내 온도를 낮춘다.

나. 환기 필요량

최소 환기 필요량은 돈사 내 공기 중 오염물질을 제거하는 수준이며 온도가 상승함에 따라 습도 조절 및 온도 조절에 필요한 환기량이 증가하게 되어 〈그림 1-3〉에서 보듯이 일정 수준 이상에서는 환기량 결정이 온도 조절에 필요한 양에 의해 결정되며 오염 물질의 제거는 자연적으로 수행되게 된다.

그러나 기온이 적온 이상일 경우에는 환기량을 늘려도 돈사 내 온도를 적온으로 유지할 수 없고 환기 방법 이외에 돈사 내 온도를 낮출 수 있는 적절한 대책

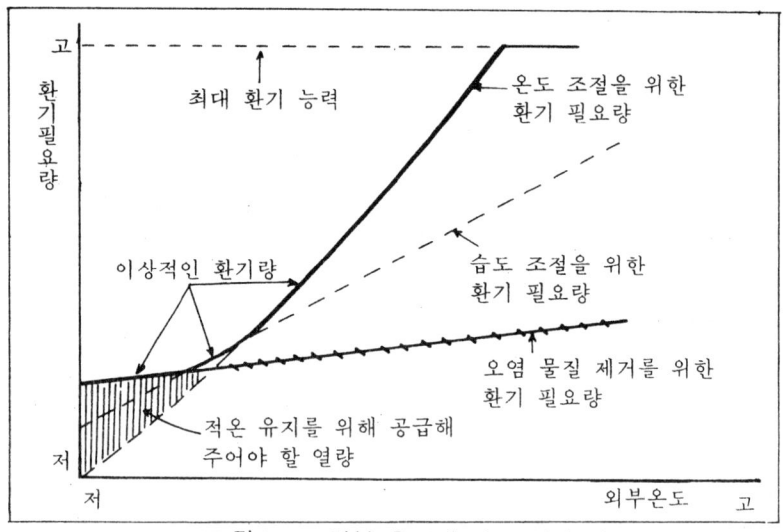

〈그림 Ⅰ-3〉 외부 온도에 따른 환기 필요량

을 강구하여야 하며 돈사의 환기 능력을 결정할 때는 하절기에 최대 환기 필요량 이상의 수준으로 하여야 할 것이다.

외부 기온 및 돼지 체중에 따른 환기 필요량은 〈표 1-6〉과 같다.

〈표 l-6〉 돼지의 환기 필요량

(단위 : CFM/두)

구분 체중	동절기 최소 환기량	봄 · 가을	하절기
포유 모돈 및 자돈	20	80	210
육성비육돈 20-40lb	2	15	36
40-100lb	5	20	48
100-150lb	7	25	72
150-210lb	10	35	100
제한급이시 성돈 200~250lb	10	35	120
250~300lb	12	40	180
300~500lb	15	45	250

· CFM(Cubic feet per minute) : 1분간 1입방피트 만큼의 환기량,
약 0. 0283 CMM(Cubic metre per minute, m³/분)임.
· 1lb=0. 4539kg

한편 〈표 1-6〉는 환기 필요량에 대한 일반적인 기준이며 실제 돈사의 환기 상 태나 환기 필요량은 기온, 돼지 수용 두수, 체중 등 기본적인 조건 이외에 돈사 구조 및 돼지 상태 등 다양한 요인이 영향을 미치며 실제적인 환기량이나 환기의 효율성을 측정하기 곤란하여 수치적인 계산은 참고로 하고 관리자의 경험과 오관 에 의한 판단으로 적절하게 조정하여야 한다.

다. 환기의 기본 원칙

(1) 최소 필요량 이상 환기할 것

환기 필요량은 동물의 성장기, 체중 및 온도에 따라 다르지만 기본적으로 돈사 내 공기 중 오염물질을 배출하여 청정한 상태를 유지하기 위해서는 온도와 관계 없이 일정 수준 이상이 되어야 하며 이러한 최소 환기 필요량 이상을 항상 환기 시켜야 한다.

(2) 돼지의 생활 공간 기준

돼지가 생활하는 공간은 바닥에서 1m 이내로 돼지가 생활하고 숨쉬는 공간의 환기 상태가 좋아야 하며 돈사 내 공기 유입량이나 배출량의 과소는 기본적인 고려사항일 뿐이다. 따라서 온습도 측정이나 환기 상태의 측정은 돼지의 생활 공간이 되는 바닥에서 1m 이내의 공간, 특히 돼지의 코가 있는 부위가 기준이 되어야 한다. 특히 오류를 범하기 쉬운 것이 사람의 키 높이에서 피부 감촉과 호흡시 느끼는 것을 기준하고 온·습도계도 사람이 보기좋은 위치에 설치하는 경향이 있는데 환기 상태를 측정하기 위해서는 돼지의 생활 공간 중에 돼지의 키 높이로 온·습도계를 설치하고 자세를 낮게 하여 환기 상태를 파악해야만 정확한 측정이 된다.

(3) 사각 지역이 없을 것

환기의 사각 지역을 없게 한다는 것은 돈사 전체가 균일한 환기 상태를 유지해야 한다는 것으로 돈사 부위별로 환기 상태가 다르게 되면 일률적으로 조정하기 곤란하여 필요 이상 환기를 시켜야 하거나 환기가 잘 안되는 사각 지역이 있게 되어 그곳에 수용된 돼지에게 극심한 피해를 줄 수 있다.

특히 관리자가 주로 통행하는 통로나 환기 상태를 확인하기 쉬운 부분만 점검하게 되면 환기의 사각 지역 발생을 감지하기 어려우므로 주기적으로 돈사 전체를 세밀히 점검하여 환기 사각 지역의 유무를 확인하고 조치하여야 한다.

(4) 관리자의 정확한 느낌과 판단을 중시할 것

사람에게 좋지않은 환기 상태는 돼지에게 역시 좋지않은 상태로 관리자가 돈사 내에 들어갔을 때 느끼는 환기 상태와 돼지의 상태를 면밀히 관찰하여 이를 기준으로 환기를 조정하는 것이 가장 정확한 방법이다. 그리고 온·습도계나 가스 농도 측정 등은 관리자의 이러한 판단의 보조자료로 활용하는 것이 원칙이고 기계를 과신하지 않는 것이 좋으며 돼지 상태에 대한 관찰 결과와 측정기기를 사용하여 얻은 자료를 종합적으로 분석하여 최선의 환기 상태를 유지하기 위한 판단 능력 배양에 힘써야 한다.

일반적으로 돈사 내에 관리자가 들어갔을 때 호흡이 곤란하거나 눈이 따갑다던가 답답함을 느끼면 환기 상태가 불량한 상태며 청정감을 느끼고 돼지가 안락한 상태에 있어야 한다.

(5) 호흡기 질병 발생시 환기를 강화할 것

호흡기 질병이 발생하면 돼지의 호흡을 통한 병원균의 배출이 증가되어 균배출을 위한 환기량을 증가시켜야 하며 대개의 경우 호흡기 질병이 발생한다는 것은 환기 불량이 주원인이 되므로 환기 상태를 면밀히 점검하여 보완, 강화하여야 한다.

한가지 유의할 점은 호흡기 질병의 외부적 증상이 나타나면 그 이전에 벌써 감염되어 진행된 것으로 당시뿐 아니라 과거 성장 과정 중에 문제점을 찾아내어 시정하여야만 차후에 다시 발생하는 것을 방지할 수 있다.

재채기나 미약한 기침도 환기 불량의 증상으로 공기 중 유해가스나 먼지가 호흡기관에 자극을 주어 발생하며 환기를 강화시켜 주어야 하고 관리자가 계속 점검하지 않는 야간이나 공백기에 환기 상태가 불량한 경우가 있으므로 이에 대한 대책을 강구하여야 한다.

라. 환기 방법의 기본 원칙

환기란 공기의 흐름을 적절히 조정함으로써 돈사 내 공기를 쾌적한 상태로 유지하는 것이므로 공기 흐름의 원리와 이를 조정하는 방법을 이해하여야 한다.

공기의 흐름은 두 장소의 공기가 압력 차에 의해 압력이 높은 곳에서 낮은 곳으로 이동하는 바람과 무게의 차이에 의해 무거운 공기가 아래로 내려가고 가벼운 공기가 위로 올라가는 대류로 구분할 수 있다. 환기에서 주로 이동되는 공기의 흐름은 대류이며 자연적인 바람은 하절기 개방돈사에서는 효과적으로 이용할 수는 있으나 일정한 것이 아니므로 크게 이용 가치가 없고 기계적인 환기 장치로 공기를 송풍하거나 배출함으로써 공기의 흐름을 유도하게 된다. 환기 방법의 일반적인 원칙은 아래와 같다.

① 필요 환기량에 따라 적절한 양의 공기가 일정한 장소에서 유입, 배출되게 하며 불필요한 샛바람의 유입이 없도록 한다. 샛바람은 고른 환기 상태를 유지할 수 없게 하며, 특히 동절기에 돼지에게 직접 접촉되는 샛바람은 저온 스트레스를 주어 매우 나쁘다.

② 슬랏 돈사의 경우 슬랏 내부에 배기구를 설치하여 분뇨에 의해 발생하는 가스를 바로 배출함으로써 돼지의 생활 공간 중의 공기와 혼합되는 양을 최소화 하는 것이 좋다.

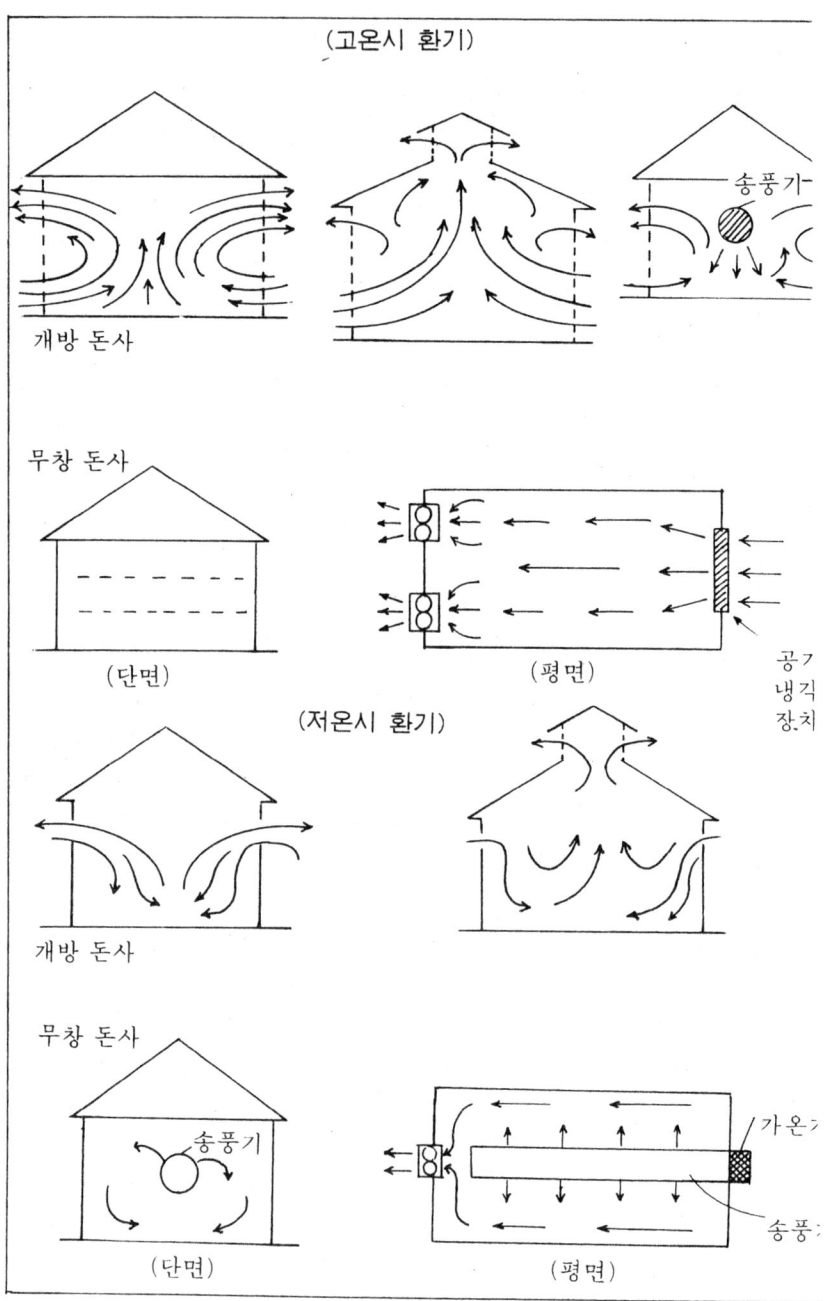

③ 동절기에는 돈사 윗부분을 통해 공기를 유입하여 돈사 내 공기와 혼합된 후 돼지에게 접촉하게 하고 하절기에는 돈사 아랫부분에서 유입하여 돼지에게 직접 불게 하는 것이 원칙이다.

④ 돈방 칸막이는 공기 흐름의 장애물이 될 수 있으므로 예상되는 공기 흐름을 고려하여 환기에 지장이 없도록 설계한다.

⑤ 공기 유입구는 돈사 내 공기와 잘 혼합될 수 있도록 자연 환기일 경우에는 일정한 간격으로 여러개 설치하고 크기를 조절하여 유입량을 조정하며 무창돈사의 경우에는 배기구와 반대편에 설치하여 공기 흐름을 일정한 방향으로 유도하는 것이 좋다.

4. 조명 및 채광

돈사 내의 조명은 돼지에게는 크게 문제되지 않으며 약간 어두운 정도로 물체를 식별할 수 있을 정도면 충분하고 오히려 약간 어두운 편이 돼지의 안정에 도움이 되나 관리 시간에는 관리자의 편의상 불편이 없을 정도로 밝게 하는 것이 좋다.

특히 자돈사의 경우 너무 밝거나 직사광선이 비치게 되면 활동이 많아지고 식미벽의 원인이 될 수 있으므로 관리시에는 밝게 하여 돼지의 관찰과 일반관리를 수행한 다음 관리가 끝나면 약간 어두운 상태로 하여 자돈을 안정시키는 것이 좋다.

채광은 돈사 내 보온과 건조에 도움이 되며 돼지에게 직접 직사광선을 비치게 하면 비타민 D의 합성을 촉진하나 하절기에는 일사병이나 열사병의 원인이 될 수 있으므로 햇빛이 약한 아침, 저녁으로만 일광욕을 시키고 한낮에는 직사광선을 차단하여야 한다. 한편 요즈음의 배합사료에는 비타민 D를 첨가하여 공급하므로 일광욕을 시키지 않아도 비타민 D 결핍증이 발생하는 경우는 거의 없고 돈사 내의 직사광선은 돼지를 불안하게 하므로 동절기 보온 및 건조를 목적으로 하는 이외에는 거의 차단하는 것이 일반적이다.

5. 사회적 환경

돼지의 사회적환경을 구성하는 중요한 요인은 우열 순위와 성적 자극이다. 우열 순위는 낯선 돼지와 조우시 투쟁을 통해 결정하게 되며 동복이라도 포유 기간 중에 이미 우열 순위가 결정되어 서열이 낮은 돼지는 채식이나 음수, 휴식공간의 확보 등에서 밀리게 되어 위축될 수 있으므로 이러한 돼지는 별도로 격리 수용하여 관리하여야 한다. 또한 군을 재편성할 때는 비슷한 체중 및 일령의 돼지끼리 합사하여 너무 처지는 돼지가 발생하지 않게 하며 되도록 이미 우열 순위가 정해진 돈군을 중심으로 편성하여 투쟁을 줄여주도록 한다.

한편 이미 군이 형성되고 우열 순위가 정해진 돈군에 새로이 돼지를 유입시키면 기존 돈군 전체가 집단으로 신입 돼지에게 대처하게 되어 집단 폭행에 의한 사고가 발생할 수 있으므로 군을 재편성할 때는 돈군 전체를 일시에 편성하도록 하여야 한다. 성숙한 수돼지는 우열 순위를 정하기 위한 투쟁이 특히 심하여 낯선 수돼지와 접촉시 한쪽이 완전히 탈진할 때까지 싸우게 되어 둘다 극심한 타격을 입을 수 있으며, 투쟁을 중지시키는 것도 위험하고 힘드므로 특히 조심하여 교배시나 기타 이동시 서로 만나지 않게 하여야 하며 따로 수용되었던 수돼지를 같이 수용하는 일이 없도록 하여야 한다.

성적 자극은 후보돈이나 이유 모돈의 발정 촉진을 위해 인위적으로 실시하는 경우도 있으나 그 이외에는 안정이나 성장에 불리한 여건이 되므로 이유시부터 암수를 분리하여 사육하는 것이 원칙이다. 특히 수돼지가 암돼지보다 성장 속도가 빠르고 활동적이기 때문에 암수를 같이 사육하면 수돼지의 승가 등에 의해 사고가 유발되거나 성장 지연을 초래하고 사료 이용성도 나빠지며 성장 단계별로 적합한 관리가 수행될 수 없다. 또한 동일 돈방 내의 개체간 체중 차이가 심해져 돈방 관리 및 출하 관리면에서도 비효율적이게 된다.

6. 생활 공간과 바닥 상태

돼지의 생활 공간은 직접 접촉하는 바닥의 상태와 두당 제공되는 면적뿐만 아니라 활동에 영향을 미치는 휴식공간, 음수 및 채식 장소, 배변장 등의 위치와 조건 등 돈방 구조 및 돈사 내부의 용적에 따른 두당 공기 부피도 적정한 수준을 유지하여야 한다.

가. 생활 공간의 필요조건

돼지의 생활 공간이 필요로 하는 조건은 돼지의 입장과 관리자의 입장에 따라 아래와 같은 것이 있다.

(1) 돼지가 필요로 하는 조건
① 안락한 휴식 및 활동 공간을 제공할 것
② 위생적이고 청결하게 유지될 것
③ 음수와 채식이 용이하고 그에 수반되는 행동에 무리가 없을 것.
④ 안전할 것

(2) 사람이 필요로 하는 조건
① 관리가 용이하고 효율적일 것.(분뇨 처리, 소독 및 청소, 일반관리 등)
② 면적이 작게 소요되고 비용이 적게 들어 경제적일 것.
③ 미관상 양호할 것

나. 바닥 상태와 돼지

돈방 바닥은 돼지가 그 위에 접촉하고 생활하는 곳이므로 휴식 공간은 돼지에게 안락감을 주어 편안히 휴식할 수 있어야 하며 기타 활동 공간은 돼지의 보행에 지장이 없어야 한다. 돈방 바닥이 평사일 경우에는 배수가 잘 되도록 약간 경사를 주게 되는데 과도한 경사는 보행시 불편을 주고 미끄러지거나 엎어져 다치게 할 수 있으므로 적정 수준을 유지하여야 하며, 배수구쪽으로 일률적으로 경사지게 하여 돈뇨나 물이 고이는 곳이 없도록 하여야 한다.

바닥의 상태는 건조하고 청결이 유지되며 너무 매끈하여 미끄러지지 않도록 하여야 하나 너무 거칠면 발바닥에 상처를 주거나 분뇨가 끼어 오히려 불결해지고 미끄러울 수 있으므로 주의한다.

한편 분뇨 처리를 용이하게 하기 위한 방편으로 슬랏 구조로 하는 것이 많이 보급되고 있는데 배분장만 슬랏 구조로 하든가 전체를 슬랏 구조로 하는 경우도 있으며, 슬랏 구조는 평사보다 돈방을 깨끗하고 위생적으로 유지할 수 있고 분뇨 처리를 자동화하거나 수동으로도 쉽게 처리할 수 있으며, 배분장 소요 면적이 적게 되어 단위 면적당 수용 두수를 증가시킬 수 있는 장점이 있는 반면 설치비가 많이 들고 체감 온도를 떨어뜨리며 평사보다 돼지의 보행이나 활동에 불편하다는 단점이 있다. 또한 슬랏 구조는 평사보다 분뇨에 의한 유해가스 발생량이 많게 되어 환기를 강화하든가 슬랏 아래 부분에서 직접 배기시킬 수 있는 시설을 갖추어야 한다.

슬랏에 사용되는 재료로는 긴 막대형의 콘크리트나 석고로 만든 소위 말목을 일정한 간격으로 걸쳐 놓는 경우와 철사를 구부려 망을 만든 철망형 네트(woven wire), 철망형 네트에 플라스틱 등을 입혀 발굽이나 휴식시 접촉감을 향상시켜 놓은 것(Tender foot), 플라스틱으로 만든 것 등과 철근 등을 지침대로 받쳐 일정한 간격으로 설치한 것 등이 있는데 어느 종류든 돼지의 발굽에 상처를 주지 않고 보행에 불편하지 않으며 분뇨가 잘 빠질 수 있는 구조이어야 한다. 부분 슬랏인 경우의 슬랏 넓이는 돈방의 $\frac{1}{3}$ 정도가 적당하며 슬랏 간격은 〈표 1-8〉과 같다.

한편 임신 스톨과 분만방이 부분 슬랏인 경우에는 〈그림 1-5〉와 같은 규격으로 설치하는 것이 적당하다. 전체 슬랏 구조를 설치하는 것은 자돈방과 분만방의 경우가 보통인데 이때는 자돈 휴식 공간은 고무깔판 등을 깔아 주어 과도한 체열 손실을 막고 편안하게 휴식할 수 있도록 하여야 하며, 모돈 젖꼭지가 슬랏 사이에 끼어 상처를 입지 않도록 유의하여야 한다. 일반적인 경우 전체 슬랏이 좋은 것은 자돈사 케이지형 사육 방식일 때 뿐이고 나머지 돈사, 돈방은 부분 슬랏이 좋다.

〈표 1-8〉 사육 단계별 슬랏 간격　(단위 mm)

구 분	포유자돈	자 돈	육성비육돈	성 돈	분만방 모돈만 이용시
간 격	10	12~25	20~25	25~30	20~25

다. 두당 생활 면적

돼지는 휴식 및 활동장소와 배분장소로 구분하여 일정한 면적 이상의 공간이 주어져야 하며 최소 필요 면적에 영향을 미치는 요인으로는 아래와 같은 것이 있다.

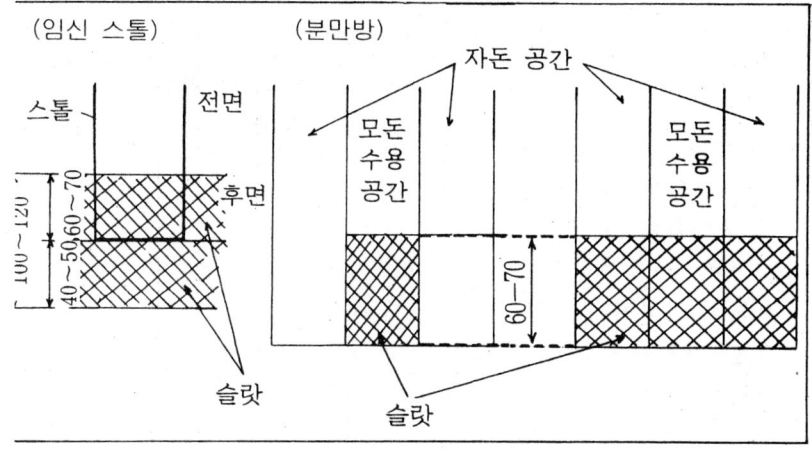

〈그림 Ⅰ-5〉임신 스톨과 분만방의 부분 슬랏 방법 (단위 : cm)

① **돼지의 상태** : 체중이 클수록 필요 면적이 증가하며 성돈의 경우 수퇘지와 후보돈, 이유모돈 등은 동일 체중의 임신돈보다 필요 면적이 넓다.

② **돈방바닥 구조** : 부분 슬랏이나 전체 슬랏 구조보다 평사가 배분 장소 필요 면적이 많게 되어 총 두당 필요 면적이 크게 된다.

③ **온도 및 환기 능력** : 온도가 높을수록 필요 면적이 넓게 되며 단위 면적당 수용 두수가 많게 되면 그만큼 환기 필요량도 증가하게 되어 환기 능력을 향상시키거나 환기 능력에 따라 수용 두수를 조정하여야 한다.

④ **돈사 구조** : 돈사 구조에 따라 환경 조정 능력이나 공간 이용 효율이 달라지게 되어 필요 면적이 다르게 된다.

한편 돈사의 수용능력에 비해 과밀 사육되거나 과소 사육되게 되면 아래와 같은 문제점을 초래하게 된다.

(Ⅰ) 과밀 사육시 문제점

① 성장 속도의 지연

② 위축돈 발생 증가

③ 투쟁 등에 의한 사고율 증가

④ 식미벽 발생 빈도 증가

⑤ 고온 환경하에서 체온 조절 실패에 따른 생산성 저하 및 폐사

⑥ 운동 부족에 따른 지제 허약, 질병 발생

⑦ 환경 관리가 어렵게 되어 비위생적 환경에 따른 질병 발생 증가

(2) 과소 사육시 문제점

① 시설 이용 효율 저하에 따른 원가 상승 및 생산량 감소

② 혹한기 온도 관리가 어렵다.

③ 사육 두수에 비해 넓은 면적을 관리해야 되므로 시설, 인력 및 자재 관리가 비효율적이게 된다.

돈방당 수용 두수 또는 두당 적정 면적은 그 돈방에서 돼지가 이동되는 시점에 기준하여 그때의 예상 체중 및 환경조건을 고려하여 결정하여야만 사육 후반기에 과밀 사육되는 것을 방지할 수 있으나 사육기간 중 사고나 위축 등에 의한 이동을 고려하여 전입시 1~2두 정도 많이 사육할 수도 있다.

〈표 Ⅰ-8〉 성돈의 일반적인 두당 기준 면적

구 분	군 사			개체 사육시
	평사	부분 또는 전체 슬랏구조	1돈방당 수용 두수	스톨 규격
수돼지	6m²	4.5m²	1두	-
후보돈	3.5	2.2	6두	-
이유모돈	4.5	3.0	6두	(60~70)×220cm
임신돈[초산	2.0	1.5	6~10두	60×220
임신돈[경산	2.5	2.0	6~10두	65×220

〈표 Ⅰ-9〉 자돈 및 육성 비육사 수용 기준 (평당 수용 두수)

구 분	사 육 기 간	평사	슬랏 돈사
자돈사	이유시~30kg	8~9두	11~12두
육성 비육사	30kg~출하시	3~3.5두	4~4.5두

〈표 1-8〉과 〈표 1-9〉는 일반적인 기준이며 〈표 1-10〉은 미국의 두당 추천 면적으로서 환경 조건이 양호한 상태일 것이 전제조건이 되며, 실제 적용시에는 자기 농장의 환경, 시설 수준, 관리 수준 등에 따라 적절히 조정하여야 한다.

〈표 Ⅰ-10〉 돼지 체중별 두당 추천 면적(미국)	
체중	두당 추천 면적
6.8~13.6(kg)	0.15~0.23m²
13.6~27.2	0.27~0.37
27.2~45.4	0.46
45.4~68.1	0.55
68.1~100	0.74

＊자료 : PIH-55 space requirement for Swine 미국.
＊전체 또는 부분 슬랏 돈방의 경우임
＊하절기 방당 1~2두 증가 수용
  동절기 방당 1~2두 감축 수용

돼지 상태에 따른 적정 수용 두수를 판단하는 방법은 돼지가 이동될 시점에 즈음하여 배분장을 제외한 휴식공간에 전체 돼지가 자연스럽고 편안하게 누워 휴식을 취할 수 있고 약간의 여유만 있으면 되며 배분장은 휴식 공간 면적의 절반 정도면 충분하다. 따라서 전출시 전술한 조건이 될 수 있도록 전입시 적정 두수를 결정하여 수용하여야 한다.

라. 돈방 구조

사람이나 돼지가 요구하는 생활 공간의 필요 조건을 만족시키기 위해서는 돈방의 형태, 부대 시설의 위치, 배분장과 휴식 공간의 배열이 적정하여야 한다.

(1) 돈방 형태

돈방 형태는 한쪽이 길은 직사각형이 일반적이며 휴식 공간과 배분장을 구분하여 운영하기 좋다. (가로 : 세로＝2~2.5 : 1)

(2) 부대 시설의 위치

급이기는 휴식 공간과 인접하여 설치하되 관리가 용이한 지점에 위치하여야 하며, 특히 수동 급이시는 통로와 인접하여 사료 급여가 용이하고 관리 및 점검이 쉽도록 하여야 하나 자동 급이 시설이 되어 있는 경우는 배분장의 위치 및 휴식 공간의 위치와 고려하여 통로와 떨어져 설치해도 큰 문제는 없다.

급수기는 급이기와 되도록 가까운 위치에서 배분장에 설치하는 것이 좋으며 누수가 배수구로 잘 흐를 수 있도록 배수구에 가까운 것이 좋다.

(3) 배분장과 휴식 공간

돼지의 배분 습성과 돈방 청소의 효율성을 고려하여 배분장의 위치를 결정하여야 하며 배분장을 약간 낮게 설치하는 것이 똥자리 유도와 오염 방지에 도움이 된다.

돈방 구조 및 부대 시설의 위치를 결정할 때 주로 고려되어야 할 사항은 돼지의 배분, 음수, 채식 습성과 관리의 편리성으로 급이기와 배분 장소는 사료 급여 방법과 돈분 제거 방법에 따라 관리시 불편이 없도록 우선 배치를 하고 그에 따라 전체적인 돈방 구조와 배치를 조정하여야 한다.

마. 두당 공기 부피

두당 공기 부피란 돈사 내부의 총용적을 수용 두수로 나눈 값으로 두당 공기 부피가 작으면 그만큼 유해가스나 먼지 등이 희석될 수 있는 공기량이 작기 때문에 쉽게 환기 상태가 불량해질 수 있으며, 적정 환기 상태를 유지하기 위해서는 돈사 내 공기의 교체 속도를 빨리 해주어야 하나 그렇게 되면 공기 유통 속도가 빨라져 돼지에게 좋지 못하다. 따라서 돈사 시설시에는 환기 능력과 필요 환기량에 따라 공기 유통 속도를 고려하여 천정 높이를 결정하여야 한다. 돈사 내의 공기 이동 속도는 최대 환기시에도 초속 1m 이상이 되면 부적당하고 저온 환경시에는 초속 10~15cm 정도로 공기가 이동하는 것이 적당하다.

바. 생활 공간의 위생 상태

돼지의 생활 공간에 위생 상태와 관련된 것은 공기 중 부유 세균수, 바닥 및 부대 시설의 오염도, 야생동물 및 유해 곤충의 침입, 인접된 환돈 등으로 위생 상태를 양호하게 유지하기 위한 방법으로는 아래와 같은 것이 있다.

① 청결한 돈방 청소 : 1일 1회 이상 돈분을 제거하고 급이기, 급수기 등의 상태를 점검하여 주기적으로 청소한다.

② 적절한 환기 유지

③ 유해 곤충 구제 : 파리, 모기 등의 서식처를 제거하고 주기적으로 살충제를 뿌려 준다.

④ 야생 동물의 침입 방지 : 개, 고양이를 비롯한 야생동물 및 불필요한 인원의 통제를 위해 주변에 담을 설치한다.

⑤ 주기적인 소독 실시
⑥ 돈방이 빌 경우 수세 및 소독 후 돼지 전입
⑦ 환돈의 격리 수용
⑧ 발바닥 소독조 운영

제 2 장 돈사 시설

양돈업이 발전함에 따라 부업적 양돈 형태에서 점차 전업, 기업화되면서 돈사도 극히 간단하고 소규모인 간이 돈사에서 점차 대형화되고 보다 경제적인 형태로 개량되고 있다. 한편 돈사 시설은 돼지를 사육하여 최대의 이윤을 얻고자 하는 목적하에 건축되기 때문에 기본적으로 돼지에게 적합한 구조이어야 함은 물론 관리가 용이하고 경제적이어야 한다. 즉 돼지를 비롯한 생산재, 관리 노동, 자본 등의 생산성이 최대화될 수 있는 돈사 시설이어야 한다.

그러나 실제에 있어서는 돼지를 비롯한 관리자의 기술 수준, 자연적, 사회, 경제적 여건 등이 농장별로 다르고 시대에 따라 변천되기 때문에 가장 경제적인 돈사 시설의 표준을 정하는 것은 불가능하며 당시의 여건과 앞으로 발전 방향을 예측하여 종합적으로 검토한 후 농장별로 각기 가장 경제적이고 합리적인 시설 기준을 결정하여야만 한다. 따라서 본장에서는 돈사 시설에 관한 기초 지식과 일반적 기준에 대해 살펴봄으로써 실제 상황에 응용할 수 있도록 하고자 한다.

1. 돈사 위치 선정시 고려사항

돈사를 건축하고자 하는 부지 및 돈사의 위치는 다음과 같은 기본적인 조건에 부합되어야 한다.

① 기후적 조건 : 국내 여건상 한정되어 있지만 고냉지나 강수량이 특히 많은 지역. 연중 습도가 높은 지역은 피하는 것이 좋다.

② 지리적 조건 : 생산물의 판매와 생산재의 구입이 용이하고 교통이 편리한 곳이 바람직하다.

③ 사회적 조건 : 축사 건축 허가가 가능한 지역으로 주변 여건상 문제가 발생할 소지가 없는 주택 단지 등과는 격리된 장소이어야 한다.

④ 지형 및 지질 : 약간 경사진 동남향 고지대로서 지질이 사질점토로 배수가 용이하고 통풍이 잘되며 채광이 좋고 건축이 용이하여야 한다.

⑤ 분뇨 처리가 용이하고 양돈장 특유의 악취에 의해 주변에 피해를 주지 않을 장소이어야 한다.

⑥ 양질의 음수 및 용수를 저렴한 단가로 충분히 공급할 수 있도록 지하수의 수질, 수량이 충분하던가 다른 공급원이 확보될 수 있어야 한다.

⑦ 기타 소음이 적고 주변 양돈장과는 최소 50m 이상 격리되어 질병 전파의 위험성이 적어야 하며 부지 구입 비용이 적정하여야 한다.

2. 돈사의 기본 요건

가. 환경성

자연적인 환경 조건하에서는 돼지의 생산성을 최대화할 수 없기 때문에 인위적으로 돼지에게 적합한 환경 조건을 만들어 경제적 이득을 얻기 위한 것이 돈사의 기본적인 목적이다. 따라서 돈사는 그 속에서 사육되고 있는 돼지에게 가장 경제적인 환경 조건을 제공할 수 있어야 하며, 아울러 돈사 안에서 관리를 수행하게 되는 인간에게도 적정 수준의 환경조건을 제공할 수 있어야 한다.

나. 작업의 편리성

돈사는 사료 급여, 돈분 제거, 환기 상태 관리, 돈사 및 시설 관리 등 일상적인 관리뿐 아니라 돼지의 이동, 출하 등 비정규적인 관리도 종합적으로 고려되어 편리하고 시간이 단축되는 구조 및 시설이어야 한다.

현대식 대규모 돈사에서는 관리 노동의 생산성을 고려하여 기계화, 성력화가 급속히 추진되고 있는 추세로 사료 급여, 분뇨 제거의 자동화, 기계화는 물론 온도 및 환기 상태의 자동 조절 장치도 보급되어 환경 관리의 효율성과 노동 생산성의 향상을 도모하고 있다.

다. 안정성

돈사는 유해 곤충, 쥐, 고양이, 개 등을 비롯한 야생동물 등의 침입을 차단하고 출입 인원이나 물품을 적절히 통제하여 전염병 전파나 기타 경제적 피해로부터 보호될 수 있어야 한다. 또한 돼지 및 관리자의 사고 위험이 없는 안전한 구조이어야 함은 물론 전기 사고, 화재의 위험성에 대한 충분한 대비가 되어 있어야 하며 지진, 태풍, 폭우, 폭설, 낙뢰 등 천재지변에 대해서도 안전성이 고려되어야 한다.

라. 사회성

돈사 역시 주변 환경에 영향을 미치게 되므로 기본적으로 법적 규제에서 벗어나지 않아야 함은 물론 악취나 분뇨 및 폐수 등이 적절하게 처리되어 주변에 피해를 주지 않아야 되며, 인접 주민이나 관리자가 쾌적한 상태에서 생활 및 관리가 수행될 수 있도록 미관도 고려하여 주변 조경과 시설의 미적 감각도 살리는 것이 바람직하다.

마. 경제성

양돈업의 목적이 이익을 최대화하는 것인 만큼 전술한 돈사의 기본요건도 중요하지만 이러한 제반 요건을 검토할 때는 경제적인 측면을 항시 염두에 두어야 한다. 과도한 시설 투자는 고정비를 증가시켜 생산비 절감에 큰 장해 요인이 될 수 있으므로 투자 비용 증가에 따른 생산성을 고려하여 적정선에서 돈사 시설 수준을 결정하여야 한다.

한편 경제성 분석시 흔히 범하기 쉬운 오류로 단위 시설 면적당 건축비에 집착하기 쉬운 경향이 있는데 이는 생산성이나 상시 사육 두수가 동일한 조건에서는 비교적 정확한 기준이 될 수 있으나 시설 수준에 따라 생산성과 단위 면적당 적정 사육 두수가 크게 달라지므로 예상되는 생산성과 적정 상시 사육 두수 두당 건축비를 필히 점거해 보아야 한다.

3. 돈사 시설 계획시 고려사항

돈사 시설 계획시에는 아래와 같은 기본적인 전제조건이 충분히 고려되어 이상적인 돈사가 건축될 수 있도록 하여야 한다.

① 기후 : 기온(연중 기온의 변동 상황 : 연교차, 일교차, 평균 기온, 최저, 최고 온도) 적설량, 풍속(돈사의 견고성 설계시 필히 참작할 것) 강수량, 습

도, 일조량 등

② 입지 조건 : 지형, 지질, 교통 조건, 지하수 및 용수 조건, 인접 지역의 여건

③ 경영 형태 : 종돈 생산, 자돈 전문 생산, 비육돈 전문 생산, 일관 경영 등

④ 관리자의 기술 수준

⑤ 돼지의 자질 : 강건성, 체격, 생산 능력 등

⑥ 사양 관리 체계 및 돼지 이동 체계

⑦ 사료 급이, 분뇨 처리, 환기 및 보온 방법

⑧ 사육 규모 목표

⑨ 생산 기술 지표

⑩ 향후 발전 계획

⑪ 투자 허용 한계

⑫ 개인적 취향

⑬ 경제성

4. 각 돈방 소요량 계산

돼지는 성장 단계, 생리적 상태에 따라 적합한 환경 조건, 관리 방법이 다르기 때문에 돈방의 종류와 소요량도 그에 적합하게 갖추어야 한다. 일반적인 돼지 수용 시설의 용도에 따른 구분은 아래와 같이 기본적인 구분 단계에서 점차 세분화할 수 있으며, 규모나 여건상 가능하다면 보다 세분화하여 설치 사육하는 것이 환경 관리 및 일상 관리시 효율적이지만 평상시 사육 규모나 기타 여건에 따라 돈방 이용 효율 및 시설의 경제성이 달라지므로 농장 사정에 따라 적정 수준을 결정하여야 한다.

< 돼지 수용시설의 용도에 따른 종류 >

○ 분만방 : 복당 1개방 사육

○ 자돈방 : 군사

○ 육성 비육 돈방 : 군사

○ 웅돈방 : 두당 1개방 사육(후보 웅돈 겸용)

○암컷 성돈방‥

후보 돈방 : 군사, 방목장
교배 대기 돈방 : 군사 또는 개체 사육(스톨사)
임신 돈방 { 임신 전기 모돈방 : 군사 또는 개체 사육
임신 후기 모돈방 : 군사 또는 개체 사육

한편 위에서 보듯이 수용 시설이 세분화되는 것은 주로 암돼지 성돈의 생리적 단계에 따른 구분 사육이며 종돈은 기본적으로 개체관리 하는 것이 원칙이기 때문에 상호 호환성이 있는 군사 돈방의 경우라도 생리적 단계에 따라 돈방을 별도로 구분 사육하여야 하며 개체별로 급여량을 조정해 줄 수 있는 시설이 되어 있는 것이 좋다.

돈방 소요량 계산을 위하여 기본적으로 결정되어야 할 전제조건은 아래와 같으며 자세한 설명을 피하고 실례를 들면서 필요시 설명을 첨가하고자 하니 이를 토대로 실제 상황에 응용하기 바란다.

< 돈방 소요량 계산시 전제조건 >

① 경영 목표의 결정

○ 경영 형태
○목표 상시 사육 두수 또는 모돈수
○생산 기술 지표
○돼지 이동 체계 및 시기
○돈사, 돈방의 세분화 정도

② 돈방당 사육 두수 및 소요 면적
③ 돈방당 실사육 기간의 결정
④ 돈방 1회전당 소요 기간 결정
⑤ 돈방별 생산 실적 변동에 따른 여유율 결정
⑥ 성장 단계 생리적 상태에 따른 상시 사육 두수

< 돈방 소요량 계산 예 >

① 경영 형태 : 비육돈 일관 경영
② 규 모 : 모돈 100두

③ 생산 기술 지표(계산상 필요 항목만 예시함)

항 목		지 표	비 고
번식성적	모돈회전율	2.2	연간 분만 복수÷상시 모돈 수
	발정재귀 일령	10일	
	복당 산자수	10두	
	포유자돈 전출 육성률	95%	
종돈사용	연간 모돈 교체율	40%	
	이유 모돈 도태율	10%	
	암수성비	15 : 1	
	웅돈 사용 연한	18개월	초교배 사용시부터 도태시까지
	후보 암퇘지 사용률	90%	선발 또는 구입 두수 대비
육성 및 산육 성적	자돈 육성률	98%	
	비육돈 육성률	99%	
	자돈 전출시 체중	25kg	암·수 평균
	자돈 전출시 일령	70일령	
	출하시 체중	90kg	
	출하시 일령	165일령	

④ 돈방 이용 체계

돈 방	전입 시기	전출 시기	사육기간	비 고
분만방	분만 1주전 모돈 전입	이유 1주 후 자돈 전출	39일	포유기간 25일
자돈방	이유 1주일 후	체중 25kg 70일령	38일	70−(25+7)
육성 비육 돈방	70일령	출하 시기	95일	165−70
웅돈방	후보선발시	도태시	전기간	
후보돈 방목장	후보선발시	교배2주전	2.5개월	(주 1)
교배 대기 돈방	이유, 후보돈 돈사 입식	교배시		(주 2)
임신 돈방	교배시	분만 1주전	107	(주 2)

(주1) 후보돈 초교배 일령과 후보돈 선발 또는 구입시 일령에 따라 다르지만 90kg 이전은 육성 비육사에서 사육하고 통상적으로 5개월령부터 8개월령 교배 기준하여 교배 2주 전까지 약 2.5개월 사육하는 것이 일반적이다.

(주2) 교배 대기돈은 후보돈 및 이유 모돈 뿐 아니라 재발정돈, 미임, 유산 등에 의해 분만 실패한 모돈, 도태 대상돈의 도태 전까지 사육 기간 등 실제 임신 및 포유 기간 중에 있는 돼지를 제외한 모든 모돈수로 계산하는 것이 일반적이며 임신 돈방과 상호 호환성이 있기 때문에 임신 돈방과 교배 돈방의 총 수용 능력이 분만방에 수용된 모돈을 제외한 전체 모돈수에 충분하면 큰 문제는 없다. 또 교배사가 따로 건축된 대규모 농장의 경우에는 발정 재귀 일령과 모돈 이유 두수, 재발정률, 임신 확인시까지 사육기간(전출시까지의 기간)을 고려하여 별도로 계산하여야 한다.

모든 모돈을 스톨에 사육할 경우는 특별히 군사방이나 방목장에서 사육되어야 할 필요성이 있는 모돈수를 예측하여 별도 시설 규모를 결정하기도 하나 본 예에서는 이유 모돈을 교배시까지만 군사하는 것으로 하고 나머지는 모두 임신 돈방으로 계산하여 필요에 따라 스톨에 의한 개체 사육과 군사 또는 방목 두수를 결정할 수 있도록 한다.

⑤ 돈방당 사육 두수 및 규격

돈 방	규 격(Cm)	사 육 두 수	비 고
웅 돈 방	200×300	1두	평 사
분 만 방	180×220	1복	부분슬랏
자 돈 방	180×240	15두	케 이 지
육성 비육 돈방	260×540	15두	부분슬랏
간 이 방 목 장	—	4두	
교배 대기 돈방	300×450	4두	평 사
임 신 돈 방	65×220	1두	스 톨

⑥ 돈방 1회전당 소요 일수

돈방	소요 일수			비고
	실사육 기간	청소 및 소독	계	
분만방	39일	7일	46일	
자돈방	38일	7일	45일	
육성 비육 돈방	95일	10일	105일	

⑦ 돈방당 여유율

월간 변동폭이 클 수 있고 시설의 상호 호환성이나 신축성이 적은 것은 여유율을 크게 하고 부족시 대체 가능성이 큰 시설은 작게 한다. 보통 분만방은 20%, 기타 돈방은 10% 정도의 여유를 두고 웅돈방은 여유율을 계산하지 않는 것이 보통이다.

⑧ 상시 사육 두수 계산

○웅돈 $\begin{cases} \text{성돈 : 7두 (모돈수×성비 : } 100÷15 \text{)} \\ \text{후보돈 : 1두 (성돈수÷공용연한×후보사육기간 : } 7÷18×3\text{개월)} \end{cases}$

○모돈
- 분만방 수용 두수 : 19두 (모돈수×회전수×사육기간÷회전기간 : 100× 2.2×32÷365)
- 교배 대기돈방 수용 두수 : 6두 (모돈수×회전수× (1−이유 모돈 도태율) ×발정재귀 일령÷모돈 회전 기간 : 100×2.2× (1−0.1) ×10÷365)
- 임신 돈방 수용 두수 : 75두 (총모돈수− 분만방 수용 두수−교배 대기돈방 수용 두수)

○암컷 후보돈
- 방목장 사육 두수 : 10두 (모돈수× 교체율÷공용률×사육기간÷교체기간 : 100×0.4÷0.9×2.5÷12)
- 교배 대기돈 사육 두수 : 2두 (모돈수×교체율÷공용률×사육기간÷교체기간 또는 상시 사육 두수−방목장 사육 두수 : 100×0.4÷0.9×0.5÷12)

○자돈방 사육 두수 (전입시 기준으로 자돈사 폐사 두수 무시) : 218두
(연간 전입 두수 (모돈수×회전수×산자수×분만방 전출 육성률)

×사육기간÷365 : 100×2.2×10×0.95×38÷365)

○육성 비육 돈방 사육 두수(육성 비육돈방 폐사 두수 무시) : 533두

(연간 전입 두수(모돈수×회전수×산자수×분만방 전출 육성률×자돈 육성률)×사육기간÷365)

○분만방 돼지 사육 돈방수 : 24개방

(모돈수×회전수×점유기간÷365 : 100×2.2×39÷365)

○분만사 상시 사육 자돈수 : 187두

(모돈수×회전수×산자수×사육기간÷365×평균 생존율[*] : 100×2.2×10×32÷365×0.97)

---

[*] 평균 생존율은 분만 직후에 폐사가 많기 때문에 전출 육성률과 대비하여 임의로 97% 수준을 잡음

● 종합

돼지＼돈사	웅돈방	분만방	자돈방	육성비육방	방목장	교배대기돈방	임신돈방	계
종웅돈	7							7
후보돈♂	1							1
모돈		19				6	75	100
후보돈♀					10	2		12
포유자돈		187						187
자돈			218					218
육성비육돈				533				533
계	8	206	218	533	10	8	75	1058

⑨ 돈방 소요량 계산

 ＊ 기본 전제(예)

 •교배 대기돈방은 여유있게 군사방으로 설치하여 후보돈도 악천후시 충분히 수용할 수 있으며 교배 대기돈은 물론 임신돈도 일부 필요한 경우 사육할 수 있도록 한다.

돈 방	소요량	비 고 (계산근거)
웅돈방	8	상시 사육 두수
분만방	34	상시 사용 돈방수×돈방 회전기간÷실사육기간×(여유율+1)
자돈방	19	상시 사육 두수÷돈방당 사육 두수×돈방 회전 기간÷실사육 기간×(여유율+1)
육성 비육돈방	44	상동
방목장	4	후보돈 및 모돈의 필요시 사육 가능토록 최소 필요량 이상으로 임의적으로 결정
교배 대기 돈방	8	상동
스톨	70	교배 대기 돈방의 규모와 모돈수에 대비하여 적정 규모 조정

＊방목장 분만방을 제외한 모돈 사육시설의 후보돈 포함시 여유율 : 109.6%

5. 돈방, 돈사의 배치

가. 돈사별 돈방 배치

돈방 배치를 결정할 때 고려되어야 할 사항은 아래와 같다.

①돼지가 요구하는 환경 조건

　돼지에게 최적 환경 조건을 제공하기 위한 여러가지 항목을 종합적으로 검토하여 비슷한 것끼리 한돈사에 수용될 수 있도록 하고 돈사를 구분할 수 없는 경우에라도 되도록 한곳에 집중시켜 최대한 유사한 환경을 만들 수 있도록 하는 것이 돼지 및 관리 노동의 생산성 향상이나 환경 관리에 유리하다. 특히 중요한 환경 조건은 온도로서 일반적으로 적온 범위가 다른 자돈방, 육성 비육방, 성돈방 및 분만방으로 최소한 구분되어 배치가 결정되어야 한다.

② 사료 급여, 분뇨 처리 체계

③ 돼지의 흐름에 따른 이동 관리의 효율성

④ 돈사 내부 공간의 이용성

⑤ 돼지 관찰의 편리성

나. 농장 배치

농장의 전체적인 돈사 및 부속 시설의 배치 요령은 아래와 같다.

① 부지의 형태, 경사도, 면적, 지질, 방향, 교통 여건 등에 따라 전체적인 배치 형태를 결정한다.

② 돼지의 흐름을 고려하여 최단거리로 가장 쉽게 이동할 수 있으며, 최종적으로 농장 입구에서 비육돈이 사육되고 판매될 수 있도록 한다. 즉, 이동의 효율성과 방역 위생적인 측면을 동시에 고려한 돼지 이동이 될 수 있도록 한다.

③ 돈사간 적정 간격을 유지하여 통풍, 채광 등이 좋게 한다. 평지에서 최소 간격은 돈사 높이의 $\frac{1}{2}$ 이상이다.

④ 사료를 비롯한 생산제의 반입시 이동거리, 이동 방법 등에 따른 효율성과 방역 위생적 측면을 동시에 고려한다.

⑤ 분뇨 처리에 필요한 분뇨 운반 거리, 운반 방법, 최종 처리 방법 등을 고려하여 가장 쉽고 부대 비용이 적게 들도록 한다.

한편 분뇨 처리 장소는 처리시 발생되는 악취를 고려하여 숙소와 어느 정도 떨어져 있고 최종 처리물의 배출 또는 반출시 용이한 위치로 하는 것이 좋다.

⑥ 양돈장 중 야간 관리가 필요한 곳은 분만사로 주간은 물론 야간 관리시의 편리성을 염두에 두고 숙소와 분만사의 배치를 결정한다.

6. 각 돈사, 돈방별 시설 기준

가. 분만사 및 분만방

(1) 온도 관리 시설

분만사의 전체적인 적온은 포유 모돈 및 자돈의 활동상 큰 무리가 없는 수준인 20℃ 내외이며 자돈의 휴식 공간은 일령별 적온을 별도로 유지시켜 주어야 한다. 특히 분만사는 적온이나 적응 한계 온도가 다른 모돈과 자돈이 동시에 수용되고 자돈은 저온 적응 능력이 극히 낮고 모돈은 고온 적응 능력이 낮아 고온시 비유량, 사료 섭취량이 급격히 감소하므로 가장 세심하게 온도 관리를 하여 적온을 유지함은 물론 온도 변동폭도 적어야 한다. 분만사의 온도 관리를 위한 시설은 아래와 같다.

㈎ 단열

최대한 경제적인 수준에서 단열 정도를 높여 외부 기온의 영향을 최소화 하여야 한다. 환경 관리의 효율성을 위하여 가장 먼저 무창 돈사가 도입된 것이 분만사며 가장 효과가 좋은 부분이다. 국내 일반 기후조건에서의 단열 수준은 벽체는 단열 계수 9~14 지붕은 단열 계수 16 이상이 적정 수준이다.

㈏ 혹한기 돈사 급온 시설

단열이 잘 되어 있어도 혹한기에 분만사의 적온을 유지하기 위해서는 별도의 급온 시설을 해주어야 한다. 분만사 급온 시설로는 전기열, 가스열이나 연탄, 유류 등을 이용하여 돈사 공기를 덥혀 주는 방법과 보일러를 이용하여 자돈 생활 공간의 바닥을 가온하여 주는 방법 등이 있다.

한편 돈사 내에서 연료가 연소될 경우에는 유해 가스가 생성되므로 연기 배출 시설을 잘하여 돈사 내에 연기가 유출되지 않게 하고 연소에 소모되는 산소량을 고려하여 환기량을 증가시켜 주어야 하며 화재 예방에도 만전을 기한다.

㈐ 자돈의 보온

분만사의 적온과는 별도로 포유자돈의 적온은 일령에 따라 높은 수준의 온도를 필요로 하기 때문에 보온상자와 별도의 급온 시설을 이용하여 자돈 휴식 공간의 적온을 유지하여야 한다. 자돈의 급온 방법은 적외선 보온등, 전기 열선 등 전기를 이용한 기구가 많이 사용되며, 그밖에 조정이 용이한 가스 보온기구나 열풍을 이용할 수도 있으며, 온수 난방 방식으로 자돈 휴식 공간을 가온하여 주는 방법도 효과적이다. 그리고 자돈 휴식 공간은 보온 효과를 높이기 위해 깔짚이나 고무 깔판 등을 깔아 주는 것이 좋다.

㈑ 하절기 고온 관리

개방 돈사의 경우에는 돈사 내 환기와 천정 단열에 의한 복사열 차단으로 돈사 내 온도 상승을 방지하고 돼지 생활 공간 이외의 바닥에 물을 뿌려 주어 증발열 손실에 의해 돈사 온도를 낮추어 주는 등 가능한 모든 방법을 동원하여 돈사 온도를 낮게 유지하여 모돈의 고온 스트레스에 따른 사료 섭취량 감소. 비유량 감소 등을 초래하지 않게 하여야 한다. 무창돈사에서는 기화열을 이용한 돈사 인입 공기의 냉각으로 돈사 온도를 외기보다 5℃ 정도 낮출 수도 있다.

(2) 압사 방지 시설

압사 방지를 위해서는 자돈과 모돈의 생활 공간을 별도로 구분하여야 하며 모돈의 활동 범위를 한정시키는 방법이 효과적이다. 근래에는 분만책을 사용하여 모돈 활동 범위를 제한시키는 방법이 많이 사용된다.

(3) 칸막이 높이 및 간격

모돈의 칸막이 높이는 분만틀의 경우에는 100cm, 모돈의 활동이 자유스러운 평사의 경우에는 120cm 정도 되어야 하며, 자돈의 칸막이는 높이 60cm, 세로 칸막이 폭은 4cm 정도가 적당하다.

(4) 급수 시설

모돈용과 자돈용 별도로 설치하는 것이 바람직하며 니플의 경우 높이는 모돈용은 50~80cm, 포유 자돈용은 15cm 정도가 적당하다.

(5) 급이 시설

모돈용 사료를 자돈이 같이 채식할 수 없도록 모돈용은 약간 높게 설치하고 자돈용 사료 급이기는 급이구 턱높이 6cm 이하, 넓이 10~15cm 정도로 1복당 4개 정도의 급이구가 필요하며 입질 사료 급이용은 별도로 제작 사용하기도 한다.

(6) 분만방 시설 배치

① 급수기 : 모돈용은 모돈 사료통 옆에, 자돈용은 배변장에 설치한다.
② 보온 상자 : 모돈 위치와 고려하여 앞쪽으로 설치하여 모돈이 관찰할 수 있도록 하는 것이 모돈의 안정에 도움이 된다.
③ 분만틀의 경우 보온상자가 있는 쪽은 자돈 활동 공간이 충분하도록 약간 넓게 그 반대편은 약간 좁게 하여도 무방하다(최소 40cm 이상)
④ 자돈용 급이기 : 보온 상자 또는 휴식 공간과 인접하고 모돈이 닿지 않는 곳에 설치한다.

나. 성돈사 및 성돈방

(1) 개체 관리

성돈사와 성돈방은 개체 관리가 실시될 수 있도록 하는 것이 가장 기본적이다. 개체 관리시 주안점은 사료 급여량 조정으로 군사의 경우라도 사료 급이시는 두당 1개의 사료 급이구만 사용할 수 있고 돼지 상태에 따라 적절한 양을 조절할 수 있도록 시설하여야 한다.

(2) 온도 관리 시설

성돈은 저온 적응 능력이 높고 적온이 낮아 여름철 온도 관리에 특히 주안점을 두어 시설하여야 한다.

(가) 단열

성돈사의 단열은 여름철 복사열 차단을 위한 지붕 단열에 주안점을 두어 설치하고 벽체는 하절기에는 완전 개방하고 동절기에는 비닐과 적절한 단열재를 사용하여 밀폐할 수 있는 구조가 적당하다. 혹한기에도 지붕 단열이 잘 되어 있으면 벽체를 비닐 및 얇은 단열재로만 밀폐시켜도 영상 온도를 유지할 수 있어 큰 문제는 없다.

(나) 하절기 방서 대책

돈사 바닥에 물을 뿌려 주거나 통로나 배분장 상부에 미세 분무 장치를 하여 돈사 온도를 낮출 수도 있으며, 웅돈의 경우 돈방당 샤워 시설을 하여 주기도 한다. 한낮 최고 온도에 즈음하여 돈체에 직접 물을 뿌려 주는 것도 효과적이며 스톨 사육의 경우 돼지 목부위에 물방울이 주기적으로 떨어지게 하는 방법도 효과가 좋다. 미세 분무 장치는 돈사 온도를 2~3℃ 정도 낮출 수 있을 뿐 아니라 돈체에 물기를 주어 체열 발산을 촉진할 수도 있어 성돈사는 물론 육성 비육사에서도 많이 사용된다. 한편 물을 사용한 온도 관리시에는 효과가 좋고 폐수 증가가 적은 방법을 모색하여 폐수 증가에 따른 문제가 초래되지 않도록 한다.

(3) 칸막이 높이 및 간격

칸막이 높이는 웅돈방 140cm, 모돈방 120cm 정도 되어야 하며 칸막이 간격은 돼지가 끼이지 않고 빠져나가지 못할 정도로 내경 10cm 전후가 적당하다.

(4) 급수 시설

성돈사의 급수 시설을 웅돈방은 니플이나 워터컵(water cup)을 사용하는 것이 보통이고 모돈은 니플 또는 급이조를 이용하기도 하는데 급이조 이용시는 허실량이 많기 때문에 별도의 배출 시설을 하여 폐수화 되지 않게 하며 사료 찌꺼기 등이 잔류하지 않게 하여 변폐를 예방하여야 한다. 성돈의 니플 높이는 60~80cm

정도가 적당하며 최적 높이는 어깨높이 정도로 약간 고개를 들고 음수하는 상태가 누수량이 가장 적다.

(5) 군사와 스톨사

전기간 모돈을 군사방 또는 스톨에 사용하든가 이유 직후와 임신 후기에는 군사하고 교배시부터 임신 전기에는 스톨에 사육하는 방법 등 여러가지 경우가 있을 수 있는데 〈표 2 -1〉과 같은 장단점을 고려하여 선택한다.

〈표 2 - l〉 군사와 스톨 사육시 장단점

	군　사	스　톨　사
장점	• 활동폭이 넓기 때문에 지제를 비롯한 신체 강건성 유지를 위한 운동이 가능하다. • 편안한 자세로 행동 및 휴식할 수 있다. • 혹한기에 체열 이용이 가능하다. • 이유 모돈의 발정 촉진에 도움이 된다.	• 단위 면적당 사육 두수가 많다. • 개체별로 수용되어 있기 때문에 개체 관리가 용이하고 효율적이다. • 투쟁이나 승가에 의한 사고 위험이 없다.
단점	• 개체 관리 및 관찰이 불편하다. • 두당 필요 면적이 넓어 돈사 이용이 비효율적이다. • 발정시 승가 행동이나 투쟁 등에 의해 사고 발생 위험이 있다. (지제사고, 유산)	• 운동 부족에 의한 지제 허약을 초래한다. • 휴식 및 생활 자세가 불편하여 스트레스를 준다. • 서로 떨어져 있어 혹한기에 체열을 상호 이용할 수 없다.

스톨의 규격은 폭 60~70cm, 길이 200~220cm (사료 급이조 포함. 단 사료 급이조도 휴식 공간으로 사용 가능시) 높이 100~120cm 정도로 돼지가 돌아서지 못하면서 충분히 누울 수 있는 폭과 길이가 제공되어야 한다.

다. 자돈사 및 자돈방

이유시부터 육성 비육사로 전출되는 시기인 체중 20~40kg 까지 사육되는 곳으로 적온이 높고 (20℃ 전후) 저온 적응 능력이 낮아 혹한기 보온에 유의하여 단열과 급온 시설을 하여야 하며, 소음이나 진동 등에 의해서도 스트레스를 받으므로 조용한 곳으로 선택하는 것이 좋다.

(1) 온도 관리 시설

(가) 단열

혹한기에 대비한 단열이 우선으로 지붕 단열은 물론 하절기 필요 환기량을 고려하여 창문을 내거나 일부 개방하는 부분 이외에는 벽체를 설치하여 단열하고 혹한기에 밀폐할 수 있도록 하는 것이 좋다.

(나) 혹한기 급온 시설

분만사에서 사용되는 급온 시설을 자돈사에서도 사용하여 혹한기에 보온하거나 깔짚을 충분히 깔아주고 휴식 공간에 전기나 가스를 이용한 보온 시설을 하여줄 수도 있다. 그러나 별도로 자돈사를 운영하는 경우에는 돈사 전체를 가온하여주는 방법이 유리하다.

(다) 하절기 온도 관리

자돈은 30℃ 이내에서 큰 경제적 손실은 없으므로 지붕 단열만 잘 되어 있고 환기량만 충분하면 큰 문제는 없다. 그러나 돈사 온도가 과도하게 높다든가 환기량이 부족하면 피해를 줄 수 있으므로 단열이 잘 안된 돈사나 사육 밀도가 높은 경우 (케이지 돈방, 슬랏 돈방 구조인 경우)는 송풍기를 설치하여 환기량을 늘려주고 공기 이동 속도를 빨리 하여 주는 것이 좋다.

(2) 칸막이 높이 및 간격 : 높이 70cm, 간격 6cm 정도가 적당하다.

(3) 급수시설 : 니플 높이는 30cm 정도가 적당하며 워터컵은 자돈의 1회 음수량이 작아 사료편이나 기타 오물에 의해 불결해지기 쉬워 사용시 유의해야 한다.

(4) 급이시설 : 자돈용 급이기는 모든 돼지가 충분히 사료를 섭취할 수 있도록 무제한 급이기를 사용하는 것이 보통이며, 채식시 불편하지 않도록 급이구 턱높이는 10cm 이하가 되게 하고 넓이는 15~20cm 정도에서 전출 체중을 고려하여 결정하며, 수용 두수 3두당 1개 이상의 급이구가 있어야 한다.

한편 돼지의 파헤치는 습성을 고려하여 채식시 불편하지 않는 수준에서 행동을 제약할 수 있는 구조이며, 너무 많은 양이 한꺼번에 쌓이지 않도록 하는 것이 사료 허실량을 줄일 수 있다.

라. 육성 비육사

(1) 온도 관리 시설

(가) 단열

육성사의 천정은 단열을 잘하여 동절기 열 손실을 최소화하고 하절기 복사열을 효과적으로 차단할 수 있게 한다. 한편 벽체는 완전 개방형 내지 지면에서 1m 정도만 고정식으로 설치하는 구조로 하여 하절기에 충분한 환기가 이루어질 수 있도록 하는 것이 좋다. 특히 육성사는 사육 밀도가 높고 체중이 비교적 커서 환기 필요량이 많기 때문에 벽체의 개방 면적이 적을 경우 하절기에 곤란을 겪을 수 있다.

(나) 혹한기 보온

육성 비육사는 사육 두수가 많고 군사식이기 때문에 체열 발산에 의한 돈사 온도 상승 효과와 돼지간 체열을 이용한 체감 온도 상승 효과가 크다. 또한 비교적 저온 적응 능력이 높아 단열을 잘하여 돈사 내가 최저 온도시 영상만 유지한다면 큰 문제는 없으며 어린돼지는 깔짚을 충분히 깔아주는 정도면 혹한기 육성 비육사 보온 대책으로 충분하고 별도의 급온 시설은 하지 않는 것이 보통이다.

(다) 하절기 방서 대책

육성사에서 사용 가능한 하절기 방서 대책으로는 ① 송풍기에 의해 돈사 내 공기 유통 속도를 빨리 해주거나 돼지에게 직접 바람을 불어 주는 것(단 초속 1~2m이내). ② 미세 분무 장치 사용 ③ 돈체나 돈방에 물 뿌려 주기 등이 있으며 ①번과 ②, ③번을 결합시키면 그 효과가 높다.

(2) 칸막이 높이 및 간격

육성사 칸막이 높이는 출하 체중을 고려하여 90~100kg 출하시 90cm 정도가 적당하다.

한편 육성 비육사의 칸막이는 똥자리 유도를 위해 배분장에는 파이프, 철근 등으로 설치하여 옆돈방이 보이도록 하고 휴식 공간은 블럭 등으로 완전 밀폐하거나 아래 부분 약 50cm 정도는 밀폐하고 그 윗부분은 파이프, 철근 등으로 설치하는 것이 바람직하며 배분장 칸막이 간격은 전입시 체격을 고려하여 결정하되 8cm 정도가 적당하다.

(3) 급수 시설

육성 비육사의 급수 시설은 니플을 이용하는 것이 일반적이며 폐수 처리가 특히 문제가 될 때는 누수량을 줄이기 위해 워터컵을 사용하기도 한다. 니플의 설치 높이는 고정식일 경우 전입시 음수 가능 높이를 고려하여 되도록 높게 설치하는 것이 비육 후기에 누수량을 적게 할 수 있어 대략 50cm 정도로 설치하며(30kg 전후 전입시) 높이를 조정할 수 있게 설치한 경우에는 돼지의 어깨높이로 조정해 놓는 것이 누수량이 가장 적다.

(4) 급이 시설

육성 비육사는 사료를 채식하는데 따라 급이구에 사료가 계속 공급될 수 있는 무제한 급이기를 사용하는 것이 일반적이며 급이구는 1두당 30cm 정도의 넓이에 수용 두수 3두당 1개 이상 설치하여야 한다. 급이구의 구조는 채식시 불편하지 않을 것은 물론 충분한 사료를 급여할 수 있어야 하며 허실량이 적도록 하여야 한다.

제3장 분뇨 처리

돼지의 분뇨는 지력 증진을 위한 훌륭한 유기질 비료로 사용되어 왔으나 최근 들어 농경과 분리된 전업 양돈이 증가함에 따라 돈분은 비교적 유기질 비료로 많이 사용되고 있지만 돈뇨를 비롯한 양돈장 폐수는 적절한 처리 과정을 거치면 훌륭한 유기질 비료가 될 수 있음에도 불구하고 대부분의 양돈장에서 처리시 막대한 비용이 들고 사회적, 법적 제약을 받는 폐기물화 되고 있는 실정이다.

돼지 분뇨의 처리 방법은 기본적으로 사회적, 법적 요구를 충족시켜야 하지만 농장 여건에 따라 가장 경제적인 처리 방법을 택하여 비용을 최소화해야 겠으며 나아가 적절한 처리 과정을 거쳐 유기질 비료로 토양에 환원하는 등 이용 가치를 높이는 것이 바람직하다.

1. 돼지 분뇨의 배설량 및 특성

돼지 분뇨의 배설량은 체중, 생리 상태, 사료의 종류, 급여량, 급여 방법, 환경(온도, 습도 등)에 따라 차이가 많고 분뇨의 수거 방법과 효율에 따라 상태 및 수거량에 현격한 차이가 있어 농장 여건에 따라 경험적으로 처리해야 될 분뇨의 상태와 양을 결정하여야 한다.

배합사료 급여시 육성 비육돈의 분뇨 총 배설량은 무제한 급여 방식일 때에는 중량 기준 급여량의 약 2배 정도로 분과 뇨가 각기 절반 정도이며 제한 급여일 때는 돈분량은 줄고 돈뇨 배설량은 증가한다. 제한 급이가 일반적인 종돈의 경우에는 돈분량은 급여량과 비슷한 수준이나 뇨 배설량은 현저히 많아 1일 5.5kg 정도 된다.

한편 돼지 분뇨의 이화학적 성분은 〈표 3-1〉과 같으며 돈분의 입자 크기에 따른 구성은 〈표 3-2〉와 같다.

분뇨의 분리 처리시 특히 유의해야 할 사항은 〈표 3-2〉에서 보듯이 입자 직경이 0.1mm 이내인 것이 절반이 넘고 미세입자의 대부분이 보통의 분리기로 분리

〈표 3-1〉 배합 사료 급여시 분뇨의 이화학적 성분

구 분	단위	분	뇨
수분	%	70. 5	95. 5
PH	-	7. 2	8. 0
부유물질	ppm	233. 000	4. 500
BOD	ppm	62, 000	5000
COD(100℃, 10분)	ppm	35, 000	9300
질소	ppm	4. 660	7. 780
염소 이온	ppm	1. 700	1340
P_2O_5(건물중)	%	1. 68	0. 15
k_2O(건물중)	%	0. 14	0. 32

〈표 3-2〉 돼지분의 입자 직경 분포

입자크기(mm)	비 율(%)
2 이상	3.2
2 ~ 1	4.7
1 ~0.5	14.6
0.5~0.25	13.0
0.25~0.1	10.0
0.1 이하	54.5

가 불가능하여 분뇨 및 돈사 폐수가 혼합될 경우에는 고형분의 20~30%정도밖에 분리할 수 없어 폐수의 오염도를 높여 처리가 어려워지므로 돈분과 뇨 및 폐수의 분리를 돈사 내에서부터 효율적으로 실시될 수 있도록 하여야 한다.

또한 돈뇨 외에 음수시 누수나 청소, 온도 관리 등에 사용되는 용수나 누수가 흘러들 경우 이들 모두 폐수화되어 큰 부담이 되므로 정화 처리하지 않아도 될 것은 별도로 배출할 수 있는 시설을 하여 폐수량은 최소화하고 피치 못하게 유입되는 생활 용수량을 고려하여 처리 규모를 여유있게 시설하여야 한다.

2. 돈사 시설과 분뇨의 수거

돈사의 시설 방식에 따라 분뇨 수거에 소요되는 노동의 강도, 시간 및 소요 비용뿐 아니라 수거된 분뇨의 상태나 양도 달라지게 되어 수거 후의 처리 방식, 처리 비용 등이 결정되게 된다. 따라서 돈사 시설 계획시 돼지 분뇨가 배설되는 시점부터 최종 처리 단계까지 농장 여건에 따라 사회적, 법적 요건을 충족시키고 최소 비용으로 분뇨가 처리될 수 있도록 일관성있게 분뇨 처리 체계를 수립하여야 한다.

가. 평사의 분뇨 수거

돈방바닥이 콘크리트로 된 평사의 경우 일반적으로 돈분은 인력으로 돈방에서 직접 삽으로 운반구에 퍼담아 돈분 처리장으로 이동되어 최종 처리되고 뇨 및 폐수는 돈방 및 배수구의 적절한 경사로 폐수 처리장으로 이동되게 된다.

평사에서 인력으로 돈분이 수거되는 경우에는 비교적 고액 분리가 잘 되어 돈분의 수분 함량이 적고 폐수의 고형물도 적게 함유되어 최종 처리가 용이한 편이나 돈분 수거시 시간과 노력이 많이 든다. 또한 인력 수거시는 깨끗하게 돈방 청소를 할 수 있는 장점이 있는 반면 주기적으로 수거하지 않고 적체되면 돈방 오염도가 급증하고 고액 분리 상태도 불량해져 돈분 수거 및 처리가 불편해지므로 1일 1회 이상 돈분을 수거하여야 한다.

평사의 돈분 수거를 용이하게 하기 위해서는 돈방 설계시 돼지의 배분 습성에 맞고 작업이 편리한 배분장 구조 및 위치가 되게 하고 뇨 및 폐수가 돈분과 혼합되지 않고 잘 배수될 수 있도록 하며 자주 청소해 주어야 한다.

나. 슬랏 돈방의 분뇨수거

(1) 인력 수거

슬랏 및 통로를 〈그림 3-1〉과 같이 설치하여 인력으로 돈분을 수거하면 평사보다 돈분 제거시간 및 노력이 적게 들고 돈분 청소 간격과는 무관하게 돈방을 깨끗이 유지할 수 있다. 또한 슬랏 아래 부분의 경사도 돈분이 흘러내리지 않을 정도에서 가파르게 설치하여 뇨 및 폐수가 잘 흘러내리도록 함으로써 고액 분리도 효과적이다. 그러나 경사가 너무 가파르면 돈분이 흘러내리거나 뇨 및 폐수에 씻겨 내려갈 수 있으므로 적절한 수준에서 설치하고 배수구는 슬랏에서 10cm 정도 바깥으로 설치하여 돈분이 배수구로 직접 떨어지지 않게 하여야 한다. 한편 돈분 제거용 통로는 작업의 편리성을 고려하여 낮게 설치해야 하므로 돈사 높이가 높아지는 단점이 있다.

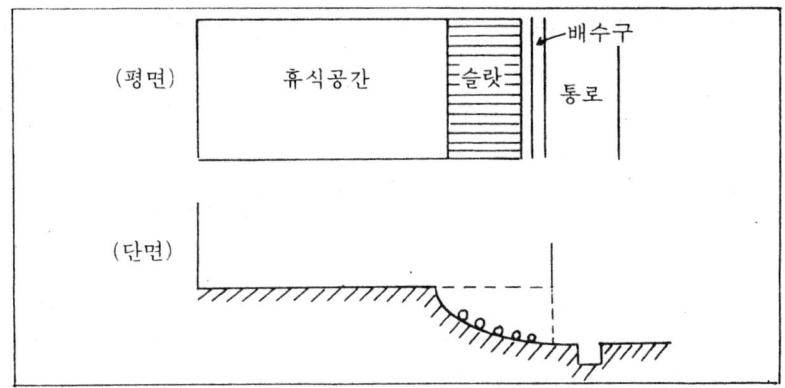

< 그림 3-1 > 돈분 인력 수거시 슬랏 및 통로 배치

슬랏 돈방의 경우에도 슬랏 부분에 지나치게 돈분이 적체되면 배수가 잘 안될 수 있고 가스 발생량도 많아지며 악취가 나므로 1일 1회 정도 돈분을 제거하는 것이 좋으며, 슬랏의 구조에 따라 돈분이 잘 빠지지 않고 돈방에 적체되는 경우가 있으므로 주기적으로 잔여 돈분을 청소해 주어야 하며 슬랏 시설 및 자재 선택시 유의한다. 한편 전체 슬랏 돈방의 경우에는 면적이 넓어 작업이 불편하고 슬랏 아래 부분의 경사도 적게 되어 고액 분리가 비효율적이므로 돈방 면적이 적은 분만방이나 자돈용 케이지에서만 적용하는 것이 좋다.

(2) 기계에 의한 수거

사육 규모가 커지고 인건비의 상승과 구인난으로 돈분 제거 시간과 노력을 절감할 수 있는 기계가 경제성이 있음으로 해서 돈분 제거용 기계가 여러가지 보급되고 있으며 날로 발전하고 있는 추세에 있다.

기계에 의한 분뇨 수거 방법은 분뇨의 수거시 상태에 따라 분뇨 혼합 방법과 고액 분리 수거 방법으로 구분할 수 있으며 그에 따라 슬랏의 구조와 사용되는 기계 종류 및 최종 처리 방법도 달라지게 된다.

㈎ 분뇨 혼합 수거

돈분과 돈뇨 및 폐수를 혼합하여 액체 상태로 수거하는 방법으로 슬랏 내부에서 발생하는 유해 가스량이 고액 분리 수거시보다 적고 설치가 용이하며 깨끗하게 수거될 수 있어 자돈방과 분만방에서 일부 사용되기도 한다. 그러나 폐수의 정화처리가 불가피할 경우에는 혼합된 돈분의 고형물을 분리한다 하더라도 총 돈분량 중 고형물의 분리율이 20~30%에 지나지 않기 때문에 나머지 돈분 성분이 폐수의 오염도를 높여 정화 처리시 부담이 되며 전처리 과정에 시설 투자가 많이 소요되어 부적합하다.

(나) 고액 분리 수거

돈분 등 고형물과 뇨 및 폐수 등 액체 상태인 것을 분리하여 수거하는 방법으로 돈분과 폐수를 각기 적절한 방법으로 별도 처리할 수 있다. 고액 분리 수거시 일반적인 슬랏 내부 구조는 〈그림 3-2〉에서 보듯이 바닥이 V자 구조로 되어 배수관으로 뇨 및 폐수가 흘러들게 하는 한편 배수관은 경사를 주어 한쪽으로 배출되게 한다.

돈분의 수거 방향과 폐수의 배출 방향은 반대로 하는 것이 일반적이며 돈분 수거 기계에 배수관의 청소 장치를 부착하여 돈분 수거시 청소도 병행하는 것이 좋으며, 배수관의 청소는 돈분 수거시보다는 원위치로 돌아갈 때 청소하게 하여 청소된 것은 폐수 배출구 쪽의 맨홀로 흘러 들어가게 하는 것이 좋다.

한편 기계를 이용한 고액 분리 수거시에는 돈분을 수거하는 과정 중에 돈분과 바닥의 잔여 돈뇨및 누수와 혼합되기 때문에 인력 수거시보다 분리율이 낮고 돈분 상태가 수분이 증가하여 질게 되며 폐수의 고형물 함량 및 오염도도 높게 된다. 또한 슬랏 내부의 기계와 구축물간에는 약간의 간격이 있게 되어 청소 상태가 불량하기 때문에 평사나 분뇨 혼합 처리시보다 유해가스 발생량이 많다.

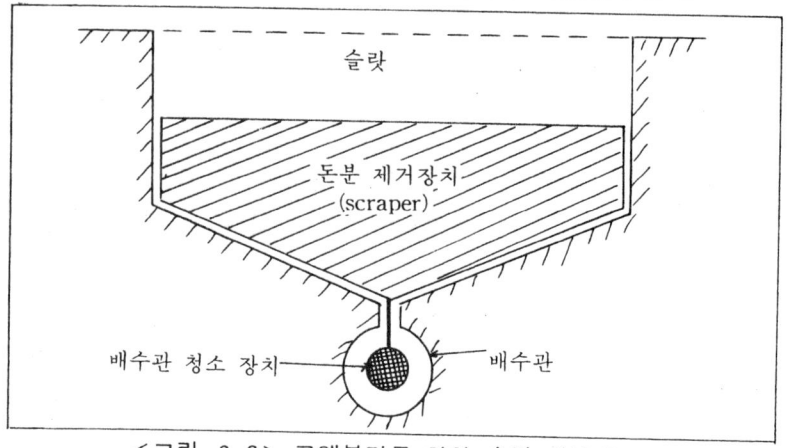

〈그림 3-2〉 고액분리를 위한 슬랏 내부 구조 및 스크레퍼(scraper)

다. 발효 돈사의 분뇨처리

돼지의 분뇨를 수거하여 별도로 처리하지 않고 돈방 바닥을 깊게 하여 그곳에 발효제와 톱밥, 왕겨 등을 섞어 채운 후 분뇨가 배설되는 대로 발효시켜 처리하는 방법으로 발효 과정 중에 분뇨는 물론 바닥에 깔아 준 톱밥이나 왕겨 등도 분해되어 부피가 줄고 뇨 및 음수시 허실되는 누수 등은 발효열에 의해 건조되기 때문에 폐수가 전혀 배출되지 않고 주기적으로 청소하지 않아도 된다는 것이 큰 장점이다.

발효 돈사의 설치 및 운영 방법은 사용되는 발효제에 따라 다르나 일반적으로 최초에 톱밥이나 왕겨를 투입한 것이 발효가 진행됨에 따라 분해되어 소모되므로 계속 보충해 주어야 하며 일정 기간 사용 후에는 발효 잔유물 전체를 수거하고 다시 채워주어야 한다.

발효제로 사용되는 것은 분뇨가 발효될 때 유해가스나 유해물질을 생성하지 않으며 분해력이 큰 것을 사용하여야 한다. 일반적으로 많이 사용되는 발효제는 호기성 미생물로 수분 함량이 지나치게 높거나 공기가 공급되지 않으면 활동하지 못해 그 부분이 변폐됨으로써 유해 가스가 생성되고 오염되어 전체를 갈아 주어야 할 경우도 발생할 수 있으므로 돈분과 뇨 및 오수가 집중적으로 배설되어 질어지는 곳은 다른 부분과 섞어 주고 분뇨 수거 처리시와는 달리 돈사 전체에 고루 분뇨를 배설하도록 유도하는 것이 바람직하다.

발효 돈사에서 발생할 수 있는 문제점으로는 아래와 같은 것이 있다.

① 평상시 관리에는 시간과 노력이 절감될 수도 있으나 전체 교체시는 집중적인 인력 투입이 필요하다.

② 발효 과정 중에 톱밥 및 왕겨를 투입하는 이외에 발효제도 보충해야 될 경우에는 비용이 많이 들게 된다.

③ 발효 퇴적물을 돼지가 이동될 때마다 제거하고 깨끗한 것을 사용하거나 소독할 수가 없어 오염도가 높아 질병 발생이 많아질 수 있으며 돼지 사육 횟수가 증가함에 따라 사료 요구율 증체 성적 등이 나빠진다.

④ 가스 발생량이 많아 환기를 강화해야 하며 하절기에는 발효열이 돼지의 체감 온도를 더욱 상승시켜 좋지 않다.

⑤ 종돈으로 사용할 돼지의 경우에는 발굽이 약해져 가치가 저하된다.

그러나 위와 같은 문제점이 있더라도 폐수를 저렴한 비용으로 처리하지 못하거나 배출이 불가능한 경우에는 발효 돈사가 가능한 해결 방안으로 이용될 수 있으며, 적절히 관리된다면 발효 돈사 유지 비용과 성적 저하에 따른 손실을 폐수 처리시 비용보다 적게 유지할 수도 있다.

또한 수거된 발효 잔유물은 퇴비로 즉시 사용 가능하며 수분 함량이 많지 않아 다루기도 편리한 장점이 있다.

3. 돼지 분뇨의 처리 방법

분뇨의 수거시 상태에 따른 처리 방법은 〈그림 3-3〉과 같이 분류될 수 있다

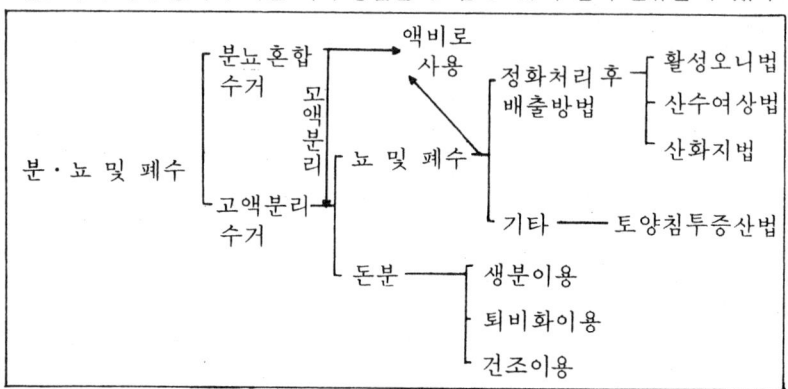

<그림 3-3> 돼지 분뇨의 수거시 상태에 따른 처리방법

가. 액상 분뇨의 처리

(1) 액비로 사용

뇨 및 폐수의 가장 기초적인 처리 방식으로 수거된 뇨 및 폐수를 경작지나 초지 산림 등에 기비로 뿌려 주는 것이다. 비용은 가장 적게 들지만 사용 시기가 한정되기 때문에 저장조의 용적이 커야 하며 취급시 불편하고 악취가 많이 난다.

(2) 활성 오니법

폐수 저장 탱크에 공기를 불어 넣어 산소를 공급함으로써 호기성 세균에 의해 폐수 중의 유기질을 분해하는 방법으로 처리 속도가 빠르고 분해율도 높아 처리 후 환경 오염원이 크게 준다. 대규모 양돈장에서 폐수를 정화 처리 후 방류할 때 널리 이용되는 기본적인 처리 방식이다.

그러나 활성 오니법으로 처리하기 위한 시설은 매우 고가이며 운전 경비도 많이 들고 숙련기술이 필요하며 동절기 폐수 저장조의 온도가 낮으면 처리 속도가 늦어져 보온하여야 한다.

(3) 산수여상법 (散水濾床法)

공기가 유통될 수 있는 쇄석이나 플라스틱 모듈을 쌓고 그 위에 폐수를 산포하여 폐수가 흘러내리는 동안 호기성 세균에 의해 발효 처리되게 하는 방법으로 정화 효과가 낮아 소규모 농장에서나 사용 가능하다.

(4) 산화지법 (酸化池法)

넓은 산화지(연못)에 폐수를 장기간 방치하여 혐기성 발효에 의해 처리하거나 기계에 의해 교반시켜 일부 호기성 발효가 일어나게 하여 처리 속도를 빨리하는 편법을 쓸 수도 있는 방법이다. 유지 관리는 매우 용이한 방법이지만 장기간 저장하여야 하기 때문에 넓은 면적과 큰 용적이 필요하며 악취가 많이 난다.

(5) 토양 침투 증산법

넓은 면적의 토지에 도랑을 파고 폐수를 흘려보내 토양으로 침투하거나 증발하게 하여 처리하는 방법으로 비용은 적게 들지만 토질에 따라 처리 속도가 다르고 일정량이 침투하면 폐수 중의 고형물이 토양에 흡착되어 침투 속도가 현저히 저하되므로 갱신하여야 한다.

또한 지하수가 오염될 수 있기 때문에 바람직한 처리 방법은 되지 못한다.

나. 고형 돈분의 처리

(1) 생분 이용

미발효 상태의 수거된 생분을 기비로 사용하여 처리하는 방법으로 처리 비용은 적게 드나 취급이 불편하고 사용 시기에 제한을 받기 때문에 일정기간 보관할 수 있는 시설이 필요하며 악취가 많이 나고 파리의 온상이 될 수 있어 비위생적이다.

(2) 퇴비화 이용

돈분의 퇴비화 이용 방법은 호기성 발효에 의한 퇴비화 방법과 혐기성 발효에 의한 퇴비화 방법 두가지로 구분된다.

돈분의 수분 함량이 75% 이상이면 외부로부터 돈분 내에 산소 공급이 잘되지 않기 때문에 혐기성발효가 일어나게 되며 혐기성발효는 속도가 느리고 열도 별로 발생하지 않아 처리시 장기간이 소요된다. 또한 악취가 많이 나며 저온 발효이기 때문에 수분 증발도 거의 없고 오히려 발효 과정 중 수분이 생성되어 수분 함량이 증가하게 되므로 취급이 불편하다. 따라서 혐기성 발효에 의한 퇴비화 방법을 사용하지 않는 것이 좋으며, 수거된 돈분의 함수율이 높으면 수분 함량이 적은 볏짚, 톱밥, 왕겨 등과 섞어 수분 함량을 조절하거나 기계를 이용하여 탈수 한 후 호기성 발효를 시키는 것이 좋다.

호기성 발효는 수분 함량이 70% 정도에서 시작된다. 호기성 발효시에는 높은 열이 생성되어 발효를 더욱 촉진하고 수분을 증발시키기 때문에 비교적 단기간에 발효가 완료되고 완성된 퇴비는 수분 함량이 적어 취급이 편리하다. 또한 호기성 발효시는 악취가 적고 고온 발효가 되기 때문에 곤충의 유충 및 일부 세균까지 사멸시키므로 파리 발생이 적고 위생적인 퇴비를 생산할 수 있다.

호기성 발효에 의한 퇴비화 방법은 함수율을 조정하여 통기성을 좋게 하여 주는 이외에 주기적으로 뒤집어 주어 산소 공급량을 증가시키면 더욱 발효가 촉진되어 단기간에 완성될 수 있다.

근래에는 비닐하우스에서 기계로 1일 1회 정도 섞어 주어 발효시키는 방법도 대규모 양돈장에서 실시되고 있으며, 이러한 경우에는 처리 속도가 가장 빨라 1주일 정도면 함수율 40% 정도의 완성된 퇴비가 생산되며 비료로서의 가치도 높아 상품화되고 있다.

(3) 건조 이용

화력을 이용한 건조도 고려될 수 있으나 비용이 많이 들어 거의 실시되지 않으며 대개 비닐하우스에서 태양열을 이용하여 건조하는 방식이 사용되고 건조 속도를 빨리 하기 위해 기계나 인력으로 교반하여 준다. 운전 경비가 비교적 적게 들고 처리가 간편하며 혹한기나 우천시를 제외하고는 비교적 처리 속도도 빨라 중소 규모에서 널리 이용되고 있다.

제4장 예방 위생

예방 위생의 목적은 돈군의 질병을 방지하고 건강하게 사육함으로써 돼지가 가지는 유전 능력을 최대한 발휘시키는데 있다. 그러나 예방 위생의 실제에는 가끔 혼란을 보인다. 즉, 예방 위생의 기본적인 원칙은 돼지 집단에 대한 병원체의 침입 방지 및 건강 저해 요인의 제거에 있으나, 그 주역이 치료 수단인 약제 투여가 되고 있는 것이 적지 않다. 그러나 약제의 사용은 예방 위생이 계획적이고 통합적으로 실시될 때 효과를 기대할 수 있다는 점을 명심해야 한다.

예방 위생 즉 방역에는 2가지 방향이 있는데 유행의 발생을 미연에 예방하는 것과 발생한 유행의 확대를 방지하는 것이다.

1. 방역의 기본 원칙

전염병 방역의 기본 원칙은 질병의 3대 요소인 병원체, 감염 경로, 숙주(돼지)에 대한 적절한 조치를 취함으로써 유행을 막을 수 있다. 즉, 주변 환경에 존재하는 병원체를 최대한 제거하고 이러한 병원체가 숙주인 돼지에게 전달되는 경로를 차단하며 돼지의 질병 저항력을 높이는 등의 제반 예방 조치를 취하는 것이다.

가. 감염원(병원체)의 제거

생산 환경 중에 여러 병원체가 농후하게 존재하므로 근원지를 파악하여 제거하는 것이 중요하며, 특히 보균돈이 감염원이 되는 경우가 많으므로 환돈의 격리 및 치료에 만전을 기하고 외국에서 종돈 도입시 철저한 검역으로 국내 발생이 없는 질병을 종돈과 함께 도입하지 않도록 해야 하며 국내서도 마찬가지로 종돈을 구입하고자 하는 농장의 질병 상태를 잘 파악해 문제시되는 질병이 있을시 구입하지 않는 것이 바람직하다. 또한 토양 중에 존재하는 균은 박멸이 어려우므로 폐사돈이나 오염물은 적절히 처리하여 확산을 방지하는 것이 중요하다.

(1) 병원균의 생존 능력과 제거 방법

제반 세균의 생존 시간은 매우 다양해 환경의 차이는 있으나 1년 이상 생존하는 균도 있다. 병원성 세균은 대부분 숙주의 온도와 유사한 환경을 선호하나 TGE 바이러스는 따뜻한 환경에서 파괴되고 영하의 온도에서 더욱 잘 생존하며 기생충 충란은 4~10℃ 정도의 낮은 온도에서 부화되므로 한냉한 기온이 반드시 질병인자를 억제하는 것은 아니다. 따라서 병원균을 제거하기 위해서는 그에 적절한 소독이나 기타 살균 방법을 사용하여야 하며 자세한 제거 방법은 후술한다.

(2) 환돈 또는 보균돈의 처리

호흡기 질환을 비롯한 만성 소모성 질환을 조기에 적발하여 도태해 나가는 것이 바람직하며 농장 내에서 제거를 목표로 하는 질환은 정기 혈청 검사 등으로 항체 양성으로 판명된 경우에는 과감히 제거하는 것이 필요하다. 또한 일단 질병에 감염된 환돈이나 회복된 경우라도 병원균을 계속 배출할 수 있는 보균돈은 건강한 돼지와는 격리하여 사육하는 것이 원칙이다.

나. 감염 경로

전염성 질환은 직접 및 간접으로 일어나는데 AR 과 마이코플라스마 감염증 등은 동물끼리의 직접 접촉으로 전파된다. 반면 간접 전파는 오염된 사료, 음수, 차량, 토양, 자리깃, 공기, 기구, 혹은 의복, 손, 장화를 통해 전파된다. 설치류도 여러 질병을 전파하며 조류는 TGE 와 살모넬라를 전파하는 것으로 알려져 있다. 또한 외부 기생충과 곤충도 질병을 매개한다.

전염성 질환으로부터 회복된 돼지도 일정기간 병원균을 배출하므로 다른 돼지를 감염시킬 수 있다. 돈적리, 오제스키병 부루셀라 등이 그에 속하는데 전술한 바와 같이 보균돈은 정확히 진단해 도태시키는 것이 바람직하다. 돼지 질병의 전파는 외부에서 유입되는 경우와 기존 돈군 내의 전파 두가지 경우이므로 소독으로 외부 질병 유입을 방지하고 환돈의 적발, 도태 및 약제의 사용으로 돼지끼리의 수직 및 수평 전파를 차단한다. 특히 보균돈을 구입하여 종돈으로 사용하는 경우 문제가 심각하므로 돼지 구입시 주의하고 수직 전파의 경우 분만 전후의 모돈에게 치료 수준의 항생제를 첨가한 사료를 15~20일간 급여하고 자돈의 사료에도 약제를 투여하여 급여하면 어느 정도 차단이 가능하다.

다. 감염 숙주

숙주에 감염이 쉽게 일어나는 요소로는 면역 기능의 저하, 일반적인 감염 방어 능력의 저하, 만성 질병에 의한 저항력의 저하 등이 있다. 여러가지 스트레스는 코티코 스테로이드(Corticosteroid)를 생성해 백혈구를 감소시키고 항체 형성을 방해하여 돼지의 질병 저항성과 면역 형성 능력을 저하시킨다. 질병이 숙주(돼지)에게 쉽게 감염되는 경우 마이코플라스마 폐렴이나 AR 등 만성 질환이 돼지 집단에 이미 감염되어 있어 질병 저항력이 저하되어 있기 때문인 경우가 많고 이러한 집단에서는 일반적인 경우보다 심한 증상을 보이는 수가 많다. 따라서 건강한 돈군 형성을 위해서는 위생적인 환경 관리와 백신으로 저항성을 높이는 것이 필수적이다.

2. 소독(消毒)

소독은 병원 미생물과 이를 전파하는 매개체를 없앰으로써 전염의 피해를 방지하고 또한 돈사의 계속적인 사용으로 잔존할 수 있는 균의 전파를 막기 위함이 그 목적이다. 돈사의 경우 소독 이전에 수세 건조를 실시하여 오염원을 물리적으로 제거하는 것 그 자체로도 상당한 효과가 있으며, 소독의 효과도 높이므로 반드시 실시하여야 한다.

가. 소독 방법의 종류

(1) 물리적 소독

① 소각법 : 태워 없애는 것으로 완벽한 소독법이다.

② 건열법 : 내열성이 있는 물품을 건조 상태에서 가열하여 멸균하는 것으로 아포형성균은 160~200°C 에서 그 외 균은 100°C 에서 1시간 이상이면 멸균된다.

③ 고압 증기법 : 기구 소독, 배지 제조시 많이 사용하는 방법으로 121°C 에서 15~30분이면 멸균된다.

④ 일광 소독 : 자외선은 전염성 인자를 파괴하므로 직사광선의 채광은 세균

제거에 도움이 된다. 그러나 일광 소독은 살균력이 비교적 약하므로 보
조적 수단으로 이동하여야 한다.

⑤자비 소독법 : 끓는물에 소독하는 방법으로 가장 간편하게 사용할 수 있고
각종 기구 소독에 적합하다.

⑥방사선 : γ —Ray 등을 사용하여 멸균하는 방법으로 특수 목적에 사용한다.

(2) 화학적 소독

소독 약제를 이용하는 방법으로 종류에 따라 특성이 다양하며 온도, 농도 유
기물의 잔존 상태에 따라 효과가 달라지므로 약제의 특성을 정확히 파악하고 사
용하여야 한다.

나. 소독약의 이상적인 조건

① 소독력이 강해야 한다.

낮은 농도로, 유기물의 존재하에서도 바이러스 , 세균,진균 등에 광범위하게 작
용하여야 한다.

② 속효성이어야 한다.

③ 물에 잘 용해되어야 한다.

④ 보존성(안전성)이. 좋아야 한다.

⑤ 독성이 적어야 한다. —과민성 자극성 등.

⑥ 피소독물에 나쁜 영향을 주지 않아야 한다.

⑦ 불쾌한 냄새가 없어야 한다.

⑧ 경제적이어야 한다.

사실상 위의 조건을 모두 충족시킬 수 있는 약제는 없다고 본다. 따라서 돈사
내외, 주변, 차량, 발판 소독조 등 사용하고자 하는 장소와 목적에 따라 가장 적
합한 약을 선택하여야 한다.

다. 소독제 사용의 기본적 주의사항

소독은 일상 업무로 실시되고 다음 사항에 유의한다.

① 소독의 대상이 되는 병원 미생물의 종류, 소독 기자재, 장소에 따라 적당한
종류의 소독제를 구분 사용한다.

② 소독제는 유기물 존재시 효과가 현격히 감소하므로 더러운 오물은 제거 후

사용한다.

③ 소독제는 종류에 따라 사람이나 돼지에게 독성이 있거나 자극성 냄새가 강한 것이 있으므로 피해가 가지 않는 약제를 선정한다.

④ 2종류 이상의 소독제 혼용은 효과가 감소되는 경우가 있으므로 주의한다.

⑤ 소독은 넓은 구역에 동시에 하면 효과적이다.

⑥ 소독제에 따른 사용지시서를 잘 이해하고 이를 준수한다.

⑦ 소독액의 온도는 옥도홀이나 차아염소산을 제외하고는 50~60℃로 올려주면 효과를 높일 수 있다.

⑧ 소독약액은 충분한 양을 사용하여야 하며 분무 정도의 살포로 충분한 소독 효과를 얻을 수 없는 경우도 있으므로 흠뻑 적신다는 기분으로 실시하는 것이 좋다.

〈표 4-1〉 병원성 세균의 저항력

구 분	종 류
최강균	탄저균, 파상풍균 등 아포형성균
강 균	결핵균, 포도상구균, 연쇄상 구균
보통균	대장균, 돈단독균, 바이러스
약 균	부루셀라균, 출혈성 패혈증균

라. 소독제의 종류와 특성

(1) 역성 비누

보통 비누는 (-)전기를 띠는데 이와 반대이므로 역성 비누라 한다.

① 상품명 : 저멕스, 파코마, 가드올, 벤잘크린 등

② 사용 농도 : 희석 배율이 높은 소독액으로 제품에 따라 다르나 보통 100~1000배로 희석 사용한다.

③ 특성: (+)전기를 띠고있어(-)전기를 띠는 세균이나 바이러스를 전기적으로 당겨서 충돌하므로 살균 및(아포형성균 제외) 살바이러스 효과를 나타낸다. 독성, 자극성 및 금속 부식성이 거의 없어 돈체 분무, 축사 내외부, 각종 기구 소독 및 손소독 그리고 음수 소독에도 사용된다. 그러나 경수, 유기물의 존재하에서는 효력이 저하된다. 포르말린이나 알칼리와 혼합 사용이 가능하다.

(2)양성 비누

계면 활성제의 일종으로 (+)와 (-) 양쪽 전기를 띠므로 양성 비누라 한다.

① 상품명 : 태고 등

② 사용농도 : 50~500배

③ 특성 : 양성비누와 마찬가지로 독성 및 자극성이 적고 금속 부식성도 적다. 돈분 등 유기물의 존재하에서 효과가 떨어지는 결점이 있다. 돈사벽, 바닥, 천정, 시설물, 돈체 등 분무, 소독시 사용 가능하다.

(3)올소 디클로로 벤젠

① 상품명 : 단졸, 오메졸, 크로벤 등.

② 사용농도 : 30~200배

③ 특성 : 특유의 색과 냄새를 갖고 비교적 소독력이 강하다. 아포균 이외의 세균, 바이러스, 콕시듐 등에 유효하며, 축사 주위의 해충도 사멸한다. 용도는 축사 주위의 살균 소독, 축사 주위의 하수구, 변기, 오물 처리장의 소독 및 해충 구제, 발판 소독에 사용된다. 단점으로는 햇빛의 자외선에 의해 쉽게 분해되므로 직사광선이 미치지 않는 곳에 사용하는 것이 좋다.

(4)요오드제

소독력이 강하며 알콜을 가해 녹인 것이 요오드 팅크이며 계면 활성제로 수성화시킨 것이 이도포오스(Idophors)이다.

① 상품명 : 바이오시드, 요오드 K, 강옥도, 베타딘

② 사용농도 : 200~1000배

③ 특성 : 아포균 및 일반 세균, 바이러스 등 광범위한 병원 미생물에 유효하다. 속효성이며 저온에서 소독력이 강하며 생체, 기구 소독에 적합하다. 온도가 높을 때에는 증발되어 효력이 저하되고 유기물, 자외선하에서도 효력이 떨어진다. 또한 금속에 대한 부식성이 강하고 피부 자극성도 강하며 고가이다. 강산에서는 효력이 강하다.

(5) 유기 염소제

염소를 수용액으로 만들어 사용하며 소독력이 강하다.

① 상품명 : 하이크론, 다살균 등

② 사용 농도 : 50~2000배

③ 특성 : 요오드제와 마찬가지로 아포균, 일반 세균, 바이러스 등에 강한 효력을 발휘하나 유기물의 존재하에서는 효과가 떨어지며 증발력이 강하고 매우 불안정하여 방치해 두면 증발하고 열을 가하면 급속히 효력이 저하된다. 수도관 같이 밀폐된 상태에서는 저농도로 유효한 소독력을 갖는다.

(6)페놀(석탄산)

피부 부식성이 강하고 상피세포에 흡수되는 성질이 있으므로 돈체나 넓은 지역에 분무하여 사용해서는 안된다. 5% 정도의 용액으로 기구, 돈사 등에 제한하여 사용하는 것이 좋다.

(7)크레졸 비누

크레졸 50, 비누 35 비율로 사용하며 오물에도 비교적 유효하다. 냄새 및 독성이 있고 나일론 고무 등의 부식성이 있다.

(8)생석회

운동장(방목장)에 사용하거나 분만사 입식전 콘크리트 바닥 및 벽체에 발라 주면 효과적이다. 방목장은 1m²당 300~400g 살포한 후 30cm 정도 갈아 준다. 분만사 등 콘크리트 돈사 사용시에는 생석회 1 : 물5의 비율로 섞어 가급적 뜨거운 상태에서 붓이나 비로 얇게 2회 정도 도포하여 준다. 벽체도 자돈이 닿는 30~40cm 높이까지 철저히 바르고 여름은 12시간, 겨울은 48~72시간 후 완전히 건조시킨 다음 입식시킨다. 생석회는 강한 알칼리성(pH11~12.3)이다.

(9)가성소다

1~2%의 희석액으로 소독 목적물을 침전시켜 사용하는데 적당하고 소독력이 강하다. 용액으로 차량 소독조나 직사광선의 영향을 받는 곳의 발판 소독조에 적합하다. 독성이 있으므로 피부에 직접 닿지 않게 조심한다.

(10)포르말린 가스

밀폐된 실내 혹은 소독기 내에서 용적 1m³당 포르말린액 15ml, 과망간산가리 15g, 물15ml 을 혼합하여 가스를 발생시키고 7시간 이상 밀폐시켜 둔 후 배기 시킨다. 소독 효과를 높이기 위해 18°C이상의 보온하에서 실시한다. 소독 대상은 돈사 내, 기구, 기계, 사료 등의 소독에 이용된다. 독성은 있으나 적절히 이용시 좋은 소독 효과를 얻을 수 있다.

마. 소독의 순서

돈사의 소독은 청소→수세→건조→소독액 살포→건조→훈증 소독으로 실시하는 것이 좋다. 돈사 청소는 가성소다나 기타 소독액을 돈분 위에 살포하고 일정 시간 경과 후 고압 분무 소독기로 벽면과 바닥을 씻어낸 다음 다시 소독을 실시하는 것이 효과적이다.

(1)청소

돈분뇨, 타액, 남은 사료 등에는 병원균이 존재할 수 있으므로 주의하여 처리한다.

(2)수세

돈분이 바닥에 붙어 잘 떨어지지 않는 경우 물이나 가성소다액을 도포해 충분히 불은 다음 수세를 하는데 이 과정을 철저히 실시하면 돈방 내의 세균을 80~90% 가량 제거할 수 있다. 수세시는 바닥뿐만 아니라 스톨, 벽체, 통로, 천장도 확실히 한다.

(3)소독

일반적인 소독법은 1m²당 소독약액 2l 정도 살포하며 온도의 효과를 높이기 위해 스팀클리너를 이용해 살포시 더욱 큰 효과를 얻을 수 있다. 이 단계까지만 해도 만족할 수 있으나 완벽하게 하기 위해서 포르말린 가스로 훈증 소독을 추가 실시하기도 한다.

3. 예방 접종

숙주에 저항성을 길러 병원체의 침입시 질병을 일으키지 못하도록 하기 위해 돼지에게 면역성을 인위적으로 부여시키는 것이 예방 접종의 목적으로 이 방법에는 균 또는 항원을 접종하여 생체의 자력으로 면역성을 획득시키는 능동 면역과 면역된 다른 생체의 항체(항혈청)를 접종하여 부여해 주는 수동 면역법이 있다.

백신은 방역상 유력한 무기이기는 하나 백신 접종이 방역의 전부는 아니다. 어떤 질병에 대하여 환경 정비가 절대적으로 필요한 경우에 백신이 그 대용물이 될 수 없으며 위생관리에 의한 환경청정화와 영양에 의한 생체 방어력의 증강을 기반으로 하여 백신의 효과를 올려야 한다. 백신은 병원체 자체나 그외 성분, 독소, 그의 약독주 혹은 유사한 미생물 등의 항원을 주성분으로 하는 것으로 질병의 방어를 목적으로 면역을 생체 자체가 생산하도록 하는 것이 주기능이다.

가. 이행 항체와 백신의 효과

모돈은 각종 감염증에 대한 항체를 자연 감염 또는 백신 접종으로 획득 보유하고 있으며 이 항체가 신생자돈에게 이행한 것이 이행 항체로서 신생자돈이 외부 각종 병원체로부터 보호받기 위해서는 이행 항체가 필수적이다. 이 이행 항체는 태반의 조직 구조상 통과되지 않고, 초유를 통해서만 자돈에게 이행한다. 수유에 의해 항체를 장관에서 흡수하는 기간은 대개 36시간 이내이고 이행 항체는 생후 비교적 빨리 소실되고 면역 기간도 짧으나 분만 전에 수회 백신 접종을 받거나 강하게 감염을 받은 모돈의 자돈에 있어서, 이행 항체도 높고 자돈 체내로부터 소실되는 기간도 길어진다. 이행 항체는 초생기 감염 방어에 중요하기도 하나 백신 접종에 의한 면역 효과를 방해하는 결과를 초래하기도 한다. 따라서 어린 자돈의 백신 접종은 생후 일령에 따라 이행 항체가 감소되는 시기를 잡아야 한다. 이행 항체의 반감기는 대개 생후 10~25일 정도이다.

나. 백신의 종류

백신은 제조 과정에서 불활화 처리를 하느냐 안하느냐에 따라 불활화 백신과 생백신으로 나누어진다.

(1) 생독 백신

병원성이 있는 병원균이나 바이러스 등의 병원체를 실험 동물 또는 배양 세포 등으로 증식시켜 숙주에게는 약독화 되어 질병의 발생을 초래하지 않으면서 면역 원성 또는 항체 생산력만 남긴 것으로 야외 병원체와는 다르다. 단점으로는 간접 바이러스의 잠복 감염이 있을 경우에는 효과가 감소되고 이행 항체의 존재하에서는 효과가 불충분하다. 또한 다른 질병을 유발할 위험성 등이 있다. 현재 시판되는 백신으로는 돈콜레라, TGE, 일본뇌염, 돈단독 백신 등이 있다.

(2)불활화 백신

병원체를 약제 등에 의해 동물에 대한 감염성(증식 능력)을 없애고 면역성만을 유지한 것으로 동물에 대하여는 병원성을 보이지 않아 안정성이 높으나 동물 체내에서 증식하지 않기 때문에 대량의 병원체를 필요로 하고 유효성에서 생백신보다 약한 경우가 있다. 이로 인해 병원성을 강하게 하기 위해 아쥬번트 (Adjuvant)를 첨가한 것이 많다. 실용화된 백신으로는 파보 바이러스 백신과 호흡기 계통의 혼합 백신 등이 있다.

백신 효과를 극대화하기 위해서는 일정한 간격으로 재투여하여 보강 접종 효과 (부스타 효과)를 기대해야 한다.

<표 4-2> 불활화 백신과 생백신의 차이점

구 분	불활화 백신	생독 백신
체내 증식	없음	있음
병원성의 잔존과 복귀	없음	가능성 있음
면역의 지속	짧다	길다
이행 항체의 영향	적다	많다
주요 면역 기작	액성 IgG	액성 IgG와 국소 IgA
미생물의 유입	없음	가능성 있음
과민 반응 발현	있을 수 있다	거의 없다
투여량	많다	적다

다. 백신 접종시의 주의사항

① 사용시 국가 검정 합격, 검정 증지의 유무, 백신의 종류, 제조번호, 유효기한, 제작처 등을 확인한다.

② 백신은 반드시 2~5℃의 냉암소에 보존하고 직사광선을 받거나 동결시켜서는 안된다.

③ 주사기는 사용전 깨끗이 씻고 자비 소독하여 사용하고 소독 약제는 사용을 금한다.

④ 액상 백신은 잘 흔들어 균질화한 후에 사용한다.

⑤ 백신 접종 시기는 일령, 계절, 유행 추정기, 이행 항체와의 관계 등을 충분히 고려하여 결정한다.

⑥ 주사 부위는 청결히 하고 알콜솜 등으로 소독 후 접종한다.

⑦ 일단 개봉한 백신은 신속히 사용하고 남은 것은 재사용 하지 말고 폐기한다.

⑧ 안정되고 건강한 돼지에게 접종한다.

⑨ 접종 후 면역 획득까지는 일정 기간을 요하므로 그동안 일반 위생관리에 신경 써야 한다.

⑩환경 조건을 고려하고 돈군의 동시 예방 접종을 실시한다.

⑪모든 백신은 지시약품이므로 수의사의 지시에 따라 사용한다.

라. 백신 효과의 저해요인

(1) 백신측 요인

① 불순하고 특이성이 낮은 항원성 물질

② 백신의 역가 부족(항원량 미달)

③ 백신의 부적합한 보존(고온과 동결 등)과 희석액의 불량.

④ 비진공 변질 동결, 일반 미생물의 오염으로 인한 백신의 불량화.

(2) 동물측의 요인

① 이행 항체

② 백신 항체 : 간격이 짧으면 정지 현상을 초래한다.

③ 타질병의 감염 : 마이코플라스마, 아플라톡신

④ 영양 : 광물질(특히 아연)부족, 아미노산 불균형 등 영양 불량

⑤ 일령 : 항체 형성 기관의 미숙, 시기 선택 잘못

⑥ 건강 상태 : 발열, 설사, 임신, 기생충 감염

⑦ 품종 및 개체간의 차이

(3) 기타 요인

① 접종 방법의 미숙 : 부정확한 접종, 겔(Gel) 백신의 균질화를 못한 경우, 생균 백신에 소독액 혼입, 희석 배수가 지나치게 높은 경우나 접종량이 미달되었을 때, 지방층에 주입된 경우, 보강 접종을 하지 않았을 경우나 접종 대상의 일부 혹은 다수를 접종치 않았을 때 등.

② 접종 간격 : 짧은 간격에 연속 접종한 경우

③ 백신의 선택 미숙

④ 환경 : 암모니아 가스, 먼지, 각종 병원미생물 등의 상존시나 곰팡이 낀 사

료 급여, 온습도의 부적합, 연속적인 스트레스 등은 항체 생성 기능을
약화시킨다.

⑤ 기타 : 유효 기간이 지난 백신 사용,

마. 주요 질병의 백신 접종 프로그램

(1)돼지 콜레라 백신

현재 실용화되고 있는 백신은 약독 생바이러스 백신으로 감염 방어 효과는 급
성형(H아군), 만성형(B아군) 및 중간형 어느 것에 대해서도 유효하고 접종 5일
이후에는 어느 형의 주에 대해서도 면역을 형성한다.

접종은 40일령에 1차, 60일령에 2차 각 1*ml* 씩 접종하여 3~4일부터 면역이 형
성되고 1년 이상 효력이 지속된다. 그러나 번식용 후보돈은 6~7개월령에 한번
더 접종한다. 그후 번식 모돈 및 웅돈은 년1회 접종하면 된다.

백신을 접종했음에도 불구하고 발생 감염되기도 하는데 그 원인은 위에서 서술
한 원인 외에 면역 형성을 저해하는 요인이 존재할 때이다. 즉,

① 접종 당시 일부 혹은 다수가 이미 콜레라에 감염 혹은 발병되었을 경우

② 백신 바이러스가 병원성을 나타내는 경우

③ 병원 미생물이 접종 당시 혹은 접종 전에 이미 감염된 경우 : 살모넬라, 돈
단독, 파스튜렐라, 파상풍균, 오제스키 바이러스 등에 감염된 경우, 콜레라
에 대한 감수성이 높아지거나 방어기전이 방해된다.

④ 백신 바이러스가 어떤 원인에 의해 변이형이 된 경우 만성형으로 경과한다.

⑤ 잠복성의 콜레라 바이러스가 있을 경우 예방 접종 등 자극을 받을 때 비로
서 활성을 띠어 발병.

⑥ 사료 중의 단백질 함량이 절대적으로 부족한 경우 등이다.

(2)돈단독 백신

1회 피하주사로 접종 후 2주 후에 면역 효과가 나타나 약6개월 면역을 지속할
수 있는 안정성이 높은 백신이다.

백신의 제조균주는 약제 감수성이 있으므로 백신의 사용 전후에는 항생제(페니
실린 등)의 사용을 피해야 한다. 돈단독은 발병 후에도 초기에는 항생제에 의한
치료가 가능하나 약제에 의한 치료로는 회복되어도 면역 획득이 되지 않으며 후
유증을 남기거나 보균돈으로 되는 경우도 있고 그후 재발 또는 감염원이 되므로

주의해야 한다. 그리고 분만 후 얼마되지 않는 것, 임신 후기 모돈은 피하는 것이 좋다.

접종 시기는 자돈은 70~80일령에 실시하고 후보돈은 선발시와 임신 중기에 접종한다. 모돈과 웅돈은 연2회(4월, 10월) 접종한다.

(3)일본 뇌염 백신

본병은 작은 빨간집 모기의 출현 시기에 따라 그 유행에는 지역적 및 계절적 요인이 있고 또 매해 약간의 차이가 있다. 따라서 백신은 유행기(6~8월)의 1개월 전에 최종 접종이 끝나야 한다. 국내 사용 백신은 생백신으로 번식돈, 후보돈에 대해 1개월 간격으로 4월에 1차, 5월에 2차 접종한다.

(4)파보 바이러스 감염증 백신

발생은 연중 일어나나 일본 뇌염과 유사하여 여름에 비교적 많이 발생한다. 접종 대상돈은 후보돈으로 교배 2~4주 전 접종 종료한다. 2주 간격으로 2회 접종하여야 하며 일반적으로 6.5~7개월령에 1차, 7~7.5개월령에 2차 접종한다.

(5)TGE 백신

이 병은 10월경부터 다음해 3월경까지 한냉기에 발병하는 것이 특징이나 근년에는 하절기에도 항체 상승을 보이고 비정형적인 양상을 나타내고 있다. TGE에 일단 감염되었던 돼지는 강한 면역을 획득하고 2년 이상 지속된다고 알려져 있다. 그러나 회복돈이라도 장기간 분변에 바이러스를 배설하고 감염원으로 작용이 가능하므로 유의해야 한다. 접종 대상돈은 번식 모돈이며 1차는 분만 5주 전, 2차는 분만 2주 전에 접종한다.

⑹ 위축성 비염(A. R) 백신

본병의 원인균인 보데텔라(Bordetella bronchiseptica)와 파스튜렐라(Pasteurella multocida)가 혼합된 백신을 사용하여 접종한다.

① 자돈 능동면역 : 비면역 모돈의 자돈은 4주령 이전에 1회, 1주후 2차 접종한다.

② 모돈 면역법 . 분만시 최고의 항체를 얻을 수 있도록 조정하는데 초산은 임신 30일에 1차, 분만 30일 전에 2차 접종하며, 2산차부터는 분만 30일 전에 1회만 접종한다. 이 질병은 면역력에 의해서만 방역 효과를 기대할 수 있는 것은

아니므로 병변 발현을 어느 정도 억제시키거나 경감시키고 환경의 청정화를 주체로한 위생 관리를 철저히 함으로써 효과를 극대화시킨다.

(7)대장균증 백신

설사 및 부종병 방지를 목적으로 후보돈은 분만 30일 전에 1차, 15일 전에 2차 접종하며 경산돈은 2차 시기에만 1회 접종한다.

제 5 장 질병의 진단과 치료

1. 환돈 관찰 포인트

돼지의 생산에서 질병에 의한 손실을 최소한으로 하기 위해서는 철저한 관리로 예방 위생이 가장 중요하며 일단 발병하면 조기에 발견하고 대책을 수립하는 것이 무엇보다 중요하다. 사육 규모가 증가함에 따라 돼지 질병은 개체 치료는 어렵고 돈군 단위의 예방 및 위생 관리가 이루어져야 한다.

질병의 조기 발견을 위해서는 아침 일찍 및 수시로 돈사를 돌면서 전체 및 개체의 파악은 물론이고 역학 조사, 임상적 관찰, 미생물 및 기생충 검사, 병리학적 검사, 혈액및 뇨 분변 검사를 정기적으로 하여 위생 상태를 파악하여야 한다.

돼지 질병은 군 단위로 이상돈 및 돈사 전체의 상태를 파악하고 다음으로 돈방 단위의 환돈 비율, 전염성 여부, 한돈방인가 전체 돈방에 퍼져 있는가, 전파의 속도 등을 상세히 파악한다. 돈사 전체의 오염 정도를 파악하면 돈군 전체의 의심되는 질병의 여러 단계의 증상이 나타나므로 그 상태를 보아 전파의 경과를 판단한다. 또한 의심되는 질병과 백신의 접종, 약제 투여와의 관계도 조사한다.

가. 일반 증상

원기, 식욕, 발육상태, 동복 자돈의 균일성, 거동, 피부, 분변,뇨 , 행동 등의 관찰

나. 식욕

소화기 질환은 물론 급성 질환, 고열, 치아 질환 등이 있을 때 식욕 감퇴가 일어난다. 식욕 이상에 이기(異嗜)가 있는데 이는 평소에 먹지 않는 깔짚, 톱밥, 흙 등을 먹는 것으로 위장 카타르, 무기질 결핍, 비타민 결핍 기생충증 등에서 볼 수 있다.

다. 거동

무리와 떨어져 있거나 힘이 없어 보이는 것, 경련, 보행이 비정상적이거나 기립 불능인 경우 환돈으로 진단할 수 있는데 급성 질병, 위축, 외과적 질환이 그 원 인이다.

신경계 질환이 있을시 선회 운동, 전후 운동 등이 나타난다.

<표 5-1> 임상 증상으로 본 돼지의 질병

임 상 증 상	질 병
발열·발적	감염증 : 돈 콜레라, 돈 단독, 흉막 폐렴, 파스튜렐라 감염증, 돼지 인플루엔자, 톡소 플라스마병 비감염증 : 일사병, 열사병
호흡 곤란 및 촉진	흉막 폐렴, 파스튜렐라 감염증, 돼지 인플루엔자, 일사·열사병
기침, 재체기	마이코플라스마 폐렴, 위축성 비염, 폐충증 (흉막폐렴, 파스튜렐라 감염증)
구 토	TGE, 대장균 설사증, 오제스키병, 위궤양
수양성 설사	TGE, 로타바이러스 감염증, 유행성 설사증(PED), 오제스키병 [포유돈]
혈변, 쵸콜렛색변, 점액성 혈변	돈적리, 괴사성 장염, 증식성 출혈성 장염, 편충증[중증], 웨궤 양
흰색 설사	대장균 설사증, 살모넬라 감염증
피부의 이상	개선충증, 습진, 전염성 농포성 피부염, 삼출성 표피염, 피부사 상균증, 부전각화증, 돈두, 돈수포병, 돈단독
번식장애를 동반하는 질병	일본 뇌염, 피보바이러스 감염증, 오제스키병, 톡소플라즈마병, 부루셀라 감염증, 렙토스피라 감염증
신경증상을 동반하는 질병	오제스키병, 톡소플라즈마병[자돈], 일본뇌염[신생자돈], 선천 성 진전, 연쇄상구균 감염증[수막염], 부종병
가려움증을 동반하는 질병	오제스키병, 개선충증, 이

( ) 주증이 아님
[ ] 한정됨

라. 영양

영양 불량은 만성병이나 전신성 병에서 볼 수 있다. 만성 위장 카타르, 철분 부족, 사료 부족시 및 불량시, 비타민 부족, 필수 아미노산 부족시 설사, 발정 지연, 성장 불량 등 이상이 온다.

마. 피부 및 피모

백색종의 경우 충혈, 출혈반이 나타나는데 열성 전염병의 경우 폐사 전후에 청색증이 나타나고 단독의 경우 담마진이 생긴다. 만성의 소화기 질환, 전염병, 기생충 질환 등으로 영양 불량시 피모의 윤택이 없어지고 빠지는 현상이 나타난다.

바. 코

코끝이 매마른 경우는 체열이 높다는 증거이며, 비강의 삼출물, 수포 형성의 여부를 관찰해 환돈을 판단한다.

사. 눈

안점막을 결막이라고 하는데 점막에는 모세 혈관이 많아 혈액 순환 장애를 알수 있다. 점막이 창백해 보이면 빈혈이고 심한 적색은 충혈로 특히 암적색일 때에는 폐렴, 열성 질환, 위장염 등의 징후이며 황색을 띠면 황달로 간장병, 중독, 십이지장 카타르, 열성 전염병 등에서 볼 수 있다. 눈아래 아이팻치(Eye patch)가 있으면 암모니아 가스 등 환기불량에 의한 자극이나 위축성 비염을 의심할 수 있다.

아. 체온

돼지에 있어서 체온은 개체 또는 측정 시기에 따라 약간의 차이를 보이기는 하나 일반적으로 어린 동물이 성숙한 동물보다 높고 아침보다 저녁이 높다. 체온의 측정은 귓뿌리 부위로 대략 알 수 있으나 체온계로 직장 온도를 측정함으로써 알수 있다.

급성병 특히 전염병에서는 체온이 현저히 상승하거나 만성의 경우 상승하지 않는 것이 많다. 증상에 따라서는 체온의 저하가 나타나기도 하는데 계속적인 설사로 고도의 영양 실조, 폐사 직전 심히 쇠약했을 경우 볼 수 있다. 이것을 허탈열 또는 저하열이라고 한다. 세균이나 바이러스의 침입시는 체온이 상승하며 중독이나 영양성인 경우에는 체온이 정상이다(일령별 정상 체온 도표 참조).

자. 맥박

꼬리 부분에서 측정하며 정상의 경우 60~80회이나 일령에 따라 다소 차이가 있다. 맥박은 심장의 기능 상태를 알 수 있으며 흥분하거나 운동시 증가하므로 안정된 상태에서 측정하여야 한다. 일반적으로 발열, 심장병, 빈혈의 경우에는 증가하고 중독과 같은 경우는 감소한다.

〈표 5 -2〉 돼지의 일령별 정상체온, 맥박, 호흡수

돼지의 일령	직장온도 (°C±0.3°C)	맥 박 (회/분)	호 흡 수 (회/분)
• 신생자돈	39.0	200~250	50~60
1시간 후	36.8		
12시간 후	38.0		
• 포유자돈	39.2		
• 이유자돈(9~18kg)	39.3	90~100	25~40
• 육성돈(27~45kg)	39.0	80~ 90	30~40
• 비육돈(45~90kg)	38.8	75~ 85	25~35
• 임신모돈	38.7	70~ 80	13~18
• 모 돈			
분만전 24시간	38.7		35~45
분만 12시간 전	38.9		75~85
분만 6시간 전	39.0		95~105
첫태아 분만 후	39.4		35~45
분만 12시간 후	39.7		20~30
분만 24시간 후	40.0		15~22
분만 1주 후~이유시	39.3		
이유 1주일 후	38.6		
• 웅 돈	38.4	70~ 80	13~18

차. 호흡

흉부나 복부의 움직임 혹은 코앞에 손을 대고 호흡수를 측정하며 정상치는 (표 5 -2)와 같다. 호흡수는 운동, 흥분, 공포 등에 의해서 증가하며 열성 질환, 심한 고통 등 여러가지 질병에서 증가하므로 진단에 도움이 된다. 폐렴, 흉막염, 고창증, 복수(腹水), 심장병, 중독, 열성 질환의 경우 호흡 곤란, 복식 호흡 등의

증상이 나타난다. 호흡 곤란이 심해 산소의 공급과 이산화탄소의 배기가 충분치 않을 경우 청색증(Cyanosis)이 발생한다.

카. 기침

기침은 후두, 기관, 기관지 등에 분포하는 신경의 자극으로 일어나며 먼지, 가스 자극, 호흡기 질환으로 발생된 점액 객담에 의해서도 일어난다.

① 빈해(頻咳) : 빈발하여 연속적으로 기침하는 것으로 후두염 기관지염에서 볼 수 있다.

② 통해(痛咳) : 기관, 흉막의 급성 질환인 경우 일어나며 통증을 완화시키기 위해 목을 길게 빼고 기침을 한다. 만성인 경우 통해가 없는 경우가 많다.

③ 강해(强咳)와 약해(弱咳) : 후두 기관지 등 얕은 곳에서 일어나는 기침은 강하고 폐렴과 같이 깊은 곳의 기침은 약하다.

④ 건성 기침과 습성 기침 : 기관 내의 분비물이 많으면 습성 기침, 분비물이 적고 진할 때 건성 기침이 일어난다.

타. 분변

돼지의 정상 배분량은 하루 0.5~3kg이며 병적 분변은 설사, 변비, 분변에 혈액, 점액농, 기생충과 충란이 섞인 경우 등이다. 직장 및 결장 등 항문에서 가까운 곳의 출혈은 선홍색을 띠지만 위, 소장의 출혈은 암적색이고 악취를 내는 것이 많다. 병적 점액은 한천과 같은 상태이며 대장에서 나오는 점액은 분변의 표면에 부착되어 나오고 소장의 경우 소화되어 분변과 혼합되어 나온다. 기생충이 혼입되면 큰 것은 육안으로 볼 수 있으나 충란은 현미경으로 검사한다.

파. 토물

구토를 했을 때는 토물의 형태와 구토 시기를 확인하고 토물 내 혈액이나 위액 유무를 파악한다. TGE , 위궤양 등에 특히 많이 발생한다.

하. 기타

사지 상태, 유방, 외음부 상처, 염증 유무, 신경 증상 등의 상태를 파악하고 관리 및 사육환경도 아울러 고려해 원인을 정확히 찾도록 해야 한다. 그리고 전염성이 있거나 더욱 정확한 진단을 요할 때에는 격리된 장소에서 부검을 하고 필요시 외부 기관에 의뢰하도록 한다.

2. 돼지 질병의 진단

환돈 관찰 포인트란을 참고하여 일반적인 상태를 파악하고 발생의 시기, 역학조사, 임상학적 관찰을 토대로 미생물 검사, 기생충 검사, 병리학적 검사, 혈액, 간기능 뇨 검사 등을 전문 기관에 의뢰한다. 질병의 진단시에도 아래와 같은 항목을 조사하여야 한다.

가. 일령

설사의 경우 질병에 따라 호발 일령이 다르다. 즉, 대장균증은 대부분 자돈기에 발생하며 돈적리는 포유돈에는 보이지 않고 또한 증식성 출혈성 장염은 비육 후기에 집중적으로 나타난다.

나. 역학 조사

가축 위생 연구소 및 지방의 각 시험소, 수의과대학, 사설연구소, 임상 수의사 등으로부터 질병의 종류, 발생, 전파 상황 등에 대한 정보 입수에 노력하고 조기에 대책을 세운다.

다. 계절

호흡기 질병은 가을에서 초봄에 걸쳐 환절기에 다발한다. 특히 일교차가 심한 지역에서 더욱 극심하며 또한 TGE, 로타 바이러스 감염증 및 유행성 설사증은 겨울에 발생이 압도적으로 많다.

라. 임상학적 관찰

각종 질병은 특유한 임상 증상에 따라 어느 정도 진단이 가능하나 최근에는 증상이 명확한 급성 전염병은 감소되고 있고 전에 맹위를 떨친 전염병이 상당히 다른 양상으로 변화되고 있다. 만성 질병 및 기회적 감염증의 증가에 따라 임상 증상만에 의한 진단은 어려워지고 있다. 주요 증상과 연관된 질병은 (표 5 -6)과 같다.

마. 미생물학적 검사

돼지 질병의 주체는 감염증이고 미생물의 검출, 혈청 항체 검사에 의해 병원체의 감염 상태, 면역 획득 상황, 백신에 의한 항체 획득 상황 등을 정확히 파악해 두어 방역 대책의 기초 자료로 활용한다.

〈표 5-3〉 질병 대책상 필요한 질병 검사법

질병 \ 검사법	임상소견	병원체검출	항체가검사	부검조직소견	비 고
위축성 비염	○	○	○	○	SPF검사 항목
마이코 플라즈마 폐렴			○	○	〃
톡소 플라즈마병			○		〃
돈적리	○	○			〃
오제스키병	○		○		〃
개선충증	○	○			〃
헤모필루스 감염증 (흉막폐렴)		○	○	○	오염 상황 검사 항목
글래서 병		○	○		〃
파스튜렐라 감염증		○			〃
코리네 박테륨 감염증	○	○	○		〃
대장균증	○	○			〃
살모넬라 감염증	○	○			〃
클로스트리듐 감염증	○	○		○	〃
로타 바이러스 감염증	○	○		○	〃

바. 기생충 검사

사육 환경이 개선됨에 따라 기생충 감염은 감소 경향이 있으나 오염이 심한 양돈장도 있다. 소장의 회충 및 란솝간충, 맹장의 편충, 폐장에 폐충이 기생할 때 기생 상황을 기록한다.

사. 병리학적 검사

도축장 및 폐사돈의 병변 관찰이 주가된다. 흉강, 복강, 폐장, 심장, 간장, 비장, 신장, 소화기관, 방광 부속 임파절을 중심으로 부검하고 필요시 병리 조직 검사를 실시한다. 농장에서는 직접 부검하지 말고 수의사나 전문기관에 의뢰한다.

〈표 5-4〉 백신효과 확인을 위한 질병 검사법

질병＼검사법	임상소견	병원체 검출	항체가 검사	부검조직소견
일본 뇌염	○		○	
파보 바이러스 감염증	○		○	
전염성 위장염	○		○	
돈단독	○	○	○	○

〈표 5-5〉 장관 기생충증 검사법

질병＼검사법	임상소견	충체 검출	충란 검출	부검조직소견
돈 회충증	.	○	○	○
돈 편충증	○		○	○
돈 폐충증			○	○
란솜 간충증			○	○

아. 혈액검사, 간기능 검사, 요검사

혈액검사에는 혈구수, 혈구용량(PCV), 헤모글로빈치, 혈구의 형태 검사 및 생화학적 검사, GOT, GPT 등 간기능 검사도 한다. 뇨검사에서는 단백뇨, 당뇨, pH, 케톤체 유로 빌리노겐 등 필요한 검사를 실시한다(유리스틱스 이용).

〈표 5-6〉 증상과 질병

질병＼증상	발열	호흡곤란	기침·재채기	청색증	구토	설사	변비	혈변	적색뇨	빈혈	운동장애	체표의 평융	피부이상	이상산(產)	식욕부진	가려움증
돈콜레라	○	○	○	○	○	○	○		○		○		○	○	○	
A.돈콜레라	○			○	○	○	○	○			○			○	○	
TGE					○	○									○	
돈인플루엔자	○	○	○										○			
일본뇌염											○		○			
파 보													○			

증상 \ 질병	발열	호흡곤란	기침·재채기	청색증	구토	설사	변비	혈변	적색뇨	빈혈	운동장애	체표의 팽융	피부이상	이상산(産)	식욕부진	가려움증
오제스키병			O		O	O					O			O	O	
H.V.J		O	O													
구제역	O												O	O	O	
돈수포병	O											O	O		O	
돈 두													O			
마이코플라즈마		O	O													
위축성비염		O	O													
파스튜렐라	O	O	O												O	
헤모필루스 감염종	O	O	O	O											O	
자돈대장균증					O	O										
괴사성 장염						O		O								
살모넬라	O	O	O	O	O	O	O							O	O	
코리네박테륨												O		O		
마이코박테륨						O									O	
돈단독	O	O			O	O		O					O	O	O	
렙토스피라												O		O		
부루셀라														O		
탄 저	O					O			O						O	
파상풍	O					O					O					
진균증													O			
돈적리						O		O	O							
부종병		O		O							O	O				
전염성 농포성 피부													O			
삼출성 표피염													O			
톡소플라스마	O	O	O	O		O	O					O	O	O	O	
대장발란티듐						O		O								
회충증			O		O	O	O				O	O			O	
분간충증						O				O			O			O
편충증						O		O		O					O	
폐충증		O	O													
신충증									O		O					
개선충증													O			O
진전											O					

질병 \ 증상	발열	호흡곤란	기침·재채기	청색증	구토	설사	변비	혈변	적색뇨	빈혈	운동장애	체표의 팽융	피부이상	이상산(産)	식욕부진	가려움증
일사·열사병	○	○		○							○				○	
PSS	○	○		○							○					
식염 중독				○			○				○					
유기인 중독		○	○		○						○					
위궤양		○			○					○					○	
신생아 황달										○						

3. 질병의 치료

치료는 환돈으로 하여금 정상 기능을 발휘하도록 하는 것과 동시에 예방의 의미도 포함된다. 이를 위해서는 원인의 정확한 파악이 있어야 하며 환돈은 약제 투여와 아울러 사양 개선 및 위생적인 관리가 있어야 좋은 결과를 기대할 수 있다.

약품을 사용하여 원인 제거를 시도하는 것을 화학 요법이라 하며 병원체를 직접 멸살하는 살균 작용과 그 발육을 억제하는 정균작용을 한다. 화학 요법시 약품을 혼합하여 사용하는 경우가 있는데 종류에 따라 효과가 증가되는 상승작용, 유효한 한가지 항균제의 효과만 나타나는 동등작용, 한쪽 사용보다 오히려 효과가 떨어지는 길항작용이 있으므로 주의하여야 한다.

화학 요법제로는 항생제, 설파제, 비소제, 안티몬제 및 니트로 푸란제가 있다.

가. 항균제의 종류와 작용 방식

(1) 살균 작용 항균제

① 페니실린계—프로카인페니실린, 벤질페니실린, 메치실린, 크록사실린, 앰피실린, 아목사실린, 카베니실린
② 아미노 글리코시드계—스트렙토마이신, 가나마이신, 네오마이신, 겐타마이신, 스펙티노마이신, 아미카신
③ 폴리펩타이드계—바이트라신, 콜리스틴, 폴리막신 B, 버지니아마이신

④ 세팔로 스포린계-세팔로틴, 세팔로리딘, 세팔렉신 세프라딘
⑤ 니트로 푸란계-프라졸리돈, 니트로 프라존, 후랄 타돈

(2)정균 작용 항균제

① 설파제
② 테트라 싸이클린계-옥시테트라싸이클린, 클로르테트라싸이클린, 염산테트라싸이클린, 독시싸이클린, 미노싸이클린
③ 마크로라이드계-에리스로마이신, 스피라마이신,타이로신 , 키타사 마이신
④ 기타-클로람페니콜, 린코마이신, 티아무틴, 트리메토 프림

나. 항균제의 병용

일반적으로 서로가 살균작용을 하는 항균제를 병용할 시에는 동등작용이나 상승작용을 나타내며, 정균작용 항균제들을 병용할 때에는 동등작용만 나타나며, 살균작용과 정균작용 항균제를 병용하면 길항작용이 나타난다. 그러나 트리메토 프림과 설파제의 병용은 현저한 상승작용이 나타나 여러가지 질환 치료에 많이 이용된다.

병용시 상승작용을 나타내는 항균제

항 균 제	병용시 상승 작용 항균제	효과가 탁월한 미생물
페니실린, 세팔로틴 에리스로 마이신	스트렙토마이신, 가나마이신, 반코마이신	연쇄상구균 등
메치실린, 세팔로틴	스트렙토 마이신, 젠타마이신, 가나마이신, 반코마이신	포도상구균 등
스트렙토마이신 젠타 및 가나마이신	에리스로 마이신, 노보비오신	포도상구균
리파마이신	에리스로 마이신	포도상구균
앰피실린, 카베니실린, 세팔로틴	스트렙토 마이신, 젠타마이신, 가나마이신	그람음성 간균
설 파 제	트리메토 프림	모든 감수성균

병용시 배합금기나 길항작용을 나타내는 항균제

항 균 제	배합금기 혹은 길항작용
앰피실린	테트라 싸이클린, 에리스로 마이신, CM

항 균 제	배합금기 혹은 길항작용
카베니실린	겐타마이신, 에리스로마이신
세팔로틴	칼슘제, 에리스로마이신, 폴리믹신B, 페니실린G, 테트라싸이클린, 비타민B군, 비타민C, 콜리스틴
클로람페니콜	에리스로마이신, 프로카인, 테트라싸이클린, 해열 진통제, 반코마이신, 비타민 B군, 페니실린계, 아미노글리코시드계
가나마이신	세팔로틴, 포도당, 메티실린, 니트로 프란토인, 설피속사졸
메티실린	가나마이신, 식염수, 테트라 싸이클린
니트로 프란 토인	암모늄 클로라이드, 링거액, 포도당 , 비타민C, 비타민B군, 칼슘제, 스트렙토마이신
페니실린	중조가 든 5% 포도당, 설파제, 에리스로 마이신, 네오 마이신, 테트라 싸이클린
페니실린G	비타민C, 테트라 싸이클린, 반코마이신
스트렙토 마이신	칼슘제, 에리스로 마이신, 니트로 프란 토인, 노보비오신, 설파다이아진, 설파속사졸
테트라 싸이클린계	칼슘제, 세팔로틴, 클로람페니콜, 에리스로마이신, 메티실린, 스테로이드 호르몬, 니트로프란토인, 노보비오신, 페니실린G, 폴리믹신B, 중조 5%포도당, 설파다이아진, 설파속사졸, 비타민B군
타이로신	테트라 싸이클린, 스트렙토마이신, 설파제
린코마이신	에리스로마이신
겐타마이신	세팔로틴
설파제	암모늄 클로라이드, 국소 마취제

다. 약제의 투여

약제는 농장에 가장 적합한 것을 선택하여 적정한 농도로 효과적인 경로를 통해 이루어져야 한다. 또한 사육 성적과 임상 증상을 대조해 가면서 전문 수의사와 함께 의논 및 변경 수정하여야 한다.

(1)약제의 선택

한가지 질병에 대해 사용되는 약제는 수십가지에 달한다. 이는 세균 검사와 약제 감수성 실험에 의해 대개 알 수 있다.〈표 5—6〉 및 〈그림 5—1〉를 기본으로 전문가 및 연구기관과 상의하여 결정하는 것이 바람직하다.

〈표 5-6〉 각종 약제의 항균 범위

| 항균제 \ 세균 | 그람 양성균 | | | | | 그람 음성균 | | | | | | | | | | |
| | 구균 | | 간균 | | | 장내세균 | | | 기타 | | | | | | | |
	포도상구균	연쇄상구균	코리네박테륨	클로스트리듐	돈단독	대장균	살모넬라	프로테우스	헤모필루스	파스튜렐라	녹농균	보데텔라	트레포네마	마이코플라스마	리켓치아	렙토스피라
페니실린 G	○	○	○	○	○				○				○			○
앰피실린	○	○	○	○	○	○	○	○	○							
세팔로틴	○	○		○		○										
린코마이신	○	○											○			
콜리스틴						○	○			○	○	○				
스트렙토마이신	○					○	○	○	○							○
가나마이신	○	○				○	○				○					
겐타마이신	○					○	○	○			○	○				
스펙티노마이신						○	○							○		
매크로라이드계	○	○	○	○										○		
클로람페니콜	○	○	○	○		○	○	○	○	○			○		○	
테트라싸이클린	○	○	○	○	○	○	○	○	○				○	○	○	○
폴리믹신 B											○	○				
티아무틴	○	○	○							○	○					○
설파제	○	○				○	○	○	○			○				

(2) 약제 농도 및 시기

일반적으로 약제의 사료 내 첨가시 용량의 상한 및 하한선의 문제, 환절기에만 투여할 것인가 연중 투여할 것인가도 망설여지게 되는데 농장의 환경 여건 및 질병의 정도에 따라 < 그림 5-1>을 참조하여 결정한다.

검사 없이 투약 시기와 농도를 정할 경우에는 다음의 3가지를 고려하면 된다.

① 사용 농도의 상한에 가까운 농도부터 시작한다.

② 적어도 6개월은 농도, 대상 일령을 변경하지 않는다.

③ 고농도 단기간 투여를 염두에 두고 저농도 장기간 사용은 피한다.

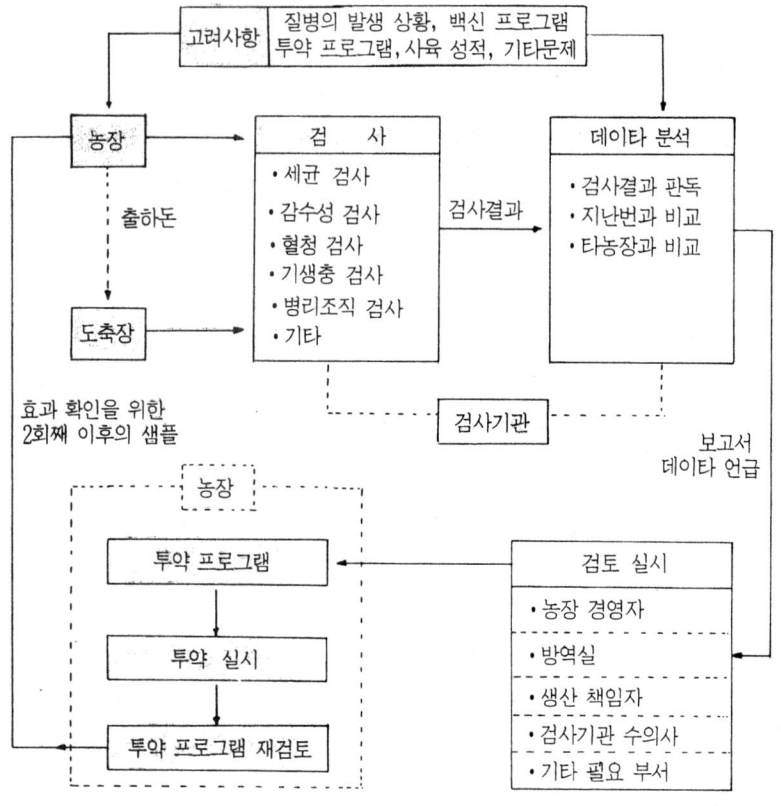

〈그림 5-1〉 투약 프로그램 결정과 검사의 관계

(3) 투약 방법

(가) 투약 경로

① 정맥 주사 : 환돈이 패혈증 같은 위험한 상황에서 항균제의 혈중 농도를 신
  속하게 올려줄 필요가 있을 때, 약효가 잘 미치지 않는 부위의 감염증, 심
  한 탈수나 영양 실조로 신속히 영양제 투여시 택하며 주사 부위는 이정맥
  (귀 부분)을 택한다.

② 근육 주사 : 흔히 이용하는 방법으로 어린 자돈은 안쪽 대퇴부, 큰 돼지는
  목부위에 주사한다.

③ 피하 주사 : 귀와 목의 연결 부위, 대퇴부 등의 피부와 근육 사이에 접종

하며 비교적 흡수도 빠르다. 이보멕틴 등의 특수 목적과 중등도의 신속을 요할 때 택한다.

④ 복강 주사 : 정맥 주사가 곤란한 어린 자돈의 영양제 및 전해질 공급시 많이 사용된다. 이때 영양제는 등장액이어야 하며 주사 부위는 소독을 잘해 주어야 한다. 대개 끝에서 2~3번째 유두 사이에 실시한다.

⑤ 경구 투여 : 경구 투여는 흡수에 영향을 받으므로 주사시보다 2~5배 이상 투여하여야 한다. 돼지의 경우는 사료 첨가 및 음수 투여 등 집단 치료시 이 방법을 택한다. 감염되지 않았거나 감염되어 식욕이 없는 돼지는 따로 주사 방법을 실시한다.

⑥ 국소 투여 : 관절 치료시 관절 강내, 내막염 치료시 자궁 내 등과 같이 특수 목적을 위해 투여하며 이때 약제는 자극성이 없어야 한다.

(나)주의점 및 첨가제 응용

적절한 약제를 적기 사용에도 불구하고 효과가 잘 나타나지 않는 경우 첨가 방법의 검토가 필요하다. 음수 투여는 사료 첨가보다 균일하고 또한 경구 보액제 (補液劑)와의 병용은 장관에서의 약제 흡수가 잘된다. 또한 모자 감염이 문제시 되는 질병은 (마이코 플라스마 폐렴, 위축성 비염 등) 예방을 위해 모돈 사료 및 입붙이 사료에 감수성 있는 항균제 첨가시 효과를 기대할 수 있다. 함량은 치료 수준으로 하여 분만 전 7일부터 분만 후 7일 가량 포유돈 사료에 첨가한다.

라. 효과 확인

한번 결정된 투약 프로그램은 적어도 6개월은 계속해 보고 평가를 위해서는 돼지의 외관을 충분히 관찰하고 실시 전후의 비교나 개선을 확인함과 동시에 농장의 생산 성적 (육성률, 출하 일령, 출하 체중 등 질병과 관련된 지표)을 전년이나 전월과 비교 분석한다. 이때 비육돈이 거의 교체되는 6개월은 필요하다.

물론 생산 성적은 질병 외적 요인이 많으므로 판단에는 세심한 주의가 필요하다. 혈청 검사, 세균검사, 검안 소견 등을 통합하여 반년 단위로 종합적인 판단을 내린다. 특별히 문제가 되는 질병은 부분적으로 매월 검사하여 상태를 파악하는 등 얻을 수 있는 자신의 농장 정보를 최대한 살려 투약 프로그램과 올바른 평가에 참조하여야 한다.

마. 약제의 휴약 기간 및 잔류 허용

약품을 사용할 때는 축산 식품 중에 인체에 유해한 물질이 잔류하지 않도록 신중을 기해야 한다.

약품에 따른 주사 및 첨가제 사용 후 판매 및 도살까지의 휴약 기간 및 잔류 허용 기준은 <표 5-7>과 <표 5-8>과 같으므로 이를 철저히 준수해 국민 건강에 이바지하여야 겠다.

〈표 5-7〉 돼지 경구 투여제 사용시 휴약기간 및 잔류 허용치 (미국FDA)

약 제	휴약기간 (일)	잔류허용치 (ppm)	비 고
아목시실린	1	0.01	
앰피실린	15	0.01	
아프라마이신	28	M : 0.1 L : 0.3 K, F : 0.4	
바시트라신	0	0.05 (0.02단위/g)	
카바독스	70	0	
클로트테트라 싸이클린 (CTC) +페니실린+설파티아졸	7	CTC : K : 4 L : 2 F : 0.2	페니실린 : 0 설파 : 0.1
클로트테트라 싸이클린 +설파메다진+페니실린	15	CTC : F : 0.2 설파 : 0	페니실린 : 0
클로트테트라 싸이클린	10	M : 1 F : 0.2 K : 4	′ L : 2
스트렙토 마이신	30	—	
에리스로 마이신	7	Et : 0.1	
겐타 마이신	14	M : 0.1 L : 0.3 K.F : 0.4	
하이그로마이신B	15	0	
린코마이신	6	Et : 0.1	
니트로프라존	5	0	
니스타틴	—	0	
옥시테트라 싸이클린 (Oxy-Tet 50)	26	Et : 0.1	
페니실린 (50g/900kg사료)	0	0	
설파클로로 피리다진	4	0.1	일본은 0.05
설파독시 피리다진	10	0.1	
설파메다진	15	0.001	
설파티아졸	•	Et : 0.1	
테트라 싸이클린	7	0.25	
티아 벤다졸	30	0.1	
티아무틴	3	M : 3.6 L : 10.8 K, F : 14.4	
타이로신	2	0.2	

※ Et : 식용조직 M : 돈육 L : 간장 K : 신장 F : 지방

〈표 5 -8〉돼지의 주사제 및 사용시 휴약기간 및 잔류허용치(미국FDA)

약　　　제	휴약기간(일)	잔류허용치(ppm)
아자페론	0	Et : 0
엠피실린	15	0.01
스트렙토마이신	30	0
에리스로마이신	14	0.1
겐타마이신	40	M : 0.1 L : 0.3 K.F : 0.4
린코마이신	2	0.1
옥시테트라싸이클린	28	0.1
페니실린 G	7	0
페니실린＋스트렙토마이신	30	페니실린 : 0
타이로신	14	0.2

※ Et : 식용조직　M : 돈육　L : 간장　K : 신장　F : 지방

제6장 돼지의 질병

1. 호흡기 질환

현대의 양돈이 다두화 밀집 사육함에 따라 환경 불량 등에 의해 각종 소모성 질환이 만연되어 극심한 피해를 야기시키고 있다. 호흡기 질환의 직접 요인으로는 바이러스, 세균, 기생충 등이며 돈사 내 각종 유해 가스(암모니아, 메탄가스, 탄산가스 등), 먼지, 방어력 저하, 영양 상태, 밀사, 청결및 환기 상태 등이 악화시키는 요인이 된다. 따라서 병원체도 중요하나 오히려 환경 요인이 크게 작용한다는 점을 명심해야 한다.

호흡기 질환은 크게 세 그룹으로 나눌 수 있는데 비염, 폐렴, 흉막염이 그것이다. 그러나 실제 현장에 나타나는 양상은 복합적이다.

가. 역학 및 임상 증상

(1) 돼지 인플루엔자

일교차가 심한 날씨의 스트레스와 관련이 있으며 일차적인 감염원은 공기를 통해 일어나지만 지렁이 회충 그리고 돈폐충은 인플루엔자 바이러스의 숙주가 된다. 특징은 증상이 급성으로 나타나지만 준 임상 감염의 경우 마이코 플라즈마 폐렴과 구별이 힘들다. 급성의 경우 증상은 급속히 전파되며 식욕 부진, 발작적인 기침과 고열을 동반한다.

마이코 플라즈마, 파스튜렐라, 혹은 헤모필루스와 이차 감염이 이루어지면 오랜 기간 지속되며 폐에 병변이 나타난다. 급성 인플루엔자가 임신돈에 감염시 유산을 유발하며 생시 활력이 저하된다.

(2) 봉입체 비염

원인균은 싸이토메가로(Cytomegalo) 바이러스이며 유럽에 많이 번져 있다.

증상은 미약하며 심한 비강 분비물과 1~3주령 자돈에 재채기를 동반한다. 성돈에는 별 증상이 없으며 좋은 환경하에서는, 3~4주 후 증상이 소실된다. 이차 세균 감염시 비갑개 위축을 동반한다.

(3) 마이코 플라즈마 폐렴

마이코 플라즈마는 쉽게 호흡기 점막을 통과할 수 있을 정도로 작아 기관지와 폐포에 도달해 서서히 호흡기 상피에 집락을 이룬다. 증상은 대개 2-5주령의 어린 자돈에 전형적으로 나타나는 반면 모돈은 비감염 상태로 된다. 아침 사료 급여시나 급히 잠에서 깨어났을 때, 운동 후 건성 기침·재채기를 한다. 단독 감염의 경우 2개월 내 치유되거나 반흔(搬痕 : scar) 정도가 된다. 병변은 첨엽과 심엽에 한계 뚜렷한 진한 갈색의 무기폐를 형성한다. 흉막염 형태는 헤모필루스와 감별을 요하며 헤모필루스에 의한 흉막염은 흉막, 심외막, 폐 사이의 유착이 더 심하다.

(4) 파스튜렐라 폐렴

원인균인 파스튜렐라 멀토시다(P. multocida)는 건강한 돼지의 폐에서 10~20%, 폐병변이 있는 폐에서는 80% 이상이 존재한다. 수송, 영양 결핍, 기생충 감염, 추위, 과도한 습도, 사료의 급변, 밀사 등이 증상을 악화시키는 인자로 작용한다. 기관지 폐렴형을 보이다가 호흡 곤란과 딸꾹질이 일어난다. 최초 건성의 증식성 기침이 발생하다가 차차 습성의 증식성 기침으로 발전한다. 이 병원균은 위축성 비염의 2차 침입자로 알려져 있다.

(5) 보데텔라 감염증

보데텔라는 위축성 비염과 관련되며 1~3주령 자돈에 심한 기관지 폐렴을 종종 일으킨다. 마이코 플라즈마에 비해 일찍 증상이 나타나고 더 심하다. 심하고 만성적인 기침, 그리고 육성돈의 발육 저하는 대개 파스튜렐라 감염과 관련이 있다. 전염 경로는 비즙, 비말, 이환돈과의 접촉, 감염 모돈에 의한 수직 전파 등에 의해 발생된다.

(6) 액티노 바실러스(헤모필루스)감염증

Hemophilus parasuis 는 글래서병의 원인균으로 돼지의 다발성 장막염의 원인이 된다. 증상은 급격한 체온 상승, 동통이 동반된 관절염, 중추신경계의 장애가 나타나며 관절염, 뇌막염, 복막염, 섬유소성 흉막염을 유발한다. 글래서병은 거의 환경 변화와 스트레스에 의해 초래된다.

반면 H. pleuropneumoniae 는 심한 출혈성 괴사성 기관지 폐렴을 일으킨다. 심급성이나 급성은 급사하거나 병리 소견으로 출혈성 폐장과 섬유소성 흉막염이 나타난다. 아급성이나 만성의 경우는 조직 검사나 혈청 검사로 진단한다.

(7) 살모넬라 감염증

살모넬라는 (S. cholerasuis)위장 관계의 증상이 없이 폐렴을 일으키기도 한다. 환경 스트레스 (밀사, 추위, 비위생 상태 등)에 대한 2차 침입자로 생각된다.

(8) 클렙시엘라 감염증

가끔 돼지에 폐렴을 유발한다. 어린 돼지의 혀, 잇몸, 편도선과 폐에 심한 괴사성 병소가 나타난다. 폐에 넓게 괴사가 일어나기도 한다. 증식성 비염이 특징으로 안면부가 부어 오른다.

(9) 돈폐충

방목 돼지에 문제가 되며 돼지가 유일한 숙주이다. 바이러스성 폐렴의 증상 및 병변을 악화시킨다. 본병에 감염되면 6개월령 이하의 돼지에서는 기침과 호흡 곤란, 식욕 감퇴, 체중 감소 등 증상이 뚜렷하며, 그 이후는 후천성 면역 획득으로 감염이 드물고 임상 증상도 뚜렷하지 못하다. 심한 기침 증세는 추위, 고농도의 암모니아 가스 등 다른 스트레스 요인이 있을 때 나타난다.

나. 기침 발생기전

기침은 기도 내의 이물이나 분비물을 배설하려는 생체 방어 반응이다.

다. 호흡기 질환의 감별

호흡기 질환의 감별을 위해서는 발병 일령,기후, 임상증상 , 돈사환경 등을 참조로 하여 다음의 그림 및 도표를, 활용하여 진단한다.

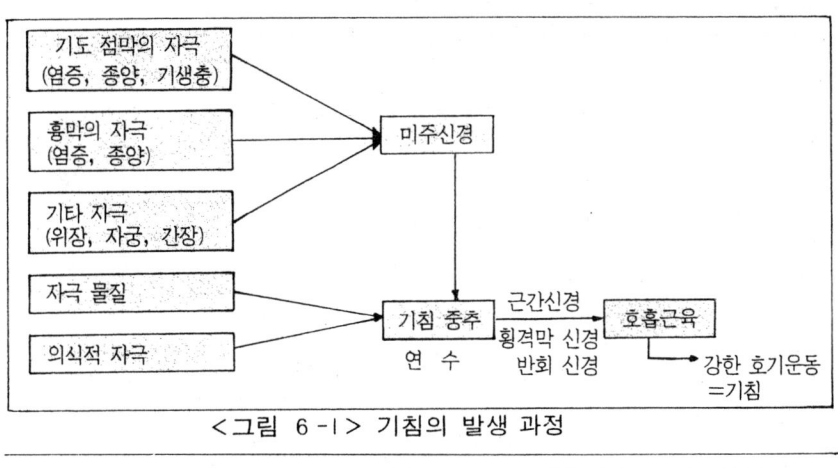

기도 점막의 자극
(염증, 종양, 기생충)
흉막의 자극
(염증, 종양)
기타 자극
(위장, 자궁, 간장)
자극 물질
의식적 자극
미주신경
기침 중추
연 수
근간신경
횡격막 신경
반회 신경
호흡근육
강한 호기운동
=기침

<그림 6-1> 기침의 발생 과정

* 드문 경우
호흡
곤란
기침
휴식시
기침
발열 동반
잦은 기침
기타증상 없 음
전염의 경변
헤모필루스
파스튜렐라
장관의 괴사 및 충혈
살모넬라
신경증상
편도선의 괴사
오제스키병
점상 출현
돈콜레라 *
아프리카돈콜레라 *
발작경련
고 열
인플루엔자
미약한 기침
장기의 흰점 유산및 사산
톡소플라스마 *
열이 없을 시
폐기종
정상 혈액
돈폐충 *
암적색 혈액
질산염중독
창백한 조직
빈혈
유(乳)반점
회충
병변 없음
알레르기 *
국균증(누룩곰팡이) *
운동후 뚜렷한 기침
건성 기침 열이 없음
심하거나 약한 기침
유행성폐렴
아데노바이러스 *
엔테로바이러스 *
건성 기침
농양

<그림 6-2> 문제성 호흡기 질환의 감별 흐름도

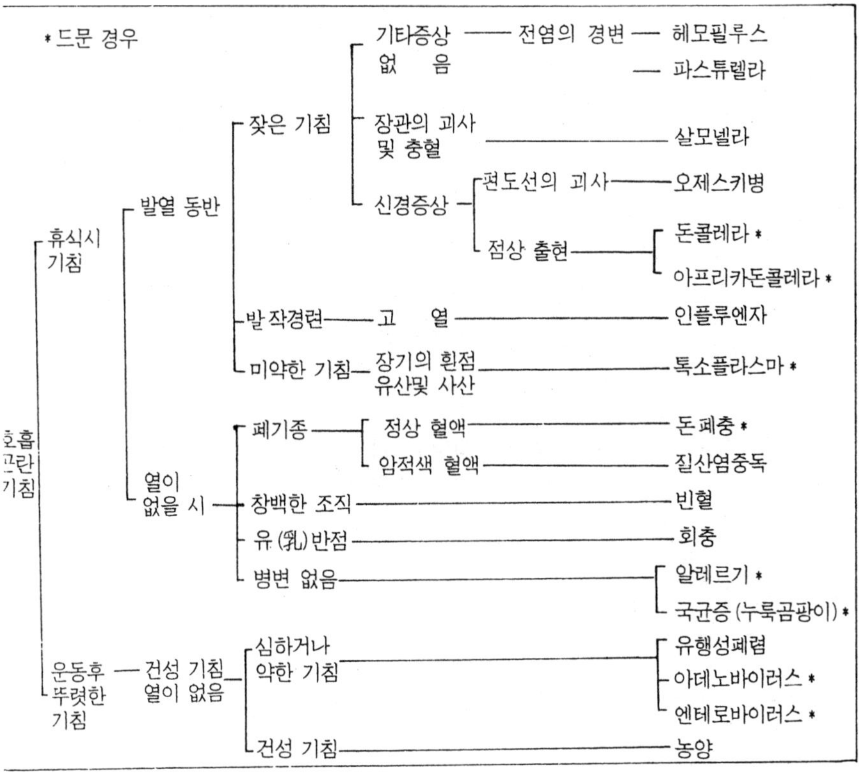

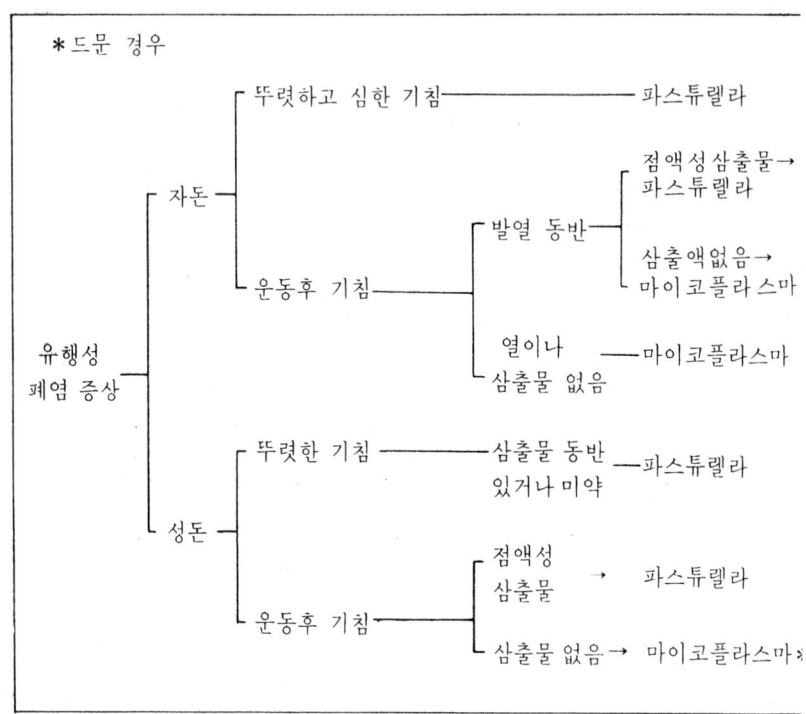

<그림 6-3> 유행성 폐렴의 감별 진단 흐름도

<표 6-1> 폐렴을 유발하는 질병의 감별

발 병 인 자	마이코 플라스마	파스 튜렐라	헤모 필루스
6~7주령에 뚜렷한 증상	+	−	−
성돈에 뚜렷한 발병	−	+	+
점액성 삼출물	−	+	+/−
전복방(前腹方)만 경화(硬化)	+	+	−
횡격엽 병변 포함	−	−	+
흉막염	−	+	+
섬유소성 흉막염	−	−	+
경화소만 나타남	+	+	−
출혈 및 충혈	−	−	+
괴사	−	−	+
높은 폐사율	−	−	+

(1) 호흡 곤란과 기침

(가) 포유자돈

어린 자돈의 호흡 곤란은 대개 빈혈이나 폐렴에 기인되며 오제스키병이나 톡소 플라즈마 감염증도 호흡 곤란을 나타낸다. 철 결핍에 의한 빈혈은 1.5주령 ~2주 령에 시작해 심해진다. 어린 자돈의 폐렴은 헤모필루스, 파스튜렐라, 마이코 플라 즈마 등에 의해 발병되는데 더 많은 일령의 돼지와 구별되어야 한다.

<표 6-2> 포유자돈에 호흡 장애와 기침을 유발하는 원인

원 인	감수성일령	증 상	부검 소견
철 결핍성 빈혈	1.5~2주령 또는 그 이상	정상 체온의 창백, 운동에 의해 쉽게 지침, 호흡촉박, 거친 피모	심낭에 액체가 저류되고 심장의 확장, 폐의 부종, 비장의 종대
보데텔라 감염증	3일령 또는 그 이상	기침, 쇠약, 호흡 촉박, 감염돈의 높은 폐사율	폐에 폐렴병소가 산재한다.
헤모필러스파스튜렐라 마이코플라즈마	1주령 또는 그 이상	호흡 곤란, 기침	폐렴
오제스키병	모든 일령에 감수성이 있으며 어릴수록 심하다.	호흡 장애, 열, 침흘림, 구토, 설사, 신경 증상, 높은 폐사율	괴사성 편도선염, 간 과비장에 흰색 괴사 반점, 폐수증
톡소플라즈마증	모든 일령	호흡 장애, 열, 설사, 신경 증상	폐렴, 장의 궤양, 간의 비대, 각종 장기에 흰색 괴사소
신생자돈의 괴성 (Barking piglet Syndrome)	분만 직후	미성숙한 둥근형의 머리, 성글고 직립인 피모, 숨쉴 때마다 꿀꿀거림	작은 갑상선 불충분한 폐의 확장

(나) 이유 자돈에서 성돈까지

이유 자돈에서 육성돈에서의 호흡기 문제는 대부분 기생충, 세균, 바이러스의 폐장 내 침입으로 야기된다. 모돈에서 호흡기 문제는 대개 빈혈이나 심한 체온 상승에 의해 야기된다. 만약 감염인자가 있다면, 세균에 감염된(특히 헤모필루스) 성돈이 농장에 도입된 경우를 제외하면 바이러스일 것이다.

〈표 6—3〉이유자돈에서 성돈까지 호흡곤란 및 기침을 유발하는 질병

원 인	임 상 증 상	부 검 소 견	진 단 법
• 원인성 인자 M.hyopneumoniae M.pleuropne- umoniae * S.choleraesuis B.bronchiseptica 오제스키바이러스 • 이차적인 인자 * M.hyorhinis * P.multocida * H.parasuis 연쇄상구균 포도상구균 클렙시엘라 모락셀라 코리네 박테륨 푸시포르미스	일차증상은 호흡곤 란, 기침, 식욕부진, 발열, 복식 호흡 등이 며, 임상증상의 정도 는 감염된 돈군에 따 라 다르다.	대개 앞 복측에 병소 가 있으며 다양한 엽 간 부종을 동반한 견 고하고 검붉은 조직 (섬유소성 흉막염은 * 표의 병원균의 감염 을 의미한다).	균배양검사, 마이코 플라즈마의 진단은 형 광항체법, 오제스키 병의 진단은 혈청학적 진단
H.pleuropne umoniae (흉막폐염)	병의 진행이 빠르다. 고열, 식욕 부진, 의 기소침, 심한 호흡 곤 란, 개구호흡, 청색 증, 포말성의 혈액섞 인 분비물이 코와 입 에서 분비된다.	급성 출혈성 괴사가 폐장의 곳곳(특히 배 측(背側))과 횡격 엽에 보인다. 섬유소 성흉막염, 약간의 혈 액섞인 액체가 흉강내 에 보인다. 기관지에 혈액섞인 포말성 삼출 물	균분리, 혈청학적 진 단
회충	가벼운 기침	폐포의 일부가 확장부 전증, 폐의 출혈, 부 종, 폐기종(氣腫), 간장의 중격과 주변의 출혈과 괴사	충란 검출을 위한 분 변검사(초기에는 음 성). 전형적인 부검소 견, 흙과 접촉한 병력 (돈폐충은 절대적으로 필요)
H.para suis M.hyorhinis 연쇄상 구균	기침은 없다. 호흡곤 란, 청색증, 발열, 의 기소침, 식욕부진, 움 직이길 싫어하며 파 행, 뻗정다리, 관절이 붓는다. 운동실조 경 련	섬유소성 또는 장액섬 유소성흉막염, 심낭 염, 관절염, 뇌막염	균분리

원 인	임 상 증 상	부 검 소 견	진 단 법
돼지 인플루엔자	매우 빠른 발병,거의 100%의 발병률, 극도의 허탈, 식욕전폐, 힘든 단식호흡, 깊고 발작적인 기침, 고열	이차감염이 없이 인플루엔자 감염만으로는 거의 폐사가 없기 때문에 부검해 볼 기회가 드물다. 인두, 후두, 기관지, 세기관지의 끈끈한 점액, 폐장에 짙은 자주빛으로 변색된 곳.	물리적인 검사, 혈청학 진단, 인두에서 바이러스 분리.
돼지콜레라(H.C) 아프리카 돼지콜레라 (ASF)	전신적인 임상증상, 재채기, 기침, 호흡곤란, 열, 식욕부진, 구토. 변비 후 설사, 진전, 운동실조, 경련	부종성 조직, 출혈반점을 동반한 종대되고 부종성의 임파절, 점상 및 반상의 출혈, 간과 비장의 종대	• 콜레라 : 조직편의 형광항체법 • ASF : 형광항체법 －형광항체법 • 오제스키병: －바이러스분리 혹은 편도선 이용 형광항체법.
오제스키병		육안적 소견은 적다. 괴사성 편도선염, 인두염, 간장의 흰색 괴사소	
빈혈	빠른 복식 호흡, 기침을 한다면 습성의 비생산적인 기침, 창백한 점막	창백하나 근육, 폐부종, 심장의 확장, 과량의 심낭액, 비장, 수축	PCV가 15~20 헤모글로빈 6~7
돼지 스트레스 증후군 열사병	빠르고, 거친 호흡, 기침은 하지 않는다. 개구호흡, 헐떡거림, 심한 고열	창백, 연하고 삼출성의 근육폐장의 부종 및 충혈, 급속한 자가소화	인산크레아틴 분해효소, 물리적 검사
심장기능 부진	빠른 복식호흡을 하며 호흡수가 빠르다. 습성의 비생산적기침, 피하부종, 복부 팽만	크게 확장된 심장, 판상, 심내막염, 폐부종, 간의 종대	부검

(2) 재채기

(가) 포유 자돈

어린 자돈에 재채기를 유발시키는 원인은 위축성 비염 (A. R) , 싸이토메갈로 바이러스 감염증(PCMV), 혈구 응집성 뇌척수막염, 오제스키병, 혹은 먼지나 암모니아 같은 환경 오염에 의해 발생된다. 보데텔라와 파스튜렐라에 의해 야기 되는 위축성 비염은 포유 자돈에 가장 흔히 재채기를 유발한다. 이것은 1주령 이 하에서는 재채기를 거의 유발치 않으나 이유시점에 접근함에 따라 빈도가 증가한

<표 6-4> 포유자돈에서 재채기를 유발하는 질병

원 인	감수성일령	임 상 증 상	다른 일령의 증상	부검소견	진 단
위축성 비염 (AR)	일주령 이내의 자돈에는 증상 이 없고 이유 에 가까운 자 돈들의 재채기 회수가급격히 증가	눈물 자국 (아 이팻치), 콧물	돈군 내 높은 일령의 재채기 및 눈물자국, 비갑개 위축	비갑개의 위 축, 장액성 농 성 삼출물	부검소견, 원 인 세균의 분 리및 배양
싸이토메갈로 바이러스 감염 증 (PCMV)	일주령 이내의 자돈에 심한 증상 3주령 이상의 자돈엔 뚜렷하 지 않다.	부종(특히 턱 과 발목관절주 위) 점상출혈, 호흡 장애, 25%까지의 폐 사율	모돈—미이라 사산	가벼운 비염증 상 비갑개 위축은 없다. 피하부 종, 점상출혈, 심낭과 흉강의 삼출물, 폐수 종, 임파절의 종대	바이러스 분리 (코, 폐, 신 장), 간접 면 역 형광 항체 (비육돈 혈 청), 조직학적 검사
오제스키병 혈구 응집성 뇌척수염	모든 일령	호흡곤란, 발 열, 유연, 구 토, 설사, 운 동실조, 경련 신경증상	모돈 : 유사 산, 재채기, 기침, 신경증 상	간과 비장의 흰색 괴사소, 괴사성 편도 선염, 비점막 과 인두의 울 혈, 폐수종	바이러스 분 리, 형광 항체 법, 혈청학
환경 오염—암 모니아, 먼지	모든 일령	과도한 눈물, 얕은 호흡 장 액성 콧물	모돈은 가벼운 증상을 보임	호흡기 상피세 포의 가벼운 증식	암모니아와 먼 지의 측정

다. 병변은 코에 한정되며 농성의 장액이나 혈액 섞인 분비물이 위축된 비갑개에 존재하고 비중격이 휘어 있다.

PCMV는 신생자돈에는 가장 심하나 3주령 이상의 돼지에는 대개 임상 증상 없이 내과 한다. 기타 감별은 〈표 6-4〉를 참조.

(나) 이유 자돈에서 성돈

나이 든 돼지에 재채기를 유발하는 질병은 위축성 비염, 오제스키병 혹은 환경 오염이다.

〈표 6-5〉 이유자돈에서 성돈에까지 재채기를 유발하는 질병

원 인		경과/감수성 일령	다른 증상	진 단 법
위축성 비염		자돈부터 비육말 기까지 만성 증상을 보인다	결막염, 눈물자국, 주름잡히거나 뒤틀린 비갑개, 가끔 비출혈	부검-비갑개 위축, 보데텔라와 파스튜렐라의 분리 배양
오제스키병	지방유행병의 경우	만성/모든 일령의 돼지에 증상이 있으나 한단계 어릴수록 증상이 더 심하다	기침	생체-양성항체 부검-비갑개 위축이 없는 비염
	유행병의 경우	제법 급성경과를 취한다. 어느 한 돈군에서 발병하여 다른 돈군에 확산, 어릴수록 증상이 심하다.	기침, 식욕부진, 변비, 의기소침, 유연, 구토, 중추신경장애, 경련	보검소견-별다른 증상이 보이지 않는다 (특히 나이든 돼지), 괴사성 편도선염, 비염을 볼 수 있으며 간장에는 1~2mm의 괴사소가 있다.
환경오염-암모니아 먼지		만성/모든 일령에서 발생하나 어린 돼지에 좀더 빈번하다. 피트가 있는 스래트바닥이거나 오줌이 저류하는 콘크리트 바닥에서 잘 발생한다.	과도한 눈물, 눈밑에 눈물자국, 얕은 호흡, 장액성 콧물	돈사 내의 암모니아 농도의 측정으로 30 ppm이상이면 문제. 사료 급여시의 돈사 내 먼지의 정도파악.

라. 호흡기 질환의 대책

(1) 항균제 투여

급성 호흡기 질환은 때때로 즉각적인 약물 치료가 요구된다. 항균제는 세균성 질환 특히 파스튜렐라, 살모넬라, 보데텔라 및 헤모필러스 감염증에 효과가 있다. 전통적으로 설폰아마이드는 보데텔라와 H. parasuis 의 치료 및 예방에 사용되며, 페니실린은 보데텔라와 H. parasuis 및 H. pleuropneumoniae 발생시 사용되며, 티아무틴, 타이로신, 린코마이신 그리고 테트라싸이클린은 마이코플라스마 감염을 비롯한 세균성 호흡기 질환에 사용된다.

불행히도 낮은 용량으로 일상적인 첨가가 되어 투여 효과를 감소시켰다. 따라서 광범위하게 투약하기 전에 감수성을 체크해 보는 것이 중요하다.

고농도의 투약은 저항성 문제를 다소 해결해 준다. 예를 들면 급성 흉막 폐렴을 치료하기 위해서는 페니실린을 4만~8만 I.U/kg을 3~4일간 주사한다. 마이코플라스마를 비롯한 급성 호흡기 질환 치료를 위해서는 테트라싸이클린을 사료 톤상 1~5kg을 7~10일 투여시 필요한 혈중 농도를 유지한다. 사료 첨가시 유의 사항은 특수한 테트라싸이클린이나 설폰아마이드는 장으로부터 흡수가 잘 되지 않으며 설파메다진(Sulfamethazine)은 흡수는 잘 되나 잔류가 문제시 되어 사용이 제한된다는 점 등이다.

질병 예방을 위한 항균제 투여는 돼지의 정상 세균총에 영향을 주므로 이상적이지는 못하나 전략적으로 통제된 기간과 분만, 이유, 이동, 합사 등 스트레스로 인해 질병 발생이 우려될 시에는 호흡기 질병 콘트롤에 중요한 역할을 한다.

(2) 면역학적 요인

호흡기 질병의 감염은 크게 면역 반응과 관련이 있어 콘트롤과 예방 프로그램은 능동 면역과 수동 면역인자 모두 염두에 두어야 한다.

(가) 능동 면역

감염 형태에 따라 다르게 반응하는데 인플루엔자 같이 신속히 발병하는 질병은 신속히 면역이 형성된다. 따라서 폐쇄되어 있고 적당한 상태에서 2차 세균 감염을 방지할 수 있다면 별다른 치료가 필요없다. 그러나 능동적인 바이러스 감염이 없어지면 바로 면역성을 상실한다.

마이코플라스마는 서서히 감염이 일어나지만 오랜 기간 능동 면역이 지속된다. 2차 기관지 폐렴이 배재되는 기계적 청결, 환돈에 대한 투약, 돈방의 소독, 올인 올아우트(All in All out)등 적절한 환경하의 새로운 감염이 이루어지지 않는 폐쇄 돈군은 면역 균형이 서서히 일어나며 임상 증상과 병변을 완화시킨다.

그러나 위축성 비염의 경우 준임상적으로 감염된 모돈은 보균자가 되어 자돈에게 전달되어 능동 및 수동 면역 모두가 행해져야 한다.

(나) 수동 면역

백신 접종의 1차 목표는 모돈의 면역에 의해 신생 자돈의 보호를 증강시키고 다른 돈사로 이동시 돼지를 질병으로부터 보호하는데 있다. 백신 접종은 모돈에 분만 1개월 전과 1주 전에 접종한다. 특히 H. pleuropneumoniae는 자돈기와 육성기에 백신 접종을 요하나 일반적인 호흡기 질병 백신은 비유 기간이나 이유 시점의 어린 자돈에 접종한다.

최근 보데텔라, 파스튜렐라 및 헤모필러스에 대한 시판 백신이 있으나 다양한 균주및 파스튜렐라와 헤모필러스에 의해 생성되는 독소의 역할에 대한 이해 부족, 그리고 세포 면역에 대한 이해 부족으로 100% 예방 효과는 기대하기 어려우므로 일반 농가에서는 시판 백신에 대한 혈청형과의 일치 여부를 확인하는 것이 바람직하다.

(3) 환경인자
(가) 돈군의 크기

한방에 500두 이상의 돼지가 사육되는 경우 폐렴 발생이 매우 높아지므로 작게 칸막이 설치를 하는 것이 바람직하며 육성 비육돈의 경우 200~300두가 적절하다.

(나) 생산 패턴

돼지의 이동은 올인 올아우트 체계를 갖출 것.

(다) **사육 공간**

밀집사육시 호흡기질환 발생이 증가되고 악습이 나타날 수 있으므로 체중 50 kg당 1m²정도는 유지해야 한다.

(라) 돼지 구매

구매 후 격리시키고 치료 수준의 항균제를 10~14일 투여 후 상태를 관찰하고 합사시키도록 유의한다.

(마) 기타 인자

온도는 지방 조직 형성이 늦은 자돈에게 치명적이므로 특히 유의하고 환기 시스템도 수시 점검한다. 액상 분뇨 위에 철망 등으로 된 바닥과 돈사폭이 10 m 이상인 경우 호흡기 질환을 증가시키는 요인이 되며 분만은 평돈사가 코와의 접촉 감소 등 호흡기 질환을 다소 감소시켜 준다.

다른 질병과 마찬가지로 호흡기 질병에 대한 대책 수립시 꼭 염두에 둘 것은 첫째, 출입을 비롯한 외부의 병원체를 철저히 차단하고 둘째, 기존의 병원체를 철저한 소독 및 효과적인 투약 시스템으로 감소시키고 세째, 백신 접종 및 환경에 약한 돼지를 도태시켜서 전체적으로 저항력을 증진시키며, 끝으로 돼지에 올 수 있는 모든 스트레스 요인을 감소시켜야 한다.

2. 설사와 관련된 질병

자돈 설사는 전염성 병원체에 의해 폭발적으로 발병해 막대한 피해를 주기도 하지만 복합적인 요인에 의해 지속적으로 발병하여 큰 피해를 주기도 한다.

설사가 폭발적으로 발생한다던가 자주 급속하게 전파하는 경우는 대개 바이러스성 질병이며 서서히 발생하고 전파가 늦고 시간이 흐를수록 발생률이 높은 경우는 세균성이나 기생충에 의한 질병으로 보아야 할 것이다. 자돈이 처음 설사하는 시기로 원인 추정이 가능한데 1~2일령에 일어나면 병원성 대장균증, 저혈당증 또는 클로스트리듐성 장염에 기인하는 것으로 볼 수 있고 콕시듐 설사는 생후 5~7일령에 처음 발생한다. 상재성 TGE, 로타바이러스성 장염, 돈적리, 살모넬라 감염증 및 단독에 기인된 설사는 생후 1주령 이후에 나타난다. 병원성 대장균과 무유증으로 생기는 설사는 생후 며칠 이내 뿐만 아니라 수동 면역이 저하되는 3주령 시기에도 흔히 발생된다.

자돈 설사는 어떤 요인보다도 환경 조건이 나쁜 경우 훨씬 잘 진전되고 전파되는 경향을 보인다.

가, 자돈 설사의 원인및 기전

자돈 설사는 병이 아니고 증세이며 일단 발병시 대부분 설사 증세를 보이므로 잘 판단하여야 한다.

(1) 삼투압성 설사

소화 기관 내 음식물의 삼투압이 상승하여 설사가 발생하는 경우로 소화 효소

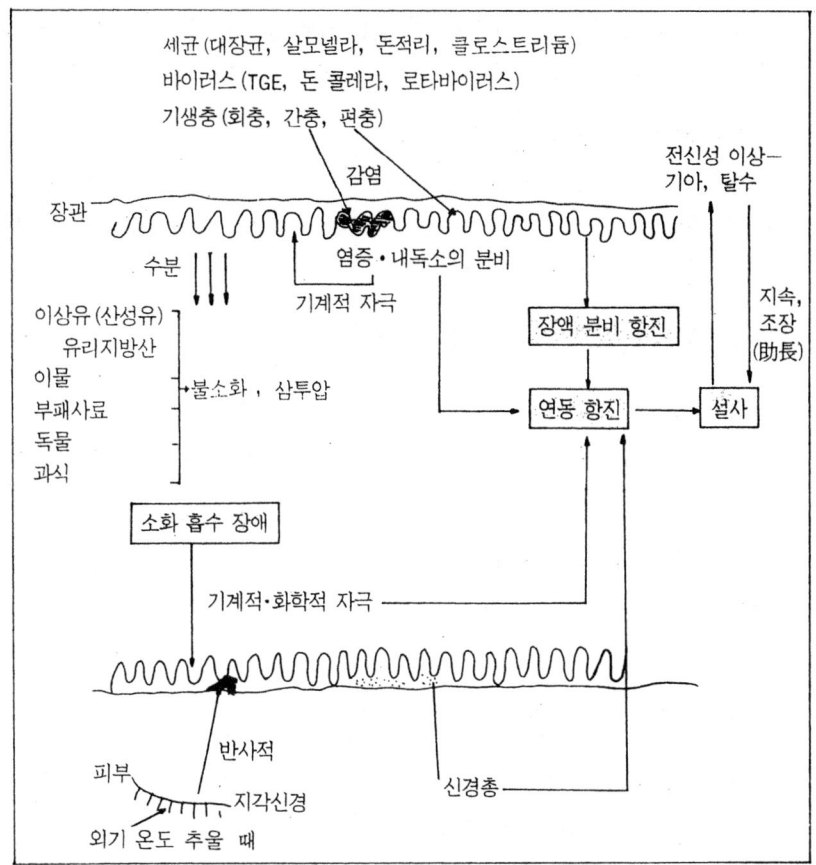

의 분비 부족으로 인한 소화 장애, 장관 점막 이상으로 인한 흡수 장애, 소화되지 않는 물질의 섭취로 인한 소화관 내 흡수가 불가능한 물질의 잔존 등의 원인으로, 강(腔)내의 삼투압 상승시 수분이 장관으로부터 흡수가 되지 않고 그대로 장관 내에 남게 되며 장관의 연동 운동도 항진되어 설사가 일어난다.

이 경우 절식으로 치유한다.

(2) 장관의 운동 항진

세균이나 바이러스 침입으로 감염시 장점막에 염증이 일어나 점막의 장액 분비 항진으로 장의 연동 운동이 촉진되어 설사가 발생한다. 또한 소화 흡수 불량으로 이상 발효, 부패성 사료 섭취, 유리지방산, 기생충, 기계화학적 자극시도 연동운동 항진이 일어난다. 기타 바깥 기온이 낮은 경우, 유기인 중독 및 곰팡이 낀 사료 섭취시도 항진이 일어난다.

(3) 장액 분비 항진

세균, 바이러스 감염시 장점막의 염증은 장액 분비가 항진되거나 장액 분비 호르몬의 과잉 분비로 장액 분비가 항진되면 장관 내 다량의 장액이 장관을 자극함으로써 연동운동이 항진되어 설사를 일으킨다.

나. 설사를 동반하는 질병의 종류

(1) 세균성 설사

대장균, 돈적리, 살모넬라균, 돈단독균, 결핵균, 연쇄상구균, 포도상구균, 클로스트리듐, 마이코 박테리움

(2) 바이러스성 설사

TGE, 돈콜레라, 오제스키병, 로타바이러스 감염증, 엔테로 바이러스 감염증.

(3) 원충성

톡소 플라스마, 콕시듐증, 대장 발란티듐 감염증.

(4) 기생충성

회충증, 란솜 간충증, 장결절충증.

(5) 기타

구리, 아연, 식중독, 비타민·철분 부족, 과식, 유질 불량, 한냉 자극.

다. 설사의 진단

(1) 병의 내력

① 이환율
② 폐사율
③ 발병시 일령
　• 대장균과 클로스트리듐 C형 장염 : 생후 5일 동안 단독적으로 설사 유

발
- 콕시듐성 설사 : 대개 6~10일령에 시작해 5일 가량 지속
- 로타바이러스성 설사 : 10~20일령의 자돈에 발생
- TGE : 생후 18시간 넘은 바이러스에 면역성이 낮은 돈군에 폭발적으로 발생하며 9-12일령 혹은 이유 직후에 발생되는 지방 유행성 질병.

④ 임상 증상의 경과

　가) 1차 그룹 : 산, 알칼리균형, 혈액 순환, 전해질 균형의 급격한 변화, 급사(대장균성 설사, 폭발성 TGE, 괴사성 장염)
　나) 2차 그룹 : 만성 쇠약(로타바이러스 장염, 콕시듐증)
⑤ 회복 후 건강상태

<표 6.-6> 설사를 일으키는 질병과 호발 일령

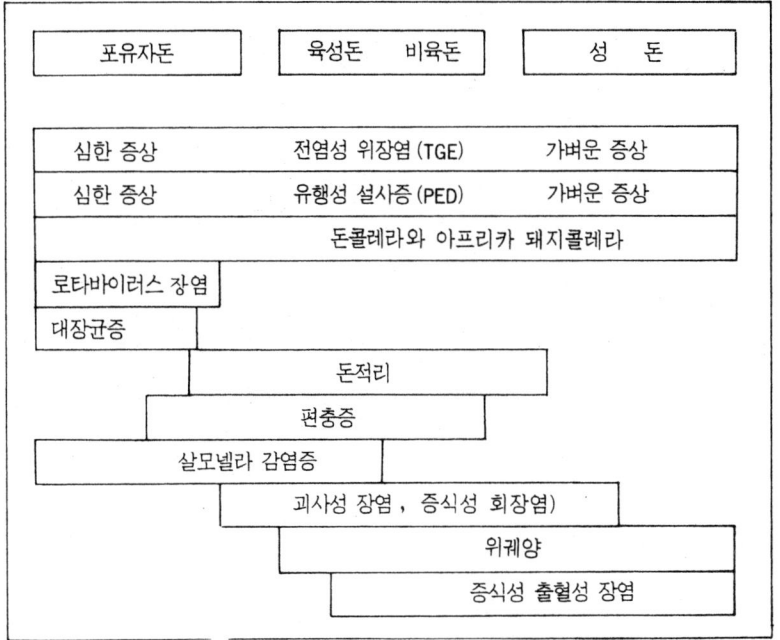

(2) 임상 검사
①변의 굳고 묽은 정도

②설사의 pH 판정 : pH 종이 (1~11까지 된 종이)

　•대장균성 설사 : 알칼리 경향이 있어 pH 8이나 그 이상.

　•흡수 불량성 설사(위축성 장염)‒ pH7 이나 그 이하.

　•대개 흔한 감염

③변의 색깔 및 양

④탈수 판정 : 대장균성 설사, 폭발적 TGE 는 심한 탈수를 보임.

(3) 부검 : 전문기관 의뢰

(4) 감별진단 : <표 6 ‒7>참조

<표 6‒7> 이유 후 성돈까지 설사가 주된 임상 증상인 질병

출혈유무	병변부위	원　인	
혈액이 섞이지 않은 설사	소 장	TGE, 유행성 설사(PED).로 타바이러스 설사. 국한성 회장염	형광항체법, 전자현미경, 조직병리, 혈청학적 진단
	대 장	살모넬라성 소장결장염, 기생충	세균배양, 분변검사
	대장 및 소장	곰팡이 독소	사료검사
	육안 병소 없음	대장균증,신경 증상 전의 부종병 초기, 급성 렙토스피라 감염증	세균배양, 역학조사
혈액섞인 설사	위 장	위궤양	부검
	대 장	돈적리, 편충, 살모넬라 감염증	조직병리, 세균배양, 변검사
	대장 및 소장	장선종증, 괴사성 장염, 국한성 회장염, 증식성 출혈성 장염, 탄저, 곰팡이독소	조직병리, 사료검사

라. 치료와 예방

①위생적인 돈사 관리, 초유 급여 철저, 백신 접종

②탈수 방지를 위한 전해질 투여

③감수성 검사 및 항생제 투여

④기타 : 비타민, 장수렴제, 항경련제, 발병 전 유산균 급여

3. 식욕 부진을 동반하는 질병.

돼지의 식욕 부진은 이상 유무 판단의 중요 포인트로서 사료 급여시 반드시 점 검하여야 한다. 그러나 자돈 육성기에는 무제한 급이로 인해 체크가 곤란하지만 주의 깊게 복부를 관찰하면 복부 팽만 상태로 판별할 수 있다.

가. 식욕의 기전

돼지는 무제한 급이를 하여도 채식량에는 한계가 있는데 이것은 시상 하부에 있는 채식 중추와 만복 중추가 조절하고 있기 때문이다. 즉 채식 중추가 자극되 면 채식하고 만복 중추가 자극되면 채식을 정지한다. 이 중추를 자극하는 요인으 로는 위, 장벽의 신전 운동, 긴장, 분비 간장내 글루코스 농도 등이 있고 이 자극 이 미주 신경을 통하여 전달되어진다고 생각된다. 그외 혈당, 인슐린 농도, 유 리지방산 농도, 아드레날린 및 노아드레날린 등도 영향이 있다.

나. 식욕 부진과 관련된 질병

식욕 부진은 소화기 질병과 관계가 많지만 이것 이외에도 많다. 식욕 부진이 주증상은 아니지만 질병의 조기 발견에는 퍽 중요하다.

(1) 소화기 질병
① 구강 질병 : 구내염 (카타르성, 수포성, 진균성) 인두염.
② 식도 질병 : 식도 경색.
③ 위, 장질병 : 구토, 위장 카타르, 자돈설사증, 위궤양, 식체, 변비, 위중첩
④ 기타 : 간경변, 복수증, 내부 기생충(간충, 편충, 회충)

(2) 급성 감염증
돈콜레라, 돈단독, 파스튜렐라 감염증, 톡소플라즈마, 액티노바실러스 (헤모 필루스), TGE.
살모넬라 감염증, 돈적리, 돈인플루엔자, 수포병, 구제역, 오제스키병, 파상풍, 탄저 등.

(3) 중독
식염 중독, 곰팡이 중독

(4) 비타민 결핍증

구루병, 연골증, 비타민 B_1, B_2, B_6, 니코틴산 D 결핍

(5) 기타

일사병, 열사병, 산욕열, 유방염, 요석증, 마이코박테리움증, 심한 스트레스 등.

4. 구토와 관련된 질병

돼지는 사소한 경우에도 구토 증세를 보일 경우가 있다. 즉, 설사 중의 포유자
돈, 항생 물질(특히 페니실린, 에리스로마이신 등)주사 후, 수송 중, 수유돈 등
에서 자주 볼 수 있는데 구토돈은 머리를 떨어뜨리고 등을 둥글게 하고 배를 웅
크리는 자세를 취하고 고통스러운 표정을 짓는데 구토 후는 괜찮다. 구토는 위,
식도 및 복근의 협동운동에 의해 위내용물을 배설하려는 자연의 방어운동이다.

가. 구토의 기전

아래 도표에서 보는 바와 같이 구토 중추를 통해 일어난다.

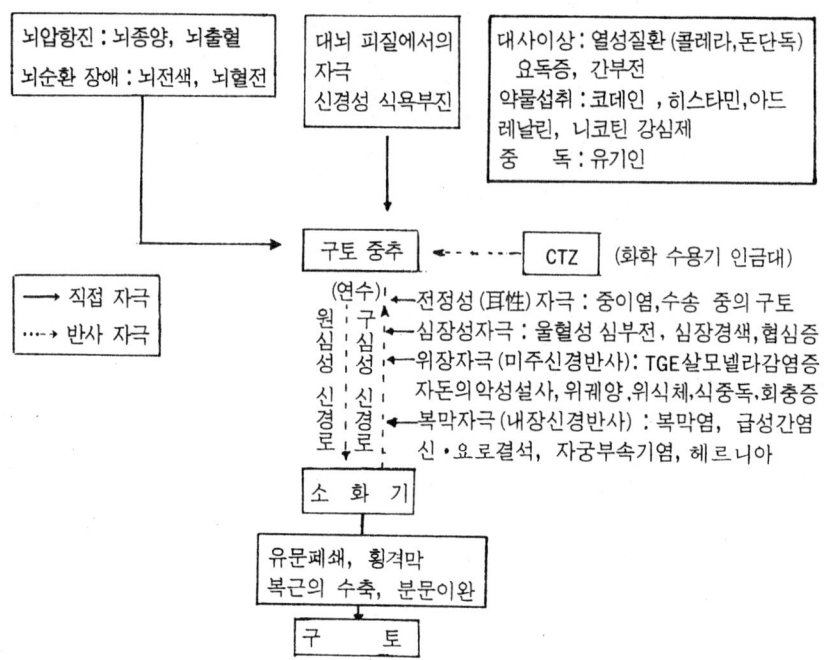

구토 중추의 흥분이 적으면 분문부의 이완은 일어나지 않고 식도에서 점액만 배설되는 구토에 그치는데 이것이 오심이다.

나. 구토를 동반하는 질병

도표에서 표시한 바와 같으며 돼지에게는 구토와 질병이 꼭 결부되는 것은 아니고 사소한 일로도 일시적 구토를 한다. 연속 구토는 탈수의 원인이 되므로 주의 해야 한다.

5. 변비와 관련된 질병

돼지에 많이 나타나는 증상이며 대부분 대장 변비이지만 가끔 소장 변비도 보인다. 변비는 장관의 긴장력 저하, 연동운동 감퇴에 의해 장관 내용물이 정체해 배변이 이상적으로 늦어지는 상태이다. 그 결과 분변이 딱딱하거나 수일에 걸쳐 배변이 없는 일이 있다. 구토와 관련된 질환은 좌측 도표에서 보는 바와 같다.

가. 원인

(1) 기능성 변비증

환경의 변화, 스트레스 등에 의해 일과성으로 변비가 나타나는 경우가 있으나 임상적으로는 대장의 연동 감퇴에 의한 만성 변비가 문제이다.

① 이완성 변비 : 노령, 사료의 급변, 과식, 부패 사료 섭취로 위장 질병을 일으켰을 때 섬유질 결핍 사료 급여, 영양 실조 및 빈혈.

② 속발성 변비 : 열성병 혹은 중독에 의해 부교감 신경이 장애를 입어 연동운동이 감퇴되어 발생한다. 돈콜레라, 톡소플라스마, 돈단독, 파상풍, 식염 중독, 흑반병 등.

(2) 기질성 변비

장관의 협착, 굴곡 폐색, 유착 및 종유(腫瘤) 등에 의해 발생.

① 장협착 : 모래 기타의 이물 섭취, 영양 불량돈이 자기 똥의 섭취, 기생충의 기생, 임신 말기 자궁에 의한 장의 압박 등에 의해 발생.

② 장폐색 : 헤르니아, 장염전

③ 단순성 변비 : 음수량, 채식량의 부족으로 장의 연동운동 감소, 스톨 사육 등으로 운동 부족시

나 증상

① 일반 증상 : 식욕 절폐, 원기 상실, 운동 실조, 복와 자세, 갑자기 일으키면 비명 후 복와 자세.

② 배분 : 횟수가 줄거나 없어지며 둥글둥글한 흑색변, 위장 질환의 경우 표면의 백황색 점막이 부착.

③ 동통 : 배를 누르면 딱딱하고 팽만하며 동통을 호소한다.

④ 자가 중독 : 장내에 발효 gas가 발생하여 자가 중독을 일으켜 후구 마비, 호흡 촉박, 그 후 체온 상승.

다 치료

① 적정한 운동.

② 관장 : 발열시 냉수관장, 정상일 때는 미온수 관장. 성돈은 1% 식염액이나 비누액을 3~4l 관장기로 주입. 자돈은 글리세린이나 비누액을 1~2l 관장.

③ 하제 : 임신돈은 냉수관장이나 강하제는 유산의 원인이 되므로 주의해야 한다. 염류하제의 5% 망초(황산나트륨), 유황(황산 마그네슘)액을 자돈은 0.5~1l, 성돈은 1~2l 투여한다. 피마자유를 성돈 50~300ml, 자돈 15~60ml 투여도 가능.

④ 장 연동운동 촉진제 : 부교감 신경 흥분제인 네오스티구민을 1~3ml 피하 주사한다.

⑤ 강심 영양제 : 안나카, 20% 포도당액, 링거액 등을 정맥 주사.

증상에 따라 이상의 처치를 조합해 나가고 경증인 경우 유산균 및 효소제도 가능하다. 발열이 있고 기타 질병의 우려시 항생물질과 병용.

라 예방

조섬유가 많은 사료를 급여하며 자동 급수기를 설치하고 수시 점검할 것이며 가능하면 스톨에서 꺼내 운동을 시키도록 한다.

6. 번식 장애와 관련된 질병

번식 장애란 암퇘지를 통해 일시적이나 지속적으로 번식이 정지되거나 장애를 받고 있는 상태로 불임증은 물론이고, 유사산, 난산, 유방염 및 산후 기립 불능,

웅돈의 번식 장애를 포함한다.

가. 이상산(異常產)

돼지의 이상산에는 조기 태아의 폐사(흡수 혹은 유산) 미이라화, 사산(백자, 흑자)돈 만출, 허약 자돈의 만출 등이 포함된다.

(1) 조기 태아의 폐사

조기 태아의 폐사는 대부분 25일 이내에 발생하며 폐사 태아는 작고 골격도 형성되지 않아 모돈의 자궁에 흡수된다. 태아 중 일부 폐사시 발정이 나타나지 않으며 모든 태아의 사멸시 발정 주기가 지연되어(전교배의 30~45일 후) 재발이 나타난다.

이 조기 태아 사멸은 3회 이상 교배시켜도 수태되지 않는 모돈의 중요한 원인이 된다.

원인으로는 자궁 등 생식기의 세균 및 바이러스 감염, 발정 호르몬의 과잉이나 황체 호르몬의 부족 등에 기인된다. 임신 초기의 고에너지 사료 급여시도 태아의 폐사율 증가와 관련이 있다. 돼지는 수정란이 자궁에 착상하는 시기는 임신 21~25일인데 이 기간은 저에너지 사료로 사육하는 것이 바람직하다.

(2) 미이라

부패균이 없는 상황에서 죽은 태아가 흡수되지 못하고 탈수 및 수축되어 까맣게 되는 경우를 말하며 임신 40~90일 사이에 발생한다. 미이라 태아는 산자수가 많은 돼지에 다발하며 분만시 정상 태아와 같이 만출된다. 그 이유는 태아는 완전히 다른 태반을 형성해 동시에 감염되지 않기 때문이다.

원인 바이러스로는 파보, 일본 뇌염, 오제스키, 엔테로 바이러스 등이 있다.

(3) 유산

배(胚)나 태아가 성숙되기 전에 생활 능력을 갖추지 못한 상태에서 배출되는 경우를 말한다. 태아가 생활 능력을 갖는 경우는 조산이라 하며 대개 분만 전 7일까지를 조산이라 한다.

유산과 관련된 바이러스로는 오제스키, 돼지 콜레라, 일본 뇌염, 파보, 구제역 바이러스 등이 있으며 바이러스 자체가 직접 태아에 감염되는 것 보다는 태반 조직에 손상을 입혀 태반과 태아를 분리시키거나 전신 감염의 결과로 대부분 일어난다.

관련 세균으로는 부루셀라, 렙토스피라, 대장균 등이 있으며, 기타 스트레스 약물, 환경 등 비감염 소인도 유산을 유발한다.

(4) 사산

정상 분만시 생존 가능한 돼지가 죽어서 나오는 경우이다. 대개 복당 산자수가 많거나 예정일보다 빨리 분만할 경우 발생이 많다. 원인으로는 모체의 헤모글로빈 수준이 낮거나 임신 후기의 병원체 감염, 부적절한 사양 관리로 일어날 수 있다. 그러나 대부분은 분만 과정 중에 분만 시간이 지연되어 제대 혈관이 파열되어 산소 결핍증으로 죽는 경우가 많다. 태반에 뚜렷한 손상의 증거가 없으면 바이러스성이기 보다는 생리적인 현상의 결과이다. 인공 호흡으로 생존율의 증가가 가능하며 분만 지연의 방지를 위해 카바콜이나 네오스티구민을 4~5두 분만 후 투여시 분만이 촉진되고 분만 중 사산을 줄일 수 있다.

(5) 산자수 저하 및 체중 미달

수정된 난자의 수가 4개 이하가 착상되었을 때나 한쪽 자궁각에 수정란의 착상이 일어나지 않은 때에는 임신이 유지되지 못한다. 따라서 2~5두 분만시 어떤 요인에 의해 임신 14~40일 사이에 태아의 손실이 일어났음을 의미한다. 산자수 저하는 교배 시점의 부적합, 임신 초기의 바이러스 등의 감염, 비타민 B_{12} 결핍 등에 의해 나타난다.

나. 돼지의 유사산, 미이라를 동반하는 질병

(1) 세균성

원 인	모돈의 증상	태아의 감염일령	태아 및 태반의 증상	진 단
렙토스피라 감염증	특이한 증상은 없고 일부 가벼운 식욕 부진, 발열, 설사, 유산 등이 나타남	거의 같은 일령, 자주 임신 중기에서 말기까지	사산이나 허약 자돈 만출. 가끔 유산. 확산된 태반염을 보인다.	태아에서 균분리 배양, 실험동물 접종, 항체가 800배 이상.

부루셀라 감염증	가끔 증상을 느낄 수 있고 임신의 어느 기간에도 유산이 가능	대부분 같은 일령. 가끔 다른 일령이 있기도 한다.	자가 소화되거나 피하부종을 동반한 거의 정상적으로 나타남. 복수나 복강출혈, 화농성 태반염	태아에서 균분리 배양. 양성 혈청
기타 세균감염 대장균 코리네 박테륨 포도상구균 파스튜렐라 연쇄상구균 녹농균 리스테리아 돈단독균 간균 살모넬라균 등	임상 증상 없음	상 동	대부분 거의 정상상태이거나 부종을 띠고 자가 소화된 상태로 나오기도 한다. 화농성 태반염.	태아에서 균분리

(2) 바이러스성

원　인	모돈의 증상	태아의 감염일령	태아 및 태반의 증상	진　단
파보바이러스 감염	없　음	태아는 다른 발육 단계에서 폐사되어 나온다.	재흡수, 미이라화, 사산, 허약 자돈, 태반이 분해되어 폐사된 태아를 단단히 둘러싼다.	바이러스 분리
일본뇌염 바이러스 감염	없　음		뇌수종, 피하부종, 흉수, 점상 출혈 반점, 복수, 간장과 비장의 괴사소 등을 동반한 파보바이러스 감염과 유사	태아의 형광항체법
오제스키 바이러스	가볍거나 심한 증상, 재채기, 기침, 식욕부진, 변비 유연 (침흘림), 구토, 중추신경 장애		간장의 괴사소, 미이라화, 사산, 재흡수, 괴사성 태반염	모돈의 혈청 가검물 검사
돼지 인플루엔자 바이러스	극심한 허탈, 졸음, 복식호흡, 기침		재흡수, 미이라화, 사산, 허약한 자돈 분만	
엔테로, 아데	대개 없다		재흡수, 미이라화, 사	

구분·원인	모돈의 증상	태아의 감염 일령	태아 및 태반의 증상	진 단
노, 레오 및 사이토 메갈로 바이러스			산, 허약한 자돈 분만	
돼지콜레라	졸음, 식욕부진, 발열, 각결막염, 구토, 호흡곤란, 홍반, 청색증, 설사, 운동실조, 경련		미이라화, 사산, 부종, 복수, 머리와 다리의 결함, 점상출혈, 폐장과 뇌의 형성부전, 간괴사	편도선 등의 조직을 절편한 형광 항체법
소바이러스성 설사 바이러스	모돈이 소와 접촉하는 경우 외에는 없다		병변이 없음	바이러스 분리, 혈청학 병리조직학
아프리카 돈열	무기력, 식욕부진, 발열, 충혈, 호흡곤란, 구토, 설사	같은 일령 모든 일령	점상 및 반상출혈	태아조직의 형광 항체법
수포성 질병, 구제역 발진, 구내염, 돈수포병	주둥이, 입·발의 수포		육안적 병변 없음	수포액, 형광 항체법, 바이러스 중화반응

(3) 기타

구분	원 인	모돈의 증상	태아의 감염 일령	태아 및 태반의 증상	진 단
원충	톡소플라즈마	없음	모든 일령	유산 사산 허약자돈 가끔 미이라	조직병리학
곰팡이	맥각균	사지와 꼬리의 건성괴저	대개 전부 같은 일령	유산, 사산, 허약 자돈 육안적 병변은 없다.	사료 분석
	제라리돈 독소	외음부의 종창과 부종, 가끔 후보돈의 유방 발달			
영양	과식	없음	수정 후 과식시 수정란의 손실발생 가능	없음	문진, 사료 급여 수준
	절식	심히 여윔, 다뇨증, 다음 다갈증	모두 같은 일령	없음	문진, 모돈 상태, 사료 투쟁

발열	모든 전신질병, 돈단독, TGE, 에페리스로준병, 흉막폐렴	발열, 특이한 요인에 따라 다양한 증상	모두 같은 일령	대개 없음	문진 및 임상 증상
조악한환경	일산화탄소	모돈에 별증상이 없으나 가장 추울 때 발생	임신 말기, 사산	밝은 적색의 조직, 과량의 장액 혈액상의 흉수	임상 증상과 문진, 청결 혹은 난로 설치시 개선
	이산화탄소			피부와 호흡기관의 점액	
	고온환경	교배시 고온	유산 재흡수	없음	임상 증상, 문진
		분만시 고온, 호흡 촉박 충혈	말기의 사산		
	물리적 외상	체중이 다른 모돈의 합사, 피부 박리	모두 같은 일령		
	저온환경	모돈이 여윔, 다뇨증, 다음 다갈증			
중독	유기인제 중독	유연, 배변, 구토, 근육 진전마비	모두 같은 일령	없음	임상 증상, 문진, 혈액 검사
	염화탄화수소(CH) 중독	과민반응, 근육강직, 급발작			임상 증상, 문진, 간장, 신장, 뇌의 CH 수준
기형발생인자	비타민A 결핍	없음	다양한 일령이나 같은 일령	사산이나 허약자돈, 무안구증, 언청이, 실명, 전신부종	문진, 기형의 눈의 입증
	옥도결핍, 담배줄기			미이라, 사산, 낮은 생시 체중 기형 돼지	문진, 임상 증상
분만상태	피로-늙거나 과비한 모돈, 분만지연, 고온	분만 지속 기간이 5시간이상 경과	말기의 사산	없음	문진, 모돈의 물리적인 검사, 헤마토크릿치 및
	모돈의 헤모글로빈의 저하	창백 빈혈			헤모글로빈 농도

다. 발정과 관련된 질병 (난소 질환)

(1) 미경산돈의 무발정.

발육이 순조로우나 7개월령이 지나도 발정이 오지 않는 경우가 있는데 원인으로는, 난소 발육 부전과 선천성 기형인 간성의 경우이다. 난소 발육 부전은 영양 부족 만성 소화기 및 호흡기 질환 기생충 감염에 의해 일어나며 치료는 PMS로 한다.

간성은 즉시 도태시켜야 한다.

(2) 이유 후 무발정

병적 혹은 기타 요인으로 난소 활동이 이루어지지 않고 발정 징후가 전혀 보이지 않는 상태를 말한다. 이유 후 15일이 지나도 발정이 오지 않으면 무발정으로 생각된다. 원인으로는 임신 중과 포유 중의 질병, 영양 부족으로 난소 기능 회복이 지연되기 때문이다.

대책으로는 체중 관리 철저, 이유 후 군사 및 웅돈 접촉, 아미노산, 비타민 AD₃ E, 청초 급여. 호르몬제는 이유 후 3일째 발정이 없는 돼지에 PMS 1000IU를 주사하고 3일 후 발정이 오지 않은 경우 다시 1000IU를 투여하고 교배시 HCG를 투여한다.

(3) 교배 후 불수태되고 그후 무발정

원인은 난포 발육 장애, 황체 유잔증(영구 황체) 난소낭종 등이 원인이며 대책으로는 난포 발육 장애는 PMS로 황체 유잔은 PGF_{2a}를 투여하고 3~4일 후 음부가 종창하면 PMS를 병용한다. 난소 낭종은 뇌하수체 전엽 호르몬제를 투여한다.

(4) 미약 발정

발정 징후는 보이나 미약해 웅돈을 허용치 않아 교배를 시키지 못하는 경우를 말한다. 난포 발육이 불충분하여 발정 호르몬(난포호르몬)의 부족이 많고 경산돈에는 난소 낭종에 걸린 경우가 많다. 대책으로는 발적 상태로 교배 적기를 파악하고 호르몬 처치한다.

난포 발육 장애는 PMS로, 난소 낭종은 뇌하수체 전엽 호르몬 투여.

(5) 불규칙한 발정 및 지속 발정

발정 주기가 짧게 되기도 하고 연장 되기도 한 경우는 난소 낭종이나 태아(임신 3주까지의 태아) 조기 사멸이 원인인 경우가 있다. 교배 후 25~35일경의 재발은 자궁 내 태아의 분해 흡수되는 현상일 가능성이 있다. 태아의 조기 사멸의 원인은 확실치는 않으나 가벼운 자궁 내막염이나, 황체 호르몬과 난포 호르몬의 균형이 맞지 않아 태아 발육의 저해로 인한 것으로 알려져 있다. 대책은 조기 사망, 의심돈은 자궁 내 항생물질이나 설파제를 교배 전후에 투여하며 지속성 황체 호르몬을 교배 후에 주사한다.

웅돈의 허용 기간이 4일 이상인 지속 발정의 경우는 여러번 교배를 실시한다.

라. 자궁 질환

(1) 자궁 내막염

다태동물인 돼지는 분만에 장시간을 필요로 하므로 많이 발생하며 교배 또는 분만시의 세균 감염에 의해 발생한다. 원인균으로는 대장균, 코리네 박테리움, 연쇄상구균, 포도상구균, 프로테우스 등으로 비병원균이 세력을 갖고 분만, 난산, 산욕기 등으로 저항력이 약한 모돈에 증식해 발병한다.

(가) 분비성 자궁 내막염

외음부에서 이상 분비물을 배설하는 것으로서 다량의 유리상태인 점액 및 솜같은 것이 섞인 점액을 배출하는 것을 카타르성 자궁 내막염이라 하며 난산의 경우에 많다. 교배, 태아의 폐사, 유산, 난산 등으로 화농성 세균의 감염을 받아 황갈색의 악취나는 농을 배설하는 것을 화농성 자궁 내막염이라고 한다.

- 대책―넓고 청결한 운동장에 방목. 청초 급여. 자궁 세척 후 감수성 항균제 투여. 자궁 세척은 40℃. 생리 식염수 1~2ℓ로 세척 후 배설. 중증은 세척 후 요오드제나 시관 치료제 주입. 가급적 발정 호르몬(에스트라디올 등)과 황체 호르몬을 병용하면 좋다.

(나) 잠재성 자궁 내막염

외음부로 배설이 되지 않아 진단이 어렵다. 분만시 산욕열, 유방염 등과의 동시 예방을 위해 항균제 투여. 난산으로 손의 삽입시 이병의 예방과 자궁 기능의 회복을 위해 요오드제를 주입한다.

(2) 자궁 축농증

돼지에 드물게 나타나며 화농성 자궁 내막염으로부터 발생되어 옮겨져 경관이 열리지 않고 농이 자궁내에 쌓이거나 태아의 사망으로 침적되어 발생한다. 증상은 식욕 부진, 거친 피모, 자궁내 농즙 축적으로 복부 팽만, 자가 중독시 기립 불능. 진단은 직장 검사로 영구 황체의 존재, 자궁간 임파절의 종대를 촉진한다. 예후는 불량하므로 도태가 바람직하다.

(3) 난산

원인은 산도 협착, 진통 미약, 태아 위치 부정, 산도의 건조 및 견고, 사산돈 및 과대 태아 등이다. 분만 간격이 1시간 이상이 되면 조치를 취해야 한다.
① 하복부 압박 및 세워서 반대편으로 눕힌 후 마사지
② 난포 호르몬 및 옥시토신 주사
③ 산도 협착, 태아 위치 불량, 과대 태아시 비닐 장갑을 끼고 산도에 삽입, 과대 태아는 조산기 사용. 이때 염증이 우려되므로 항생제 투여
④ 제왕 절개―최후 수단으로 전문가에게 의뢰

마. 웅돈의 번식 장애

한돈군의 번식 효율은 웅돈의 번식성에 큰 영향을 받는데 높은 수태율을 갖는 웅돈은 성욕이 강하고 만족할만한 교배 능력을 갖고 있으며 또한 양질의 정액을 사정한다.

(1) 원인

심리적, 열스트레스, 기술적인 문제, 고환 형성 부전, 음경 형성 부전, 음경 소대의 잔류 등 선천적인 요인에 기인된다. 또한 음경 말단부의 외상, 교상, 용종성 혈관종, 요도게실의 파열 등에 의한 혈정액증도 그 원인이 된다. 가장 중요한 요인 중 하나는 웅돈의 승가 불능인데 이것은 칼슘과 인의 비율의 부적합, 바이오틴 결핍 등으로 인한 영양적인 요소, 부자연스러운 운동성, 탄력이 없는 관절 부위, 짝발굽, 골연골증 같은 유전적 소인, 관절염 같은 질병소인에 의해서 발생된다.

질병에 의한 웅돈의 번식 장애 가능성이 있는 질환으로는 부루셀라 감염증, 렙토스피라 감염증, 파보 바이러스, 일본 뇌염 바이러스, 엔테로 바이러스, 오제스

키병, 기타 질병 등이 웅돈의 번식 장애와 관련이 있다.

(2) 진단

가) 병력 : 모돈의 웅돈 전염병의 관리 환경, 영양 상태, 번식 성적 등을 참고
   해 찾아낸다.

나) 물리적 검사 : 검사 포인트는 웅돈의 연령, 크기, 파행 여부, 이, 옴 등 기
   생충, 비염 및 폐렴 등 질병, 감염 상태, 다리의 강건성, 고환 등 외부 생
   식 기관, 견실성 승가 능력 등을 조사.

다) 정액검사 : 정자의 수(10~100×10^9개/ml 이상) 형태(기형 등), 생존율
   (70% 이상) 정자의 활력 등을 검사한다.

라) 질병 검사 : 전문기관에 의뢰.

(3) 대책

가) 웅돈의 선발 : 보행이 자유롭고, 다리의 쿠숀, 견실한 발굽을 갖는 웅돈
   선발.

나) 웅돈 관리 : 후보 웅돈의 심리를 잘 파악해 훈련시키고, 주기적인 정액 검
   사 실시. 성욕과 교배 능력이 떨어지면 HCG, 테스토스테론, PMS 등
   호르몬 요법을 취하고 비타민 ADE 제를 투여해 활력을 찾게 해 주어야
   한다.

   하절기는 스프링 쿨러 설치, 그늘 형성, 교배시간 조정 등으로 온도 스
   트레스에 유의한다.

다) 위생 대책 : 번식돈으로 사용될 웅돈은 돈적리, 부루셀라, 결핵, 이, 옴,
   오제스키병 등이 없는 곳에서 구매하고 최근 6개월 이내 TGE 증상이
   나타나지 않고 비염, 만성 폐렴, 만성 파행의 임상 증상을 보이지 않아
   야 한다. 구매는 사용 6주 전에 구매하고 2주는 격리 4주는 적응 기간
   을 둔다. 도착한 웅돈은 내외부 기생충을 구제하고, TGE, 돈적리, 폐
   렴, 파행 등도 세밀히 관찰하여야 한다. 이 기간이 끝나면 현지 농장에
   필요한 백신을 접종한다. 번식 사용 1개월 전 웅돈은 기존 돈군의 돼지
   와 접촉시켜 같이 사육될 돼지에의 일반적인 면역을 형성시킨다.

7. 피부병

돼지는 피하지방이 두껍고 피부의 신진대사가 왕성치 못해 피부병이 자주 발생한다. 피부병 발생의 원인은 단기 발육을 위한 고단백, 고에너지 사료 급여, 사육 밀도의 증가, 암모니아 가스 등이 많은 불량한 환기의 돈사, 항생물질의 사료 첨가로 인해 교대로 세균이 증식하여 진균에 의한 피부병, 기타 옴같은 기생충에 의해 발생한다.

가. 피부 병변

피부에 나타나는 병적 변화를 발진이라 하며 처음 피부에 나타나는 원발진과 이것이 변화한 속발진이 있다.

(1) 원발진

① 반(班) : 피부면이 융기하지 않고 국한된 색조의 변화를 말하며 홍반, 자반(紫班), 백반, 색소반 등이 있다.

② 구진(丘疹) : 피부면 반구상(半球狀)으로 평평하게 융기한 피부. 피부 발진의 크기는 0.2~0.5cm로 장액성 구진과 장액을 포함치 않은 실성(實性) 구진이 있다.

③ 결절(結節) : 0.7cm 이상의 대형 구진.

④ 담마진 : 피부의 국한성 부종으로 수분에서 수시간만에 소실되며 가려움증 동반.

⑤ 수포 : 표피 사이나 진피 아래 삼출액, 누출액, 땀 등의 액체가 저류한 피부.

⑥ 농포 : 수포의 내용물이 농성으로 유백색~황색을 띤다.

(2) 속발진

① 인설 : 각질층의 형태가 비늘 모양이고 현저히 탈락된 것. 비강진, 박리탈피 건선(乾癬)이 있다.

② 가피 : 농즙, 장액, 혈액이 건조하여 피부에 부착된 것.

③ 미란(erosion) : 수포와 농포가 터진 후 나타나고 표면이 습윤하다.

④ 궤양 : 진피부터 피하까지 결손. 치유 후에도 반흔이 남는다.

⑤ 농양 : 진피 또는 피하조직 내 화농에 의해 고름이 차 있는 것.

나. 피부의 이상질병

구 분	원 인	감염일령	병 변	부 위	이환율/폐사율	진 단	감별진단	치 료	예 방
삼출성 표피염	포도상구균 + 기타, 피부 손상	급성은 1~4주령 국소적 4~12주령	피지 삼출물, 회색 피부, 홍반	어린돼지는 넓게, 큰돼지는 국소적	낮다, 가끔 90%/낮다	임상 증상, 세균학 조직학	옴, 부전 각화증, 표면괴사, 농포성 피부염	페니실린 등 항생제	위생 개선, 피부 손상 방지
농포성 피부염	연쇄상구균, 포도상구균	포유자돈	농포, 홍반, 점상출혈, 농양	귀, 눈등, 꼬리, 대퇴부	대개 낮다	세균학	옴, 돈두, 삼출성 표피염	항생제	위생 개선, 자가백신
괴사균증	상처	생후 ~3주령	얕은 궤양, 단단한 갈색딱지	안면부, 빰, 눈, 잇몸	거의 100%/낮다	이빨 상처 세균학	삼출성 표피염	항생제	청결한 기구로 이빨 제거
궤양성 육아종	B. Suillia +F. necrophorus	어린 돼지, 모든 일령	육아종 병변, 귀의 딱지	모든 감염된 상처 부위	낮다 / 낮다	세균학, 조직학	물 어 뜯기, 농양, 괴사, 혈종	외과적 항생제	외상방지
돈단독	돈단독균	모든일령	붉은 반점, 융기성, 각진 피부, 괴사, 패혈증	넓게 분포, 어깨 등, 복부는 드물다.	100%/낮다	특징적 피부, 세균학 ·	패혈증, 농포성 피부염, 장미비 강진	페니실린	백신 접종, 항혈청
돈 두	돈두바이러스	대개 포유 와이유 자돈, 4개 월령까지	수포, 구진 6mm까지의 농포	넓게 분포, 주로 복부	다양함/매우 낮다	임상 증상, 조직학, 혈청학	농포성 피부염	2차 세균 침입방지	돼지 이의 방제
수포병	바이러스	모든 일령	수포	관상띠, 주둥이, 혀	100%/매우낮다	실험실 진단		없음	백신 접종, 도살처분
개선충증 (옴)	옴, 과민반응	모든 일령, 특히 이유 육성돈	농포, 검은 딱지, 홍반	귀, 눈, 목, 다리, 몸체	100%/매우 낮다	긁어서 충체 확인, 심한 소양증	돈두, 각화증, 농포성 피부염, 부전 각화증	살충제, 복합벤질, 이세바실	분만전 약욕 웅돈도 실시

구분	원인	감염일령	병변	부위	이환율/폐사율	진단	감별진단	치료	예방
피부 괴사	외상	생시~3주령	괴사, 궤양	무릎, 발목, 꼬리, 유두, 외음부	100%/매우낮다	임상증상		국소 연고, 항생제	외상 방지, 자리깃
장미빛 비강진	불확실, 유전적 바이러스 감염	2~12주령 가끔 그 이후	큰 융합성 고리, 가장자리 융기	대개 복부, 대퇴부 가끔 전신	낮다/없음	임상 증상, 소양증은 없다	윤선(輪癬), 돈단독	불필요	번식
과각화증	환경, 지방산	번식돈군	과탕의 비듬, 흑갈색 색소 침착	목, 어깨, 두부 등	10~80%/없음	임상증상	옴, 삼출성 표피염, 부전각화증	간유구, 지방산	사료중 지방산(간유구) 증가
부전각화증	아연 결핍 칼슘 과량	모든 일령 특히 육성기	융기된 홍반, 얇은 비늘, 비듬, 각질화	다리, 안면부, 목, 두부	다양함/없음	사료검사	옴, 삼출성 표피염과 각화증	사료교정	ton당 $ZnCo_3$181g 투여
진균증	소포자 균속 백선	모든 일령	큰 원형반점, 갈색의 비듬 형성, 비듬성 가장자리 갈색	넓게 분포, 대개 귀 뒤	낮다/없음	곰팡이 포자 입증, 소양증은 없다	장미빛 강진, 비강진, 삼출성 표피염, 옴	그리세오 풀빈, 니스타틴	환경과 피부의 위생 개선

＊ 참고도서

1. Disease of swine 6판
2. 豚病 핸드북
3. Pig Health Control
4. Pig Production Vol Ⅰ, Ⅱ.
5. 가축 질병학.
6. 청정돈과 SPF 돈.

```
참고 문헌
```

〈한국 서적〉 ────────────

1. 한인규외. 사료학, 선진문화사 서울, 1984
2. 한인규. 사료자원핸드북, 한국사료협회, 미국사료곡물협회, 서울대학교 농과 대학, 1976
3. 박영일외. 가축육종학, 향문사, 서울, 1983
4. 朴桓均외. 가축번식학, 향문사, 서울
5. 한인규외. 최신 가축 영양학, 선진문화사, 서울, 1983
6. 박영일. 중소 가축. 한국방송통신대학 출판부, 서울, 1983
7. 실무양돈, 한국종축개량협회, 1987
8. 정숙근외. 합리적인 돈사 시설, 대한양돈협회, 1989
9. 돼지의 개량, 한국종축개량협회, 1986

〈외국 서적〉 ────────────

1. Pork Industry Handbook
   PIH-39 Crossbreeding programs for commercial pork
        production (REV) 1987
   PIH-18. Baby pig management-birth to weaning 1976
   PIH-46 Care of the sow during farrowing and lactation (REV) 1986
   PIH-55 Spare requirements for swine 1986 外
2. M. E. Ensminger R. O. Parker. Swine science 5th edition The Interstate Printers & Publishers. Inc U. S. A 1984
3. J. E Turnbull 外. Confinement swine housing Canada.
4. G. R. Foxcroft 外. Control of pig reproduction Ⅱ. The Journals of Reproduction and Fertility Ltd U. S. A 1985
5. Gerry Brent. The pigman's handbook, Forming press Limitid 영국 1982
6. Peter. the Sow-improving her efficiency 2nd ed 영국 1982

```
┌─────────┐
│ 판 권 │
│ 본 사 │
│ 소 유 │
└─────────┘
```

양돈 사육과 경영

2015년 9월 15일 1판 9쇄 발행

저　자 : 김주영 · 이원형
발행인 : 김　중　영
발행처 : 오성출판사

서울시 영등포구 영등포 6가 147-7
TEL : (02) 2635-5667~8
FAX : (02) 835-5550

출판등록 : 1973년 3월 2일 제 13-27호
http://www.osungbook.com